凡亿教育·电子设计速成系列

Cadence Allegro 24.1
电子设计速成实战宝典

黄　勇　龙学飞　郑振宇　编　著

电子工业出版社·
Publishing House of Electronics Industry
北京·**BEIJING**

内 容 简 介

本书以 Cadence 公司发布的全新 Cadence Allegro 24.1 电子设计工具为基础，全面兼容 Cadence Allegro 23.1 等常用版本。本书共 14 章，系统介绍 Cadence Allegro 全新的功能，以及利用电子设计工具进行原理图设计、原理图库设计、PCB 库设计、PCB 流程化设计、DRC、实例设计的过程。

本书内容翔实、条理清晰、实例丰富完整，既可作为大中专院校电子信息类专业的教材，还可作为大学生课外电子制作、电子设计竞赛的实用参考书与培训教材，以及广大电路设计工作者快速入门及进阶的参考用书。

本书随书赠送教学用 PPT 以及 80 小时以上的视频课程，读者可以微信扫描本书封底凡亿教育客服的二维码联系获取。

图书在版编目（CIP）数据

Cadence Allegro 24.1 电子设计速成实战宝典 / 黄勇等编著. —— 北京：电子工业出版社，2025.6.

ISBN 978-7-121-50666-6

Ⅰ. TN410.2

中国国家版本馆 CIP 数据核字第 2025WX9048 号

责任编辑：曲　昕

印　　刷：保定市中画美凯印刷有限公司

装　　订：保定市中画美凯印刷有限公司

出版发行：电子工业出版社

　　　　　北京市海淀区万寿路 173 信箱　　　邮编：100036

开　　本：787×1092　　1/16　　印张：23.25　　字数：595 千字

版　　次：2025 年 6 月第 1 版

印　　次：2025 年 8 月第 1 次印刷

定　　价：128.00 元

凡所购买电子工业出版社图书有缺损问题，请向购买书店调换。若书店售缺，请与本社发行部联系，联系及邮购电话：（010）88254888，88258888。

质量投诉请发邮件至 zlts@phei.com.cn，盗版侵权举报请发邮件至 dbqq@phei.com.cn。

本书咨询联系方式：（010）88254468，quxin@phei.com.cn。

前　言

面对功能越来越复杂、速度越来越快、体积越来越小的电子产品，各类型电子设计需求大增，学习和投身电子产品设计的工程师也越来越多。由于电子产品设计领域对工程师自身的要求很高，而大多数工程师在工作中很难真正做到得心应手，在遇到速率较高、产品功能复杂的电子产品时，各类 PCB 设计问题不断涌现，因此造成很多项目在后期调试过多，甚至前功尽弃，既浪费了人力、物力，也延长了产品研发周期。

作者通过大量调查和实践得出，电子工程师设计的难点在于：

（1）刚毕业没有实战经验，使用软件工具也不熟练，无从下手。

（2）做过简单的电子设计，但是没有系统设计思路，造成在设计后期无法及时、高效地完成任务。

（3）有丰富的电路设计经验，但是无法驾驭设计工具，不能做到得心应手。

采用 Cadence Allegro 提供的工具进行原理图设计、PCB 设计是电子信息类、电气信息类专业的一门实践课程，Cadence Allegro 也是电子设计最常用的设计工具之一。作者采用以职业岗位分析为依据，以真实产品为载体，以实际项目流程为导向的教学理念编写本书。

传统的理论性教材注重系统性和全面性，但实用性并不是很好。本书以实战案例开展教学，注重学生综合能力的培养；在教学过程中，以读者未来职业角色为核心，以社会实际需求为导向，兼顾理论学习与实践需求，形成课内教学理论和课外实践活动的良性互动。教学实践表明，该教学模式对培养学生的创新思维和提高学生的实践能力有很好的作用。

本书由专业电子设计公司的一线设计工程师和大学 EDA 教师联合编写，充分体现出作者使用 Cadence Allegro 进行原理图设计、PCB 设计时的丰富实际经验和技巧。

本书共 14 章，具体内容说明如下。

第 1 章　Cadence Allegro 24.1 全新功能。本章主要介绍 Cadence Allegro 24.1 的全新功能，方便读者了解新功能的应用及其与老版本的区别。

第 2 章　Cadence Allegro 24.1 软件安装及电子设计概述。本章对 Cadence Allegro 24.1 进行基本概括，包括 Cadence Allegro 24.1 的安装步骤及常用系统参数的设置，旨在让读者搭建好设计平台并高效地配置好平台的各项参数；同时，概述了电子设计流程，为接下来的学习打好基础。

第 3 章　工程的组成及完整工程的创建。Cadence Allegro 24.1 集成了强大的开发管理环境，能够有效地对设计的各项文件进行分类及层次管理。本章对工程的组成及创建步骤做了详细介绍，有利于读者形成系统的文档管理概念。

第 4 章　元件库开发环境及设计。本章主要讲述电子设计开始的工作，即元件库的创建。

第 5 章　原理图开发环境及设计。本章介绍原理图设计界面环境，并通过流程化讲解原理图设计的方式，对原理图设计的过程进行详细讲述，目的是让读者一步一步地根据教程设计出自己需要的原理图；同时，本章对层次原理图的设计进行了讲述。

第 6 章　PCB 库开发环境及设计。本章主要讲述了焊盘编辑界面、标准/异形 PCB 封装的创建方法等，并且概述了 PCB 封装库的导入与导出，方便后期元器件及封装的调用，让读者充分理解元件库、PCB 封装，以及它们之间的相互关联性。

第 7 章　PCB 设计开发环境及快捷键。本章主要介绍 Cadence Allegro 24.1 PCB 设计交互界面、常用系统快捷键和快捷键的自定义，让读者对各个面板及系统的命令组合有一个初步的认识，为后面进行 PCB 设计及提高设计效率打下一定的基础。

第 8 章　流程化设计——PCB 前期处理。本章主要描述 PCB 设计的前期准备，包括原理图封装完整性检查、网表的生成、PCB 网表的导入、叠层的定义及添加等。只有把前期准备工作做好了，才能更好地把握后面的设计，保证设计的准确性和完整性。

第 9 章　流程化设计——PCB 布局。PCB 布局的好坏直接关系到 PCB 设计的成败。根据基本原则并掌握快速布局的方法，有利于人们对整个产品质量的把控。本章按照实际项目流程，对每个布局环节的注意事项及实际操作进行详细讲解，可以让读者在充分理解实际设计项目流程的同时，很好地掌握实际设计项目中常用的基本操作及技巧。

第 10 章　流程化设计——PCB 布线。PCB 布线是 PCB 设计中占比较大的一部分，是重点中的重点，掌握设计当中的技巧，可以有效地缩短设计周期、提高设计质量。

第 11 章　PCB 的 DRC 与生产输出。本章主要讲述 PCB 设计的一些后期处理，包括功能性 DRC、丝印位号的调整、PDF 文件的输出，以及生产文件的输出。读者应该全面掌握并熟练运用本章讲述的知识，对于本章提到的一些检查项应给予重视并着重检查，这样就可以在设计阶段规避很多生产中的问题。

第 12 章　Cadence Allegro 24.1 高级设计技巧及其应用。Cadence Allegro 24.1 除了常用的基本操作，还有许多的高级设计技巧等待挖掘，有精力的读者可以深入学习。

第 13 章　入门实例：4 层 DM642 达芬奇开发板设计。本章讲解多层板的设计流程，包含原理图的检查、PCB 的布局、PCB 的布线、模块化设计、后期处理等内容。

第 14 章　进阶实例：RK3288 平板电脑的设计。本章选取了一个进阶实例，为进一步学习 PCB 设计技术做准备。一样的设计流程，一样的设计方法和分析方法，目的是让读者明白，其实 PCB 设计并不难，只要分析弄懂每一个电路模块的设计，就可以像"庖丁解牛"一样，不管是什么产品、什么类型的 PCB，都可以按照模板设计好。

本书可供电子技术人员参考，也可作为电子技术、自动化、电气自动化等专业本科生和研究生的教学用书。若条件允许，则可以进行相应的实验和观摩，以缩小书本理论学习与工程应用实践的差距。

对于书中涉及的一些操作实例及素材，读者可以通过扫描图书背面的二维码，进入素材专区获取，也可以通过图书背面的作者微信联系获取。

本书由湖南凡亿智邦电子科技有限公司技术部团队组织编写，课程负责人黄勇对本书提出了总体的设计并参与了编写工作，技术部的龙学飞、郑振宇、刘吕樱参与了编写工作。在本书编写过程中得到了深圳市凡亿技术开发有限公司总经理郑振凡先生的鼎力支持，电子工业出版社曲昕编辑为本书的顺利出版做了大量的工作，在此一并向他们表示衷心的感谢。

科学技术发展日新月异，加之作者水平有限，书中难免存在瑕疵，敬请读者予以批评指正。为方便读者阅读、解惑和信息反馈，在 PCB 联盟网创建了图书板块作为图书推广宣传活动和读者技术交流的空间，读者可以通过免费注册的方式，成为 PCB 联盟网的用户，获取所需资源。在阅读本书的过程中，读者遇到任何问题，或者对本书内容有任何建议和意见，都可以通过图书板块的讨论区和作者交流。

编著者

目　　录

第 1 章　Cadence Allegro 24.1 全新功能 1

1.1　Cadence Allegro 24.1 全新功能介绍 2

　　1.1.1　全新功能概述 2

　　1.1.2　3DX 画布增强功能 2

　　1.1.3　冻结铜皮更新 2

　　1.1.4　挖空相邻层 3

　　1.1.5　减少过孔残桩和层间转换 3

　　1.1.6　纤维编织感知 5

　　1.1.7　嵌入式参考标识符 5

　　1.1.8　嵌入式名称 6

　　1.1.9　交互式布线增强功能 6

　　1.1.10　差分对布线转换改进 7

　　1.1.11　差分对焊盘接入与汇聚改进 7

　　1.1.12　在状态和未连接引脚报告中忽略 NC 网络 8

1.2　本章小结 8

第 2 章　Cadence Allegro 24.1 软件安装及电子设计概述 9

2.1　Cadence Allegro 24.1 的系统配置要求、安装及激活 9

　　2.1.1　系统配置要求 9

　　2.1.2　安装 10

　　2.1.3　激活 11

2.2　电子设计概念 11

　　2.2.1　原理图的概念及作用 11

　　2.2.2　PCB 版图的概念及作用 12

　　2.2.3　原理图符号的概念及作用 12

　　2.2.4　PCB 符号的概念及作用 12

　　2.2.5　信号线的分类及区别 12

2.3　常用系统参数的设置 13

　　2.3.1　高亮设置 14

　　2.3.2　自动备份设置 15

2.4　OrCAD 原理图 15

　　2.4.1　OrCAD 菜单栏 15

　　2.4.2　OrCAD 偏好设置 17

　　2.4.3　OrCAD 软件 Design Template 常用设置 18

　　2.4.4　OrCAD 删除与撤销功能 19

　　2.4.5　OrCAD 添加本地封装库 20

2.5　PCB 菜单栏 20

　　2.5.1　"File" 下拉菜单 21

　　2.5.2　"Edit" 下拉菜单 22

　　2.5.3　"View" 下拉菜单 23

　　2.5.4　"Add" 下拉菜单 24

　　2.5.5　"Display" 下拉菜单 24

　　2.5.6　"Setup" 下拉菜单 26

　　2.5.7　"Shape" 下拉菜单 27

　　2.5.8　"Logic" 下拉菜单 28

　　2.5.9　"Place" 下拉菜单 28

　　2.5.10　"Route" 下拉菜单 29

　　2.5.11　"Analyze" 下拉菜单 29

　　2.5.12　"Manufacture" 下拉菜单 30

　　2.5.13　"Tools" 下拉菜单 31

2.6　电子设计流程概述 33

2.7　本章小结 33

第 3 章　工程的组成及完整工程的创建 34

3.1　工程的组成 34

3.2　原理图工程文件的创建 35

　　3.2.1　创建原理图工程文件 35

3.2.2 已有原理图工程文件的
打开 36
3.2.3 新建原理图库 36
3.2.4 OrCAD 系统自带的原理图库
文件 37
3.2.5 已有原理图库的调用 38
3.3 完整 PCB 的创建 39
3.3.1 新建 PCB 39
3.3.2 已有 PCB 文件的打开 39
3.3.3 PCB 封装的含义及常见
分类 39
3.3.4 软件自带的封装库 41
3.3.5 已有封装库的调用 41
3.4 本章小结 41

第4章 元件库开发环境及设计 42
4.1 元器件符号概述 42
4.2 元件库编辑界面与元件库编辑器
工作区参数 42
4.2.1 元件库编辑界面 42
4.2.2 元件库编辑器工作区参数 ... 43
4.3 简单集成电路符号的创建 44
4.3.1 原理图库的创建及元器件
符号的新建 44
4.3.2 单个引脚的放置 45
4.3.3 元器件引脚的阵列摆放及
设置 46
4.3.4 元器件外形框的绘制及文件的
保存 48
4.4 多 Part 元件符号的创建 48
4.4.1 创建 Homogeneous 类型原理图
符号 48
4.4.2 创建 Heterogeneous 类型
元器件 49
4.5 通过 Excel 表格创建元器件 50
4.6 元件库创建实例——电容的
创建 52
4.7 元件库创建实例——ADC08200 的
创建 53
4.8 本章小结 54

第5章 原理图开发环境及设计 55
5.1 原理图编辑界面 55
5.1.1 打开 OrCAD 软件及创建
原理图工程 55
5.1.2 OrCAD 软件原理图编辑
界面 57
5.1.3 偏好设置 59
5.1.4 OrCAD 软件 Design Template
常用设置 61
5.2 原理图设计准备 62
5.2.1 原理图页面大小的设置 63
5.2.2 原理图栅格的设置 63
5.2.3 原理图模板的应用 64
5.3 元器件的放置 66
5.3.1 添加元件库 66
5.3.2 放置元器件 67
5.3.3 元器件的移动、选择、
旋转 68
5.3.4 元器件的复制、剪切与
粘贴 70
5.3.5 元器件的删除与撤销 71
5.4 电气连接的放置 72
5.4.1 绘制导线 72
5.4.2 节点的说明及放置 73
5.4.3 放置网络标号 74
5.4.4 放置 No ERC 检查点 74
5.4.5 总线的放置 75
5.4.6 放置电源及接地 76
5.4.7 放置页连接符 77
5.4.8 原理图添加差分属性 77
5.5 非电气对象的放置 78
5.5.1 放置辅助线 78
5.5.2 放置字符标注及图片 79
5.6 原理图的全局编辑 80
5.6.1 元器件的重新编号 80
5.6.2 元器件属性的更改 81
5.6.3 原理图的查找与跳转 82
5.7 层次原理图的设计 84
5.7.1 层次原理图的定义及结构 ... 84

5.7.2　自上而下的层次原理图
　　　　设计 84
5.7.3　自下而上的层次原理图
　　　　设计 86
5.7.4　层次原理图调用已经创建好的
　　　　模块 88
5.8　原理图的编译与检查 89
5.8.1　原理图编译的设置 90
5.8.2　原理图的编译 90
5.8.3　原理图差异化对比 91
5.8.4　第一方网表输出 93
5.8.5　第三方网表输出 93
5.9　BOM 清单 94
5.10　网表输出错误 96
5.10.1　"Duplicate Pin Name"
　　　　 错误 96
5.10.2　"Pin number missing"
　　　　 错误 97
5.10.3　"Value contains return"
　　　　 错误 97
5.10.4　"PCB Footprint missing"
　　　　 错误 98
5.10.5　"Conflicting values of following
　　　　 Component"错误 98
5.10.6　"Illegal character"错误 ... 99
5.11　原理图的打印输出 100
5.12　常用设计快捷命令 101
5.13　原理图设计实例——
　　　 AT89C51 102
5.13.1　设计流程分析 102
5.13.2　工程的创建 103
5.13.3　元件库的创建 103
5.13.4　原理图的设计 105
5.14　本章小结 108

第 6 章　PCB 库开发环境及设计 109
6.1　PCB 封装的组成 109
6.2　焊盘编辑界面 110
6.3　封装焊盘的创建 113
6.3.1　贴片封装焊盘的创建 113

6.3.2　插件封装焊盘的创建 113
6.3.3　Flash 焊盘的创建 116
6.3.4　过孔封装的创建 116
6.4　2D 标准封装创建 119
6.4.1　向导创建法 120
6.4.2　手工创建法 122
6.5　异形焊盘封装创建 125
6.6　PCB 文件生成 PCB 库 126
6.7　PCB 封装生成其他文件 127
6.7.1　PCB 封装生成 psm 文件 127
6.7.2　PCB 封装生成 device
　　　　文件 127
6.8　常见 PCB 封装的设计规范及
　　　 要求 128
6.8.1　SMD 贴片封装设计 128
6.8.2　插件类型封装设计 131
6.8.3　沉板元器件的特殊设计
　　　　要求 132
6.8.4　阻焊设计 132
6.8.5　丝印设计 133
6.8.6　元器件 1 引脚标识的设计 133
6.8.7　元器件极性标识的设计 134
6.8.8　常用元器件丝印图形式样 ... 135
6.9　3D 封装创建 136
6.10　PCB 封装库的导入与导出 137
6.10.1　PCB 封装库的导入 137
6.10.2　PCB 封装库的导出 138
6.11　本章小结 139

第 7 章　PCB 设计开发环境及
　　　　 快捷键 140
7.1　PCB 设计交互界面 140
7.2　菜单栏与工具栏 141
7.2.1　菜单栏 141
7.2.2　工具栏 141
7.3　功能选项卡 142
7.3.1　"Options"选项卡 142
7.3.2　"Find"选项卡 142
7.3.3　"Visibility"选项卡 144
7.4　常用系统快捷键 145

7.5 快捷键的自定义 145
   7.5.1 命令行自定义快捷键 145
   7.5.2 env 文件自定义快捷键 146
   7.5.3 Replay 命令自定义快捷键 146
7.6 录制及调用 Script 文件 147
   7.6.1 录制 Script 文件 147
   7.6.2 调用 Script 文件 147
7.7 Stoke 快捷键设置 148
7.8 本章小结 149

第 8 章 流程化设计——PCB 前期
      处理 150

8.1 原理图封装完整性检查 150
   8.1.1 封装的添加、删除与编辑 150
   8.1.2 库路径的全局指定 151
8.2 网表及网表的生成 152
   8.2.1 网表 152
   8.2.2 第一方网表的生成 152
   8.2.3 第三方网表的生成 153
8.3 PCB 网表的导入 154
   8.3.1 第一方网表的导入 154
   8.3.2 第三方网表的导入 155
8.4 板框定义 156
   8.4.1 DXF 结构图的导入 156
   8.4.2 自定义绘制板框 158
8.5 固定孔的放置 159
   8.5.1 开发板类型固定孔的放置 159
   8.5.2 导入型板框固定孔的放置 159
8.6 叠层的定义及添加 161
   8.6.1 正片层与负片层 161
   8.6.2 内电层的分割实现 161
   8.6.3 PCB 叠层的认识 162
   8.6.4 层的添加及编辑 165
8.7 本章小结 166

第 9 章 流程化设计——PCB 布局 167

9.1 常见 PCB 布局约束原则 167
9.2 PCB 模块化布局思路 169
9.3 固定元器件的放置 170
9.4 原理图与 PCB 的交互设置 170

9.5 模块化布局 172
9.6 布局常用操作 175
   9.6.1 "Move" 命令 175
   9.6.2 旋转命令 177
   9.6.3 "Mirror" 命令 178
   9.6.4 对齐功能 179
   9.6.5 复制命令 179
   9.6.6 交换元器件功能 181
   9.6.7 Group 功能 181
   9.6.8 Temp Group 功能 183
   9.6.9 锁定与解锁命令 184
   9.6.10 高亮与低亮功能 184
   9.6.11 查询命令 185
   9.6.12 测量命令 186
   9.6.13 查找功能 187
9.7 本章小结 187

第 10 章 流程化设计——PCB 布线 188

10.1 类与类的创建 189
   10.1.1 类的简介 189
   10.1.2 Class 的创建 190
   10.1.3 Net Group 的创建 191
   10.1.4 Pin Pair 的创建 191
   10.1.5 Xnet 的创建 193
10.2 常用 PCB 规则设置 195
   10.2.1 规则设置界面 195
   10.2.2 线宽规则设置 195
   10.2.3 间距规则设置 197
   10.2.4 多种间距规则设置 198
   10.2.5 相同网络间距规则设置 199
   10.2.6 区域规则设置 199
   10.2.7 差分动态和静态等长规则
       设置 201
   10.2.8 点到点源同步信号相对延迟
       等长规则设置 202
   10.2.9 多负载源同步信号相对延迟
       等长规则设置 204
   10.2.10 绝对延迟等长规则设置 205
   10.2.11 元器件引脚长度导入规则
        设置 206

10.2.12　规则的导入与导出 ……… 208

10.3　阻抗计算 ………………………… 209

  10.3.1　阻抗计算的必要性 ………… 209

  10.3.2　常见的阻抗模型 …………… 210

  10.3.3　阻抗计算详解 ………………211

  10.3.4　阻抗计算实例 …………… 213

10.4　PCB 扇孔 ………………………… 215

  10.4.1　扇孔推荐的做法 …………… 215

  10.4.2　PCB 过孔添加与设置 …… 216

  10.4.3　BGA 类器件扇孔 ………… 217

  10.4.4　QFN 类器件扇孔 ………… 218

  10.4.5　SOP 类器件扇孔 ………… 219

  10.4.6　扇孔的拉线 ………………… 220

10.5　布线常用操作 …………………… 222

  10.5.1　飞线的打开与关闭 ……… 222

  10.5.2　PCB 网络的管理与添加 … 224

  10.5.3　网络及网络类的颜色
        管理 …………………………… 225

  10.5.4　层的管理 …………………… 226

  10.5.5　元素的显示与隐藏 ……… 227

  10.5.6　布线线宽设置与修改 …… 228

  10.5.7　圆弧布线与设置 …………… 229

  10.5.8　10°布线与设置 …………… 229

  10.5.9　布线角度更改与设置 …… 230

  10.5.10　自动布线 ………………… 231

  10.5.11　蛇形布线 ………………… 232

  10.5.12　紧挨圆弧边缘布线 …… 232

  10.5.13　排挤布线与过孔 ……… 233

  10.5.14　移动布线与过孔 ……… 234

  10.5.15　删除布线与过孔 ……… 235

  10.5.16　差分布线与扇孔 ……… 236

  10.5.17　多根布线 ………………… 237

  10.5.18　布线居中设置 ………… 239

  10.5.19　布线复制与粘贴 ……… 239

  10.5.20　过孔网络修改 ………… 240

  10.5.21　高亮与低亮网络 ……… 241

  10.5.22　Sub-Drawing 功能介绍 … 241

  10.5.23　查询布线信息 ………… 243

  10.5.24　45°布线与圆弧布线
        转换 ………………………… 244

10.5.25　泪滴的作用与添加 ……… 245

10.6　铺铜操作 ………………………… 246

  10.6.1　动态铜皮参数设置 ……… 246

  10.6.2　静态铜皮参数设置 ……… 247

  10.6.3　铺铜 ………………………… 248

  10.6.4　挖铜 ………………………… 249

  10.6.5　弧铜删除 …………………… 250

  10.6.6　铜皮网络修改 ……………… 251

  10.6.7　静态铜皮与动态铜皮
        转换 ………………………… 251

  10.6.8　铜皮合并 …………………… 252

  10.6.9　铜皮优先级设置 ………… 253

  10.6.10　灌铜操作 ………………… 253

10.7　蛇形布线 ………………………… 254

  10.7.1　单端蛇形线 ………………… 254

  10.7.2　差分蛇形线 ………………… 255

10.8　多拓扑的等长处理 ……………… 256

  10.8.1　点到点绕线 ………………… 256

  10.8.2　菊花链结构 ………………… 257

  10.8.3　T 形结构 …………………… 258

  10.8.4　T 形结构分支等长法 …… 258

  10.8.5　Xnet 等长法 ……………… 259

10.9　本章小结 ………………………… 261

第 11 章　PCB 的 DRC 与生产输出 …… 262

11.1　功能性 DRC …………………… 262

  11.1.1　查看状态 …………………… 262

  11.1.2　电气性能检查 ……………… 263

  11.1.3　布线检查 …………………… 265

  11.1.4　铺铜检查 …………………… 266

  11.1.5　阻焊间距检查 ……………… 266

  11.1.6　元器件高度检查 ………… 267

  11.1.7　板层设置检查 ……………… 268

11.2　尺寸标注 ………………………… 269

  11.2.1　线性标注 …………………… 269

  11.2.2　圆弧半径标注 ……………… 270

11.3　距离测量 ………………………… 270

  11.3.1　点到点距离的测量 ……… 270

  11.3.2　边缘间距的测量 ………… 271

11.4　丝印位号的调整 ……………… 271

11.4.1 丝印位号调整的原则及常规
推荐尺寸 271
11.4.2 丝印位号的调整方法 272
11.5 PDF 文件的输出 273
11.6 生产文件的输出 274
11.6.1 Gerber 文件的输出 274
11.6.2 钻孔文件的输出 277
11.6.3 IPC 网表的输出 279
11.6.4 贴片坐标文件的输出 279
11.7 生产文件归类 280
11.8 本章小结 281

第 12 章 Cadence Allegro 24.1 高级
设计技巧及其应用 282
12.1 多根布线及间距设置 282
12.2 评估 PCB 版图中的载流
能力 283
12.3 更新同类型的 PCB 封装 283
12.4 相同模块布局、布线的方法 284
12.5 在 PCB 中手动或自动添加
差分对属性 286
12.6 对两份 PCB 文件进行差异
对比 289
12.7 手动修改网络连接关系 290
12.8 手动添加或删除元器件 291
12.9 标注时添加单位显示 292
12.10 单独移动不需要的焊盘 293
12.11 布线时显示布线长度 294
12.12 在 PCB 设计中设置漏铜及
白油 295
12.13 极坐标的应用 296
12.14 飞线显示最短路径 296
12.15 铜皮的优先级设置 296
12.16 PCB 整体替换过孔 298
12.17 反标功能的应用 299
12.18 隐藏电源飞线 300
12.19 团队协作功能 301
12.20 阵列过孔功能 303
12.21 修改差分线宽、线距 303
12.22 布线跨分割检查 305

12.23 自动等长设计 305
12.24 泪滴设计 306
12.25 渐变线设计 307
12.26 无盘设计 308
12.27 本章小结 310

第 13 章 入门实例：4 层 DM642 达芬奇
开发板设计 311
13.1 实例简介 311
13.2 原理图文件和 PCB 文件的
创建 312
13.3 原理图的检查、网表的导出/
导入及 PCB 库路径的指定 312
13.3.1 原理图的检查 312
13.3.2 原理图网表的导出 313
13.3.3 PCB 库路径的指定 314
13.3.4 网表的导入 314
13.4 PCB 推荐参数设置、板框的
导入、元器件的放置及 PCB
叠层设置 315
13.4.1 PCB 推荐参数设置 315
13.4.2 板框的导入 316
13.4.3 元器件的放置 317
13.4.4 PCB 叠层设置 317
13.5 交互式布局、模块化布局及布局
原则 318
13.5.1 交互式布局 318
13.5.2 模块化布局 318
13.5.3 布局原则 320
13.6 类的创建及 PCB 规则设置 321
13.6.1 类的创建 321
13.6.2 PCB 规则设置 322
13.7 PCB 扇孔 323
13.8 PCB 的布线操作 324
13.9 模块化设计 324
13.9.1 VGA 模块 324
13.9.2 网口模块 325
13.9.3 SDRAM、Flash 的布线 326
13.9.4 电源处理 327

13.10 PCB 设计后期处理...............328

  13.10.1 3*W* 原则...............328

  13.10.2 修减环路面积...............328

  13.10.3 孤铜及尖岬铜皮的修整....328

  13.10.4 回流地过孔的放置...........329

13.11 本章小结...............329

第 14 章 进阶实例：RK3288 平板电脑的设计...............330

14.1 实例简介...............330

  14.1.1 MID 功能框图...............331

  14.1.2 MID 功能规格...............331

14.2 结构设计...............332

14.3 叠层结构的选择及阻抗控制....332

  14.3.1 叠层结构的选择...............333

  14.3.2 阻抗控制...............333

14.4 设计要求...............334

  14.4.1 布线线宽及过孔...............334

  14.4.2 3*W* 原则...............334

  14.4.3 20*H* 原则...............335

  14.4.4 元器件布局的规划...........336

  14.4.5 屏蔽罩的规划...............336

  14.4.6 铺铜完整性...............336

  14.4.7 散热处理...............337

14.4.8 后期处理要求...............337

14.5 模块化设计...............337

  14.5.1 CPU 的设计...............337

  14.5.2 PMU 模块的设计...............340

  14.5.3 存储器 LPDDR2 的设计.....343

  14.5.4 存储器 NAND Flash/
EMMC 的设计...............346

  14.5.5 CIF Camera/MIPI Camera 的
设计...............348

  14.5.6 TF/SD Card 的设计...............348

  14.5.7 USB OTG 的设计...............349

  14.5.8 G-sensor/Gyroscope 的
设计...............351

  14.5.9 Audio/MIC/Earphone/
Speaker 的设计...............351

  14.5.10 Wi-Fi/BT 的设计...............353

14.6 MID 的 QA 检查...............356

  14.6.1 结构设计部分的 QA
检查...............356

  14.6.2 硬件设计部分的 QA
检查...............357

  14.6.3 EMC 设计部分的 QA
检查...............357

14.7 本章小结...............358

第 1 章

Cadence Allegro 24.1 全新功能

随着电子技术的不断革新和芯片生产工艺的不断提高，印制电路板（PCB）的结构变得越来越复杂，从最早的单面板到常用的双面板再到复杂的多层板，电路板上的布线密度也越来越高。同时，随着 DSP、ARM、FPGA、DDR 等高速逻辑元器件的应用，PCB 的信号完整性和抗干扰性能显得尤为重要。依靠软件本身自动布局、布线无法满足板卡的各项要求，需要电子设计工程师具备更高的专业技术水平。另外，因为电子产品的更新换代越来越快，所以需要电子设计工程师深挖软件的各种功能技巧，以提高设计的效率。

电子产品设计不仅是电子设计工程师的工作内容，更体现着电子设计工程师的设计激情。然而，如果电子设计工程师大部分时间都在做一些琐碎的工作，那么会扼杀他们的创造力，使他们脱离实际搞设计。Cadence Allegro 运用创新技术来帮助电子设计工程师脱离这些琐碎的工作，更多关注设计本身。电子设计工程师在工作中有更多时间专注于创作，就会有更多的设计灵感，重新找回设计激情。

1992 年，Cadence 公司进入我国大陆市场，迄今已拥有大量的集成电路（IC）及系统级设计客户群体。在过去的近二十年里，Cadence 公司在我国不断发展，建立了北京、上海、深圳分公司，以及北京研发中心、上海研发中心，并于 2008 年将亚太总部设立在上海，现拥有员工 800 余人。北京研发中心主要承担美国总部的 EDA 软件研发任务，力争提供给用户合适的设计工具和全流程服务。Cadence 公司在我国拥有技术支持团队，提供从系统软硬件仿真验证、数字前端和后端及低功耗设计、数模混合 RF（射频）前端仿真、DFM 及后端物理验证、SIP 及 PCB 设计等技术支持。

Cadence Allegro 把原理图设计、电路仿真、PCB 绘制编辑、拓扑逻辑自动布线、信号完整性分析和设计输出等技术进行了完美融合，使越来越多的用户选择使用 Cadence Allegro 来进行复杂的大型电路板设计。因此，对初入电子行业的新人或者电子行业从业者来说，熟悉并快速掌握使用该软件来进行电子设计至关重要。

应市场需求，Cadence Allegro 不断推陈出新，以满足更新电子产品设计提出的挑战。那么 Cadence Allegro 24.1 版本相对于其他版本有什么全新功能呢？通过本章的介绍，读者能够快速做出对比，对自己安装的版本做出选择！

 学习目标

➢ 了解 Cadence Allegro 24.1 的全新功能。

1.1 Cadence Allegro 24.1 全新功能介绍

1.1.1 全新功能概述

Cadence Allegro 24.1 进行了功能的升级，显著地提升了用户体验和效率，利用时尚界面使设计流程流线化，同时实现了前所未有的性能优化；64 位体系结构和多线程的结合实现了在 PCB 设计中更大的稳定性、更快的速度和更强的功能。

1.1.2 3DX 画布增强功能

在 24.1 版本中，3DX 画布包含了 3D 画布的所有功能。此外，它还进行了功能扩展，并且对设计尺寸没有限制。3DX 画布能够轻松处理任何设计。

要启动 3DX 画布，可以选择"View"下拉菜单中的"3DX Canvas"选项，如图 1-1 所示。

3DX 画布会在一个单独的对话框中出现，与 Allegro X 版图编辑器并排显示。24.1 版本提供以下增强功能：模型映射器增强、使用键盘进行 3DX 画布导航、OpenUSD 支持。

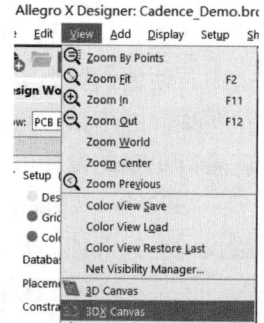

图 1-1 启动 3DX 画布

1.1.3 冻结铜皮更新

24.1 版本引入的冻结铜皮更新功能，让动态铜皮不自动避让与其无关的对象，并引发 DRC（设计规则检查）错误，需要手动选择进行避让。选择"Shape"下拉菜单中的"Select Shape or Void/Cavity"选项，选择需要冻结的铜皮，如图 1-2 所示，选中铜皮以后，右击，选择"Freeze Shape"选项冻结铜皮，如图 1-3 所示。冻结铜皮之后，可以保持铜皮的完整性，不自动避让与其无关的对象。当不满足设计规则时，会引发 DRC 错误。

图 1-2 选择需要冻结的铜皮

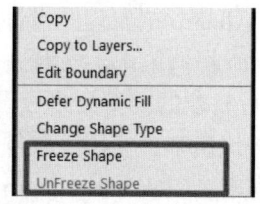

图 1-3 执行冻结铜皮的命令

选择"Shape"下拉菜单中的"Frozen Shape Void"选项，如图 1-4 所示，在下拉菜单中选择"Element"选项进行手动避让，手动避让后的效果展示图如图 1-5 所示。

- Delete：删除冻结动态铜皮内的动态空白区域。
- Element：手动避让动态铜皮区域的某个对象。
- Void Area：在冻结的动态铜皮中，需要对空白区域进行更新的窗口区域。

图 1-4　手动避让冻结的铜皮

图 1-5　手动避让后的效果展示图

1.1.4　挖空相邻层

在高速 PCB 设计中，可能需要对布线下方的相邻层进行挖空处理。例如，为避免相邻层的耦合噪声、在下方隔离一层建立阻抗参考、去除不需要的回流路径参考等，手动在布线下方的相邻层上定义布线禁布区是一项耗时的任务。

可以使用新增的"形状"→"相邻层形状镂空"命令，在画布上选择对象，以在相邻层的动态或静态形状中生成静态形状镂空区域。

（1）选择"Shape"→"Void Adjacent Layer Shapes"选项。

（2）在画布上选择需要生成相邻镂空区域的对象。

（3）更新"Options"面板，以指定镂空位置和所需的额外间距。挖空相邻层布线图示如图 1-6 所示。

图 1-6　挖空相邻层布线图示

1.1.5　减少过孔残桩和层间转换

在大多数高速 PCB 设计中，信号路径上的不连续性是需要关注的问题，这通常由过多的层间转换和过孔残桩导致。背钻是一种行之有效的方法，可解决这些与信号完整性相关的问题。在某些情况下，布线更新可将过孔残桩减少到可接受的限度以下，从而减少成本高昂的背钻工艺需求。此外，在过多的布线层上进行布线转换，也会对信号完整性产生影响，因为每一次层间转换都具有不同的信号特性。

两项新的与 DRC 相关的检查，可在设计流程早期将这些对信号完整性的影响降至最低，而无须单纯依赖背钻来减少高速接口上的过孔残桩。这些检查还可用于交付前的最终审核阶段来对设计进行验证。

减少过孔残桩。利用新的 DRC，借助背钻所使用的现有的"背钻最大过孔残桩"值，来验证已布线的互连残桩，标记出不符合残桩要求的过孔。现在，我们可以选择优化布线以消除残桩，通过采用盲孔 / 埋孔来减少残桩，或者使用背钻以机械方式钻除残桩。如图 1-7 所示，在规则管理器中设置过孔残桩的最大长度，若不满足要求，则会弹出"FAIL"标记，方便电子设计工程师进行优化，并在 PCB 界面弹出 DRC 报错对话框，如图 1-8 所示。

图 1-7　在规则管理器中设置过孔残桩的最大长度

图 1-8　过孔残桩最大长度不满足要求弹出 DRC 报错对话框

减少层间转换。有一种 DRC 错误，用于分析已布放的互连线，以确定特定网络上已布线的层间转换次数。层间转换次数最大值用于确定从起始位置到目的地允许的内部布线连接数量，不包括表面布线和第一个内部布线层。网络布线层间转换次数示意图如图 1-9 所示。在已布放互连线的起始位置会放置一个 DRC 标记，其实际值/余量值会在规则管理器中报告，如图 1-10 所示。

图 1-9　网络布线层间转换次数示意图

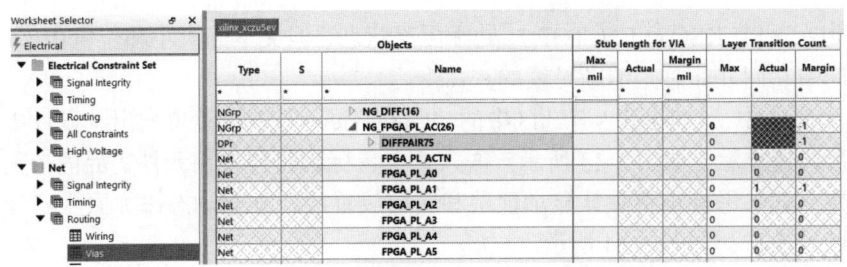

图 1-10 在规则管理器中设置层间转换次数

1.1.6 纤维编织感知

PCB 的电介质由玻璃纤维编织物构成，与环氧树脂黏结在一起，作为铜箔的基底，经蚀刻后在 PCB 各层形成铜布线和焊盘。直接铺设在玻璃纤维编织物上的布线，其介电常数与铺设在仅有环氧树脂的编织物空隙中的布线不同。介电常数的差异会导致信号完整性问题。

使用编织更紧密的电介质材料可以解决信号完整性问题，但成本高昂。另一种方法是避免水平布线和垂直布线，以减小布线穿过编织物空隙的可能性，不过这是一个耗时的过程，且无法验证布线情况。

现在，我们可以使用一项新检查功能，计算水平布线和垂直布线的均方根（RSS）长度，可以在规则管理器中设置均方根最大长度，如图 1-11 所示，当超过可接受阈值时，会报告 DRC 错误，如图 1-12 所示。

图 1-11 在规则管理器中设置均方根最大长度

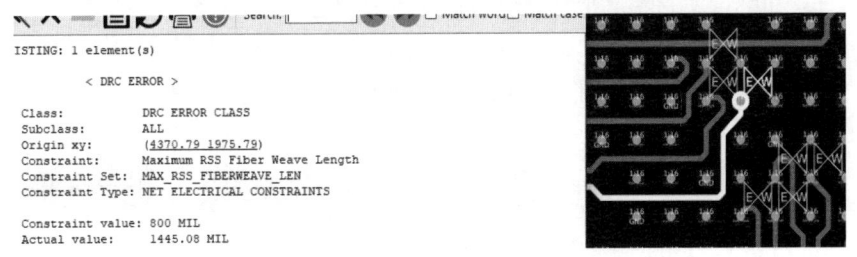

图 1-12 超过可接受阈值报告 DRC 错误

1.1.7 嵌入式参考标识符

在布局过程中,识别元件参考标识符需要特定的层[如"装配顶层"（ASSEMBLY_ TOP）

或"丝印顶层"（SILKSCREEN_TOP）]处于可见状态，但文本的大小和位置由库符号决定，所以在布局中它们并非总是清晰可读的。

在24.1版本中，"Visibility"选区中的"Quickviews"下拉菜单列出了设计中的所有放置层，便于快速显示，如图1-13所示。嵌入式参考标识符包含在元件边界内，无须显示额外的层。嵌入式参考标识符默认显示顶层和底层放置层，并会动态添加嵌入式元件和区域放置层的额外条目，如图1-14所示。

图1-13　放置层

图1-14　嵌入式参考标识符

1.1.8　嵌入式名称

通常，嵌入式网络名称或盲埋孔钻孔标签等重要信息，直接在画布上显示以便快速查阅，这一功能仅限于特定对象，而且在某些情况下需要特定层可见。

在24.1版本中，能够显示嵌入式名称的对象范围有所扩大，这样就避免了大量查询工作，也无须在布局中显示可能难以辨认的特殊层文本。可显示嵌入式名称标签列表如图1-15所示。

- 网络名称标签：对连接线、形状和引脚的支持现已扩展到过孔。
- 钻孔标签：现在除了支持现有的盲埋孔、微孔钻孔，还扩展到了支持通孔钻孔。
- 新增嵌入式元件引脚编号显示：这样就无须再显示"PIN_NUMBER"层的引脚编号文本，如图1-16所示。

图1-15　可显示嵌入式名称标签列表

图1-16　拓展显示至过孔上

1.1.9　交互式布线增强功能

在对差分对进行布线时，交互式环境中的某些区域无法产生预期结果，会生成DRC错误，或者当差分对离开元件引脚时，会产生过多的非耦合布线，需要进行清理。理想情况是创建无须额外清理或调整的布线，但并非所有设计都能做到这一点。

满足时序约束颇具挑战，既要确保布线尽可能优化到最短长度，又要在调试过程中避免过长的布线占用宝贵的布线空间和布线通道。要实现这一目标，需要手动清理布线，去除所有不必要的弯折和多余长度。这是一个非常缓慢、低效且容易出错的过程。

为改进差分对布线，已进行了多项更新，以便在无须大量清理工作的情况下，初次布线就能取得好的效果。24.1 版本新增了"自定义平滑"功能，在延迟调试之前减少额外的手动操作，利用电气时序规则优化布线。

交互式布线增强功能具体如下。

- 差分对布线转换改进。
- 差分对焊盘接入与汇聚改进。
- "自定义平滑"功能的易用性提升。
- 非对称延迟调试。
- 在状态和未连接引脚报告中忽略无连接（NC）网络。

1.1.10　差分对布线转换改进

在某些情况下，需要减小差分对布线的宽度和间距，以便在密集区域布线。24.1 版本中的空间过渡区域已得到改进，不再需要过长的引入线，过渡更新平滑，更有利于高速信号完整性，如图 1-17 所示。24.1 版本之前的版本会导致 DRC 错误，进而需要手动清理。

图 1-17　平滑过渡差分对布线

1.1.11　差分对焊盘接入与汇聚改进

差分对增强型焊盘接入与汇聚功能依靠约束条件，实现从元件焊盘的顺畅过渡，以达到无 DRC 错误且可制造的效果。然而，这种方法存在一些效率问题。24.1 版本已做出改进，利用差分对布线的宽度和间距，以及焊盘的几何形状，来计算合适的焊盘接入与汇聚方式，以实现无 DRC 错误且可制造的效果，如图 1-18 所示。

图 1-18　平滑过渡差分对焊盘进入与汇聚布线

1.1.12　在状态和未连接引脚报告中忽略 NC 网络

在 24.1 版本中，通过设置新的网络属性"NC_IGNORE"以及新的用户偏好设置"disable_ncnet_count_display"，可以忽略 NC 网络。

设置了"NC_IGNORE"属性的网络，不会计入"显示"→"状态"中的未布线网络 / 未布线连接数量，以及"快速报告"→"未连接引脚报告"。

在"显示飞线"的"全部""元件""网络"等命令中，这类网络的飞线也会被隐藏。

1.2　本章小结

本章对 Cadence Allegro 24.1 的全新功能进行了基本概括。当然，随着时间的推移，相信会有更多的新功能推出，以满足电子设计工程师的需求。电子设计工程师应当不断地学习、体验软件推出的新功能，提高设计效率。虽然 Cadence Allegro 软件在不断地更新换代，但是基本功能还是大同小异的，用户应该先打好基础，再进一步提高。

第 2 章

Cadence Allegro 24.1 软件安装及电子设计概述

Cadence Allegro 对原理图设计、电路仿真、PCB 绘制编辑、拓扑逻辑自动布线、信号完整性分析和输出设计等技术进行了完美融合，使越来越多的用户选择使用 Cadence Allegro 来进行复杂的大型电路板设计。因此，对初入电子行业的新人或者电子行业从业者来说，熟悉并快速掌握使用该软件来进行电子设计至关重要。

工欲善其事，必先利其器。本章将对 Cadence Allegro 24.1 进行进一步讲述，包括 Cadence Allegro 24.1 的安装、激活、操作环境及常用系统参数设置，并对电子设计流程进行概述，让读者在对软件本身了解的基础上更深一步学习。

 学习目标

➢ 掌握 Cadence Allegro 24.1 的安装方法。
➢ 掌握 Cadence Allegro 24.1 的激活方法。
➢ 掌握常用系统参数设置方法及各个功能命令的含义。
➢ 熟悉电子设计流程。

2.1 Cadence Allegro 24.1 的系统配置要求、安装及激活

2.1.1 系统配置要求

推荐的系统配置如下。

（1）操作系统：Windows Server 2016、Windows Server 2019、Windows 10、Windows11（专业版+企业版）（不支持 Windows 7 和 Windows 8）。

（2）硬件配置如下。

①CPU：Intel®Core™，i7 4.30 GHz 或 AMD Ryzen™，7 4.30 GHz，至少有 4 个核心。

②内存：16 GB RAM。

③硬盘：50 GB 可用磁盘空间（建议使用 SSD 驱动器）。

④显示器：1920 像素×1200 像素显示分辨率，真彩色（至少 32 位彩色）。

⑤GPU 支持：OpenGL 的专用图形卡，最低 2GB（额外支持用于 3DCanvas 的 DX11）。

2.1.2　安装

（1）安装包下载完成，将安装包解压缩，单击安装文件中的"setup.exe"启动程序文件，如图 2-1 所示，开始安装。

EFA	2025/1/13 11:38	文件夹
Disk1	2024/9/21 2:05	文件夹
Disk2	2024/9/21 2:05	文件夹
Disk3	2024/9/21 2:05	文件夹
LibCD	2024/9/21 2:05	文件夹
setup.exe	2024/9/21 2:00	应用程序
setup.exe.config	2024/9/21 2:00	CONFIG 文件

图 2-1　启动程序文件

（2）随即弹出启动程序界面，如图 2-2 所示，选择"OrCAD X and Allegro X Products Installation"选项，单击其右侧的"Install"按钮，弹出如图 2-3 所示的同意选项界面，选择语言"Chinese"，选中"我接受"单选按钮，单击"下一步"按钮继续安装。

（3）进入如图 2-4 所示的设置安装路径界面，在"选择要安装的产品"选区中，勾选全部三个复选框，其中第三个是扩展服务，然后进行安装路径的选择，单击"▦"按钮进行更

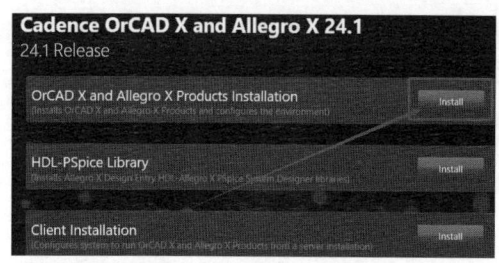

图 2-2　启动程序界面

改，默认安装在 C 盘，设置好安装路径后，单击"下一步"按钮。

图 2-3　同意选项界面　　　　　　　　　　　图 2-4　设置安装路径界面

（4）弹出如图 2-5 所示的许可证服务器设置界面，选中"连接到现有许可证服务器"单选按钮，再单击"安装"按钮，安装程序会自动进行安装，中间不用进行任何其他操作。

（5）等待安装，直到弹出安装完成界面，安装完需要重新启动计算机才可以完成配置，如图 2-6 所示，选中"立即重新启动"单选按钮，再单击"完成"按钮。

图 2-5 许可证服务器设置界面　　　　　　图 2-6 安装完成界面

2.1.3 激活

（1）启动安装的"License Manager"管理器，如图 2-7 所示，只有添加 Cadence 官方授权的 License 文件后功能才会被激活，单击"Browse"按钮，进行 License 的选择。

（2）选择 Cadence 官方授权的 License 文件，如图 2-8 所示，加载 License 文件后激活成功，就可以正常使用 Cadence Allegro 24.1 软件了。

 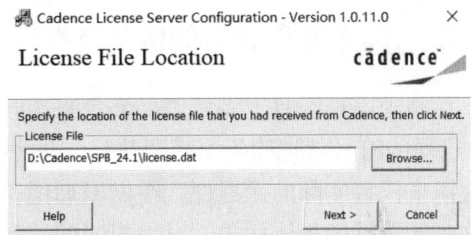

图 2-7　"License Manager"管理器　　　　图 2-8　选择 Cadence 官方授权的 License 文件

2.2　电子设计概念

电子设计，顾名思义就是对电子产品进行方案开发过程中电路图纸的设计，电路图纸的设计包括原理图设计和 PCB 设计。电子设计是整个电子产品开发项目的核心，只有保证电路图纸的正确性，才可以保证后期电子产品的正常运转。

2.2.1　原理图的概念及作用

原理图，顾名思义就是在电路板上表示各元器件之间连接关系原理的图表。由原理图延伸下去会涉及 PCB 布线。当然，这种布线是基于原理图完成的，通过对原理图的分析，以及考虑电路板其他条件的限制，设计者得以确定元器件的位置及电路板层数等。原理图的作用是引导 PCB 设计人员按照原理图的连接关系来进行接线。原理图释义框图如图 2-9所示。

图 2-9　原理图释义框图

2.2.2　PCB 版图的概念及作用

PCB 版图，就是根据原理图画成的实际元器件摆放和连线图，以便供制作实际电路板使用。在制作实际的电路板之前，必须根据原理图绘制出 PCB 版图，然后根据 PCB 版图安装元器件，才可以得到实际的电路板，也就是通常所说的 PCB。PCB 版图释义框图如图 2-10 所示。

2.2.3　原理图符号的概念及作用

在绘制原理图时，需要用一些符号来代替实际的元器件，这样的符号就被称为原理图符号，也被称为原理图库，它被用来代替实际的元器件。在做原理图符号时，不用考虑这个元器件的具体样子，只需要匹配一致的引脚数目即可，然后定义每一个引脚的连接关系就可以了。TF 卡座的原理图符号展示如图 2-11 所示。

图 2-10　PCB 版图释义框图

图 2-11　TF 卡座的原理图符号展示

2.2.4　PCB 符号的概念及作用

PCB 符号，也叫 PCB 封装，就是把实际的电子元器件、芯片等的各种参数，如元器件的大小、长宽，贴片及焊盘的大小，引脚的长宽，引脚的间距等用图形方式表现出来。PCB 封装的作用，就是把元器件实物按照 1：1 的方式，用图形的方式在 PCB 绘制软件上体现出来，以便绘制 PCB 版图时调用。进行 PCB 封装绘制时，必须保证所绘与实物是一致的。PCB 封装图如图 2-12 所示。

图 2-12　PCB 封装图

2.2.5　信号线的分类及区别

PCB 中的信号线分为两种：微带线和带状线。

微带线：是设在表面层、附在 PCB 表面的带状布线，如图 2-13 所示，蓝色部分是导体，即微带线，绿色部分是 PCB 的绝缘电介质。由于微带线的一面裸露在空气中，可以向周围形成辐射或受到周围的辐射干扰，而另一面附在 PCB 的绝缘电介质上，所以它形成的电场一部分分布在空中，另一部分分布在 PCB 的绝缘电介质中。微带线中的信号传输速度要比带状线中的信号传输速度快，这是其突出的优点。

带状线：是设在内层、埋在 PCB 内部的带状布线，如图 2-14 所示，蓝色部分是导体，即带状线，绿色部分是 PCB 的绝缘电介质，带状线是嵌在两层导体之间的带状导线。因为带状线是嵌在两层导体之间的，所以它的电场分布在两层导体（平面）之间，能量不会辐射出去，也不会受到外部辐射的干扰。但是由于它的周围全是电介质（介电常数大于 1），所以信号在带状线中的传输速度比在微带线中的慢。

图 2-13　微带线示意图

图 1-24　带状线示意图

2.3　常用系统参数的设置

系统参数设置窗口用于设置系统整体和各个模块的参数。一般情况下，不需要对整个系统的默认参数进行改动设置，只需要对软件的一些常用系统参数进行设置，比如光标设置、封装库指定等，以达到使软件快速、高效地配置资源的目的，从而更高效地使用软件进行电子设计。

选择"Setup"→"User Preferences"菜单命令，如图 2-15 所示，进入用户环境参数设置窗口。"User Preferences Editor"窗口一般用于定义用户的设计环境，与具体的设计文件没有关系。一般参数设置以后，会保存在 Home 文件夹下的 env 文件中。对软件熟练的使用者，可以直接在 Home 义件夹中的 env 文件中进行修改，效果是一样的。

进入"User Preferences Editor"窗口后，如图 2-16 所示，左侧是常规参数的目录，右侧是常规参数的设置选区，具体的释义如下。

Preference：具体功能的名称显示。

Value：设置的参数值。

Effective：参数设置生效的模式。

Immediate：单击"OK"按钮后生效。

Restart：重新启动软件后生效。

Command：执行下一个命令后生效。

Favorite：将常用参数添加到 my_favorite 的参数选项中。

Search for preference：输入参数关键字，搜索设置选项。

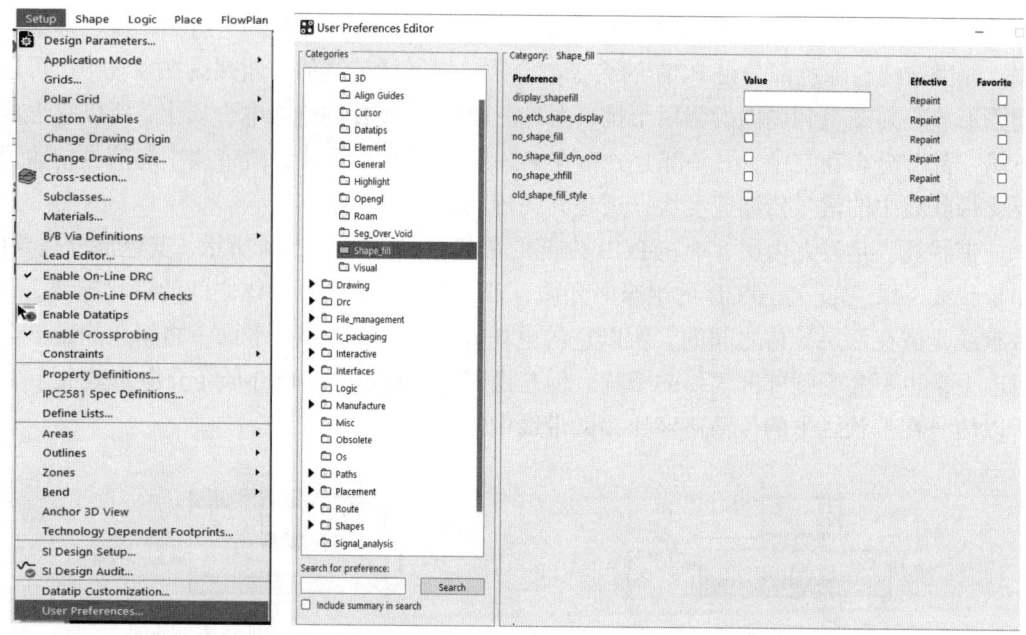

图 2-15　选择菜单命令（1）　　　　图 2-16　"User Preferences Editor"窗口

2.3.1　高亮设置

在操作的过程中对对象进行选择时，可以将选择对象高亮显示、放大，这样可以有效地协助定位选择对象。选择"Setup"→"User Preferences"菜单命令，如图 2-17 所示，打开用户环境参数设置窗口。

在窗口中展开"Display"→"Highlight"选项，勾选"display_nohilitefont"复选框，如图 2-18 所示。

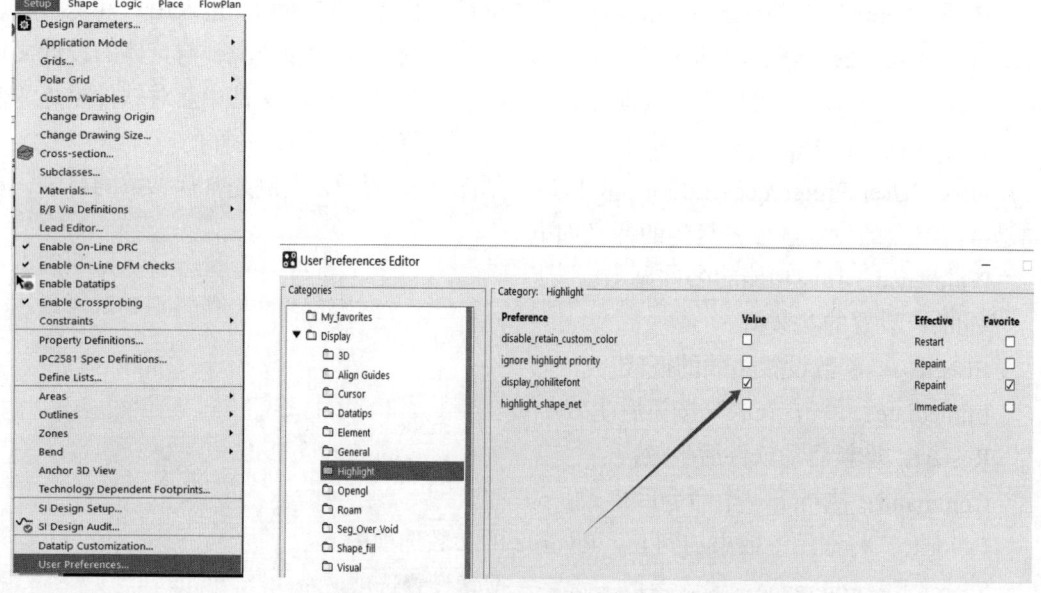

图 2-17　选择菜单命令（2）　　　　图 2-18　勾选高亮参数

2.3.2 自动备份设置

自动备份可以防止在设计时软件崩溃而造成设计文件损坏、丢失，在平时的设计中经常会用到这项功能。

选择"Setup"→"User Preferences"菜单命令，进入用户环境参数设置窗口，在搜索文本框中搜索"save"属性，如图 2-19 所示。

在参数选区中勾选"autosave"复选框，在"autosave_time"文本框中输入 10（分钟），如图 2-30 所示，设置完成后，单击"OK"按钮，保存即可。

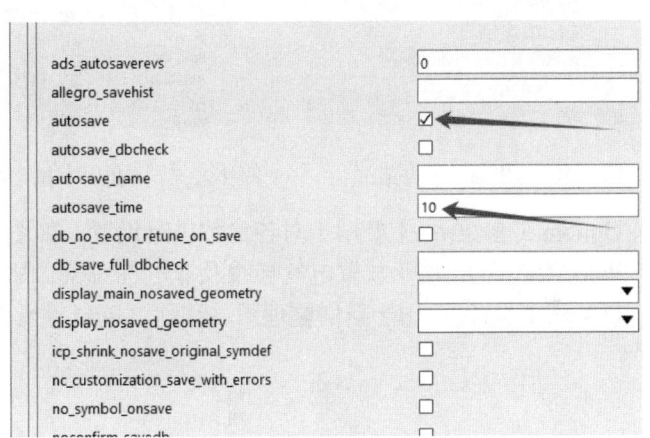

图 2-19　搜索"save"属性　　　　　　　　图 2-20　参数设置示意图

2.4　OrCAD 原理图

在方案开发等正向研究中，原理图的作用是非常重要的，对原理图的把关关乎整个电子设计项目的质量。由原理图延伸下去会涉及 PCB 布线，当然这种布线是基于原理图来完成的，通过对原理图的分析，以及考虑电路板其他条件的限制，设计者得以确定元器件的位置及电路板的层数等。

2.4.1 OrCAD 菜单栏

原理图编辑界面主要包含菜单栏、工具栏、绘制工具栏、面板栏、编辑工作区等。
File（文件）：用于完成对各种文件的新建、打开、保存等操作，如图 2-21 所示。
Edit（编辑）：用于完成各种编辑操作，包括撤销、取消、复制及粘贴，如图 2-22 所示。

View（查看）：用于视图操作，包括窗口的放大、缩小，工具栏的打开、关闭，以及网格的设置、显示，如图 2-23 所示。

图 2-21　"File"下拉菜单　　　图 2-22　"Edit"下拉菜单　　　图 2-23　"View"下拉菜单

Options（参数）：主要用于对各参数进行设置，如图 2-24 所示。

Place（放置）：用于放置电气导线及非电气对象，如图 2-25 所示。

Design（设计）：用于新增原理图、移除、更新等操作，如图 2-26 所示。

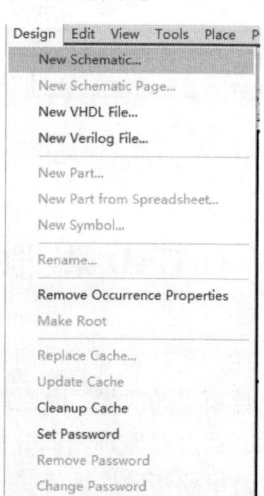

图 2-24　"Options"下拉菜单　　图 2-25　"Place"下拉菜单　　图 2-26　"Design"下拉菜单

SI Analysis（仿真）：用于 SI 仿真，如图 2-27 所示。

Window（窗口）：改变窗口的显示方式，可以进行切换窗口的双屏或者多屏显示、关闭工程文件、打开最近的文件等操作，如图 2-28 所示。

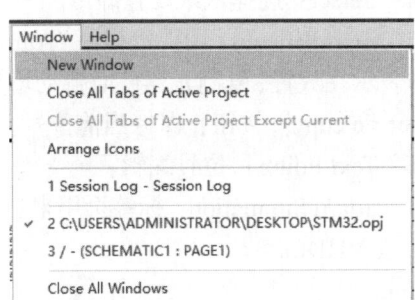

图 2-27　"SI Analysis"下拉菜单　　　　图 2-28　"Window"下拉菜单

2.4.2　OrCAD 偏好设置

（1）选择"Options"→"Preferences"菜单命令，打开"Colors/Print"选项卡，在其中可以进行颜色的设置，如果非必需，则一般选择默认的"Use Defaults"即可，勾选相关复选框即选择打印该选项，反之不打印，如图 2-29 所示。若需修改颜色，则单击颜色框修改即可。

（2）Grid Display：格点设置。"Grid Display"选项卡如图 2-30 所示。

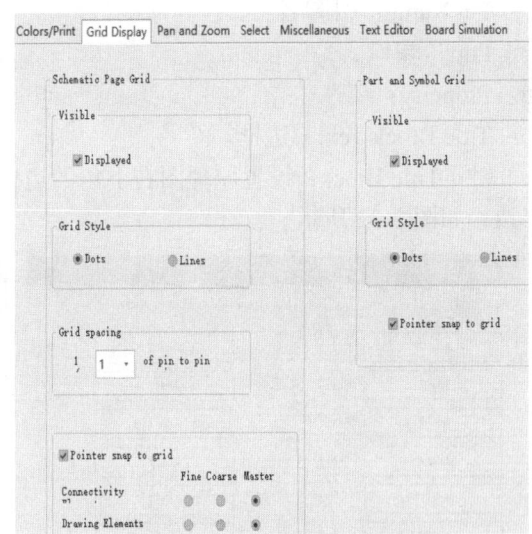

图 2-29　"Colors/Print"选项卡　　　　图 2-30　"Grid Display"选项卡

Schematic Page Grid：为原理图设置格点。

Part and Symbol Grid：封装设置格点。

Visible：勾选其中的复选框为可视，反之为不可视。

Grid Style：格点风格分为"Dots"（点状）和"Lines"（线状）。推荐大家在设计时选择线状，以便设计时能非常清楚地发现器件及封装是否在同一水平线上。

Grid spacing：格点间距，原理图与封装是统一的，基本上选择一对一。

Pointer snap to grid：自动抓取格点。

（3）Pan and Zoom：放大、缩小。

（4）Select：选择默认设置即可。

（5）Miscellaneous：用得较多是"Auto Reference"。勾选"Automatically reference placed"复选框表示在放置、复制元器件时自动增加位号。如果不想自动增加位号，则单击"Preserve reference on copy"按钮，保持当前位号。

（6）Text Editor：位号编辑。

（7）Board Simulation：标签页用来选择对 PCB 设计进行模拟仿真的工具，可以选择用 Verilog 或 VHDL。

2.4.3　OrCAD 软件 Design Template 常用设置

选择"Options"→"Design Template"菜单命令，弹出"Design Template"对话框，如图 2-31 所示。

（1）Fonts：更改默认模板字体。

Alias：网络号。　　　　　　　　　　　Bookmark：书签。

Border Text：边框文本。　　　　　　　Hierarchical Block：等级。

Net Name：网络名。　　　　　　　　　Off-Page Connector：跨页。

Part Reference：元件。　　　　　　　　Part Value：元件值。

Pin Name：引脚名。　　　　　　　　　Pin Number：引脚号。

Port：端口。　　　　　　　　　　　　Power Text：电源文本。

Property：属性。　　　　　　　　　　Text：文本。

Title Block Text：边框。

（2）Title Block：设置原理图右下角的边框模板，头文件，可根据要求自己定义、自己修改，如图 2-32 所示。

图 2-31　"Design Template"对话框

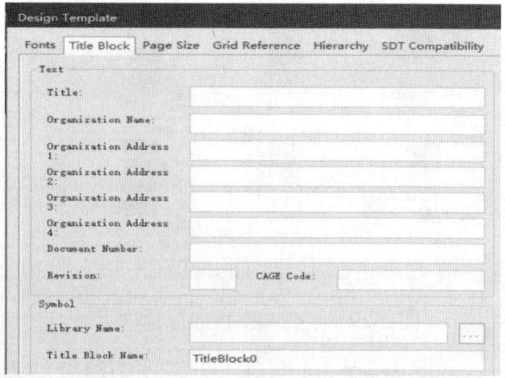

图 2-32　"Title Block"选项卡

（3）Page size：设置页面大小，一般可按默认的大小进行设置，如图 2-33 所示。

（4）Grid Reference：格点设置模板，默认即可，如图 2-34 所示。

图 2-33　"Page size"选项卡

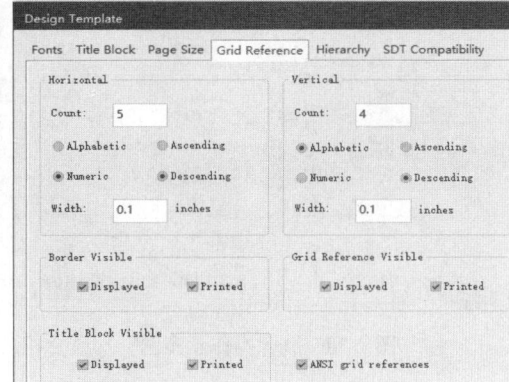

图 2-34　"Grid Reference"选项卡

（5）Hierarchy 及 SDT Compatibility：选择默认即可，如图 2-35 和图 2-36 所示。

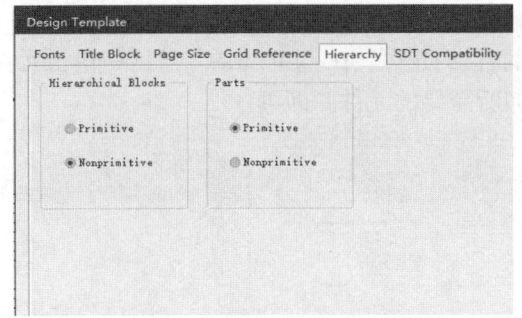

图 2-35　"Hierarchy"选项卡

图 2-36　"SDT Compatibility"选项卡

2.4.4　OrCAD 删除与撤销功能

（1）选择元器件。未选中器件的界面如图 2-37（a）所示，选中器件的界面如图 2-37（b）所示。

（a）未选中器件的界面

（b）选中器件的界面

图 2-37　器件选择界面

（2）通过按键盘上的"Delete"或者"Backspace"键进行删除操作，或者通过右击并选择"Delete"选项进行删除操作，如图 2-38 所示。

（3）若删除之后发现操作错误，则可以通过"Ctrl+Z"组合键或者单击菜单栏上的回退"⤺"按钮来撤销删除操作，如图 2-39 所示。

| 图 2-38　删除操作示意图 | 图 2-39　撤销删除操作按钮 |

2.4.5　OrCAD 添加本地封装库

（1）选择"Place"→"Part"菜单命令，或者按"P"快捷键，弹出放置元器件的对话框，如图 2-40 所示。

（2）在原理图绘制界面右侧会出现放置元器件的选区，在"Libraries"选区中单击元件库，如图 2-41 所示，选择元件库的路径，添加所需要的元件库即可。

图 2-40　放置元器件的对话框

图 2-41　添加元件库示意图

2.5　PCB 菜单栏

打开 Cadence Allegro 软件，最上面一栏是菜单栏，所有的功能及命令都在这些菜单下面，如图 2-42 所示，常用命令如下。

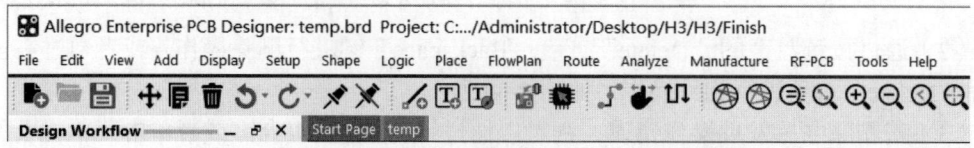

图 2-42　Cadence Allegro 软件菜单栏示意图

File：文件。   Edit：编辑。

View：视图。   Add：添加。

Display：显示。   Setup：设置。

Shape：铜皮。   Logic：逻辑。

Place：放置。   FlowPlan：规划。

Route：布线。   Analyze：分析。

Manufacture：制造。   Tools：工具

2.5.1 "File"下拉菜单

打开 Cadence Allegro 软件，打开"File"下拉菜单，如图 2-43 所示，常用命令如下。

New：新建 PCB 文件，选择"New"选项进入相应的对话框，"drawing type"里面包含 9 个选项，如果设计 PCB，则默认选择第一个"board"选项；如果要建封装库，则选择"package symbol"选项，其他 7 个选项一般很少用。

Open：打开要设计的 PCB 文件，或者封装库文件。

Open Project：打开要设计的工程文件。

Save：保存文件。

Save As：另存为，重新保存 PCB 文件。

Import：导入命令，其下拉菜单如图 2-44 所示，有很多导入选项，常用的导入选项如下。

图 2-43   "File"下拉菜单

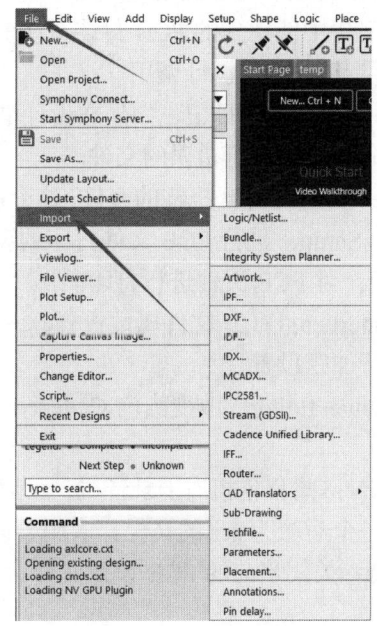

图 2-44   "Import"下拉菜单

- Logic/Netlist：导入网络表，将原理图的连接关系导入 PCB，来进行 PCB 版图的绘制，这个操作在后面会做详细的叙述。
- Artwork：导入从其他 PCB 文件导出的.art 文件，一般很少用这个命令。

- IPF 和 Stream（GDSII）：都很少用。
- DXF：导入结构文件，结构工程师通过 AutoCAD 软件绘制的结构图是 DWG 文件，要另存为 DXF 文件，这样导入 PCB 中，进行结构器件的定位即可。
- Sub-Drawing：此命令功能非常强大，也是在 PCB 设计中经常用到的命令。如果能够合理地应用 Sub-Drawing 命令，那么就能提高设计 PCB 的效率。导入 Sub-Drawing 命令一般是将导出 Sub-Drawing 的组件导入，包括线、孔等。例如，在合作的过程中，设计者将其他人画的线导入自己所设计的 PCB 中，一般导入和导出的文件都是相同的 PCB 文件。也就是说，板框（outline）和相对坐标零点是一样的。这样无论是导入还是导出都会输入命令 x 0 0，即相对零点的位置，这样就可以将导出的组件导入到相同的位置。
- Techfile：导入叠层文件，将其他 PCB 文件中的叠层文件导入当前的 PCB 文件中，这样就不用再重新进行叠层设计了。
- Placement：导入坐标文件，将其他 PCB 文件中布局好的元器件的坐标导入当前的 PCB 文件中，相同元器件即会按照这个坐标进行布局。
- Pin delay：将某个连接器或者 IC 的 Pin delay 数据导入，主要用于时序设计，导入 Pin delay 数据，可以更精确地做时序设计。

Export：导出命令，其下拉菜单如图 2-45 所示，可以看出，很多选项与 Import 导入命令的内容是一致的，下面只介绍其中不同的选项，具体如下。

- Libraries：导出封装库文件，将当前 PCB 设计文件中使用到的 PCB 封装文件全部导出，可以供其他 PCB 设计调用。

Viewlog：查看日记，如果在设计中操作错误，则使用该命令可以浏览错误的文件。

File Viewer：打开报错的文件，这个功能很少用到。

Plot Setup：进行 PCB 文件打印的设置选项。

Plot：对 PCB 文件进行打印。

Properties：PCB 文件属性设置，一般用作对 PCB 文件进行加密设置。

Change Editor：改变当前 Cadence Allegro 软件的版本。

Script：此命令相当于录音机，可以把你操作的命令生成一个后缀为.scr 的文件，多用于设置快捷键。

Exit：关闭当前的 PCB 设计文件。

2.5.2 "Edit"下拉菜单

打开 Cadence Allegro 软件，打开"Edit"下拉菜单，如图 2-46 所示，常用命令如下。

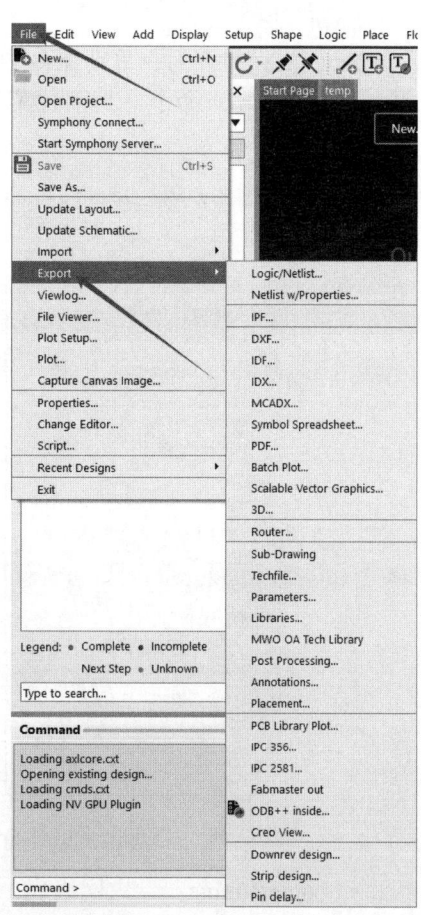

图 2-45　"Export"下拉菜单

Undo：回撤命令，在当前的 PCB 文件中，对当前的操作向后撤一步，回到上一步的操作，Undo 操作可以回撤很多步。

Redo：与回撤命令相反，回到前一步的操作。在当前的 PCB设计中，对当前的操作向前一步，与 Undo 命令一样，也是可以操作很多步的。

Move：移动命令，在"find"选区中选择要移动的元器件，如导线、孔、器件等。同理，复制、删除命令的操作也是一样的。

Copy：复制命令。

Mirror：镜像命令，一般将 top 层的器件镜像到 bottom 层，或者是将 bottom 层的器件镜像到 top 层。

Spin：旋转命令，这个命令是单独使用的，不用与 Move 命令一起使用，执行命令时选中需要旋转的元素进行旋转即可。

Change：一般用来改变线（Cline 和 Line）宽、改变字符（Text）的大小和字号，也可以将线放到其他层，只需要在右边"Options"选区中选择层即可。当然，可以同时改变层和线宽，也可以同时改变字的大小和层。

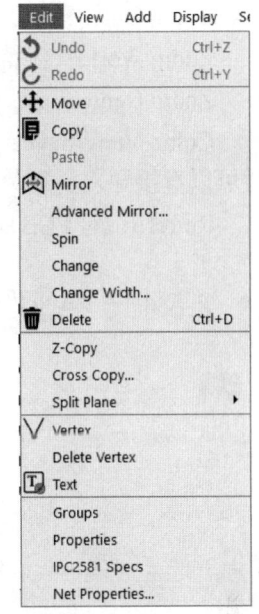

图 2-46　"Edit"下拉菜单

Delete：删除命令。

Z-Copy：复制命令，用于对完成封闭的图形进行复制，用于不同 Class 之间的元素复制，而 Copy 命令只能用于同一 Class 元素的复制。

Split Plane：分割平面，用来对负片层的地和电源进行分割，具体操作方法是先分割电源平面或者地平面，绘制 Anti-ench 线，然后进行分割。

Vertex：倒角，常用来修改器件倒边角，主要用于修改 line 属性非电气绘制线，如丝印线等。

Delete Vertex：删除倒角。

Text：字符文本，用于在 PCB 中添加文字标识或者元器件编号等，可以将 Text 放置在丝印层。

Groups：分组命令，在模块设计时，常用来将一个模块建成一个组，方便后续移动、修改。

Properties：属性设置，在添加规则时，可以为元器件、网络、焊盘等不同的元素添加不同的属性。

2.5.3　"View"下拉菜单

打开 Cadence Allegro 软件，打开"View"下拉菜单，如图 2-47所示，常用命令如下。

Zoom By Points：以矩形方式对 PCB 界面的内容进行放大显示。

Zoom Fit：以满屏幕的方式对 PCB 界面的内容进行放大显示。

Zoom In：对 PCB 界面进行放大显示。

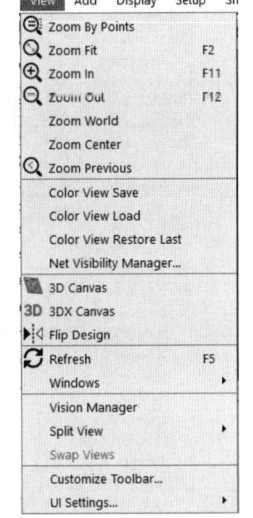

图 2-47　"View"下拉菜单

Zoom Out：对 PCB 界面进行缩小显示。

Zoom World：对整个 PCB 设置的可视界面进行显示。

Zoom Center：以其中某一点为参考点，进行放大显示。

Color View Save：此命令用来将设置好的每一层的颜色保存起来，在做下一块电路板时可以直接导入，避免一层一层地设置。

Refresh：对 PCB 文件进行刷线。

2.5.4 "Add" 下拉菜单

图 2-48 "Add" 下拉菜单

打开 Cadence Allegro 软件，打开 "Add" 下拉菜单，如图 2-48 所示，常用命令如下。

Line：添加非电气的布线，一般用于在绘制封装时，添加丝印线，也可以用于丝印位号调整时绘制丝印线及指示线。

Arc w/Radius：用于绘制圆弧形状的非电气布线，此命令用得很少。

3pt Arc：用于绘制 3 点的圆弧形状的非电气布线，此命令用得很少。

Circle：添加圆形图形，常用来绘制丝印线或者绘制结构。

Rectangle：绘制矩形框，常用来绘制丝印线或者绘制结构。

Frectangle：用来绘制填充的矩形框。

Text：添加字符文本，如丝印位号、元器件的正负极丝印等，这里是新添加 Text 文本，"Edit" 下拉菜单的 "Text" 命令是编辑添加过的或者本身自带的 Text 文本。

2.5.5 "Display" 下拉菜单

打开 Cadence Allegro 软件，打开 "Display" 下拉菜单，如图 2-49 所示，常用命令如下。

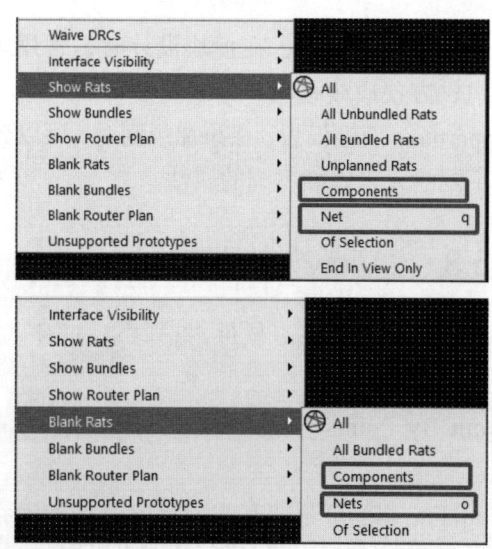

图 2-49 "Display" 下拉菜单

Color/Visibility：显示每层的颜色，并可以修改每一层的颜色，也可以将每层或者某些层显示到工作窗口，选择该选项弹出的窗口如图 2-50 所示。

Layer Priority：显示颜色面板、颜色的优先级，设置某一种颜色显示到显示屏的最前面。

Status：状态显示面板，显示整个 PCB 设计完成的情况，其窗口如图 2-51 所示，通过这个窗口可以知道未完成的布线有多少、未放置的器件有多少、未连接的网络有多少等。

图 2-50　"Color Dialog"窗口

图 2-51　"Status"窗口

Element：查询命令，选择该选项后，可以查询整个 PCB 文件中所有元素的信息，常用于查询过孔、器件、布线、网络、DRC 的信息等。

Measure：测量命令，选择该选项后，可以在弹出窗口右边的"find"选区中选择想要测量的孔到孔的距离、孔到线的距离。

Property：特征属性命令，这个命令一般用得很少。

Parasitic：寄生参数设置命令，这个命令一般用得很少。

Highlight：高亮命令，常用来将一些网络或者器件高亮显示，在设计过程中方便查看并进行处理。

Dehighlight：低亮命令，与高亮命令相反，将之前高亮的一些网络或者器件低亮显示，一般是在设计完成之后，将所有的元素都设置为低亮显示。

Show Rats：显示飞线，引导 PCB 文件中网络的连接。在显示飞线的下拉菜单中，可以按器件显示飞线，也可以选择按网络显示飞线。

Blank Rats：关闭飞线显示，与显示飞线的操作方式是一致的。在关闭飞线显示或者显示飞线下拉菜单中有个"ALL"选项，用来关闭或者显示所有的飞线。

Components：显示或去掉某一器件的飞线，如果选择该命令，用鼠标左键单击一下某一器件，就可显示或去掉该器件的飞线。

Net/Nets：显示或去掉某一网络的飞线，如果选择该命令，用鼠标左键单击一下某一网络，就可显示或去掉该网络的飞线，这个命令在布局时会经常用到。

2.5.6 "Setup"下拉菜单

打开 Cadence Allegro 软件，打开"Setup"下拉菜单，如图 2-52 所示，常用命令如下。

Design Parameters：设计参数设置，整板的设计参数都在选择该选项弹出的窗口中进行设置，如图 2-53 所示。

图 2-52　"Setup"下拉菜单　　　　　图 2-53　"Design Parameter Editor"窗口

Application Mode：选择 PCB 设计的模式，在其下拉菜单中可以选择一般的设计模式、布局模式、布线模式等。

Grids：格点设置工具，对整个 PCB 布局布线的格点进行设置。

Change Drawing Origin：修改整个 PCB 设计的原点。

Cross-section：叠层设计工具，对整个 PCB 的叠层进行修改。

Subclasses：设置 PCB 文件中的 Subclass 层，可以新增一些之前没有的层，用于导入结构文件或者其他文件，也可以将之前新增加的层删除。

B/B Via Definitions：PCB 中盲埋孔的设置。

Constraints：规则限制设置，包括物理规则和空间规则等。

Areas：对 PCB 设计过程的一些区域进行设置，具体内容如下。

- Package keepin：区域内可放置 PCB 封装。
- Package keepout：区域内不可放置 PCB 封装。
- Package height：封装高度，建库时需要设置封装高度。
- Route keepin：区域内可布线。
- Route keepout：区域内不可布线。
- Via keepout：区域内不可设置过孔。
- Probe keepout：区域内不可设置探针。

- Gloss keepout：区域内不可优化布线。
- Photoplot outline：影像输出外框，一般在 PCB 设计完成后要先加 Photoplot outline 区域，再出 Gerber 文件。

User Preferences：用户参数设置，常用来设置一些路径，如设置快捷键的 ENV 路径、建库时的封装库焊盘路径等。

2.5.7 "Shape"下拉菜单

打开 Cadence Allegro 软件，打开"Shape"下拉菜单，如图 2-54 所示，常用命令如下。

Polygon：使用此命令绘制多边形铜皮。

Rectangular：使用此命令绘制矩形铜皮。

Circular：使用此命令绘制圆形铜皮。

Select Shape or Void/Cavity：选择"Shape"，常用来给"Shape"赋予网络属性，选择"Shape"后右击，选择"Assign Net"选项，在右边"options"的文本框中输入网络名即可。

Manual Void/Cavity：在其下拉菜单中可以选择不同的命令，具体内容如下。

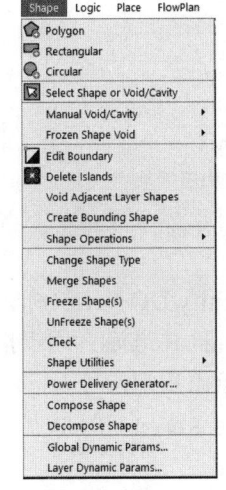

图 2-54　"Shape"菜单下命令行示意图

- Polygon：在一个完整的铜皮中挖掉一个任意形状的洞。
- Rectangular：在一个完整的铜皮中挖掉一个矩形的洞。
- Circular：在一个完整的铜皮中挖掉一个圆形的洞。
- Delete：将已经避让的铜皮恢复，或者将使用"Manual Void/Cavity"命令挖掉的铜皮恢复。
- Element：避让命令，如果铜皮的网络和孔的网络一样，就用该命令避让。
- Move：将避让后的铜皮的一个轮廓移动到铜皮的其他地方避让，原来避让的铜皮即还原。
- Copy：将避让后的铜皮的一个轮廓复制。

Edit Boundary：修改铜皮的大小，切割铜皮。

Delete Islands：删除孤铜。

Change Shape Type：改变铜皮的属性，修改铜皮为静态或者动态，静态的铜皮不能避让，动态的铜皮可以避让。

Merge Shapes：将两相同网络的铜皮合并，或者将一无网络的铜皮和一有网络的铜皮合并。

Compose Shape：将一些不是封闭的"Line"属性的线改为"Shape"，此命令多用于将板框进行合并处理。

Decompose Shape：与"Compose Shape"命令相反，将铜皮属性变成闭合的"Line"属性。

Global Dynamic Params：此命令常用来选择过孔和铜皮的连接方式，如全连接、花焊盘连接。进入"Global Dynamic Params"窗口，选择"Thermal Relief Connects"选项，将三个选项都选为"Full Contact"（全连接），且都选为"Orthogonal"（十字连接）。

2.5.8　"Logic"下拉菜单

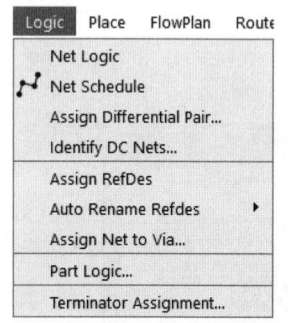

图 2-55　"Logic"下拉菜单

打开 Cadence Allegro 软件，打开"Logic"下拉菜单，如图 2-55 所示，常用命令如下。

Net Logic：对 PCB 现有的网络进行逻辑编辑，执行此命令后，可以将其中的某一个网络替换成另一个网络而不修改原理图，一般不建议这么做。

Net Schedule：线网络的逻辑编辑，一般用于虚拟 T 点的设置。

Assign Differential Pair：对网络进行差分对属性的指定，执行此命令后，在 PCB 上选中两个网络，就可以对这两个网络进行差分对属性的指定。

Identify DC Nets：标识直流线网，常用来标识电源和地的电压。

Assign RefDes：用于指定器件位号，一般用于复制假器件，然后对后台没有放置出来的器件给出指定位号。

Auto Rename Refdes：对 PCB 文件中的器件位号进行重新编排，排列之后反标注到原理图中。

Part Logic：元器件逻辑编辑器，执行这个命令后，可以进入元器件的属性编辑器，进行元器件属性的修改，包括 Value 值、封装属性等，也可以进行元器件的添加。一般建议不在 PCB 中直接修改，而是通过原理图修改后再导入。

Terminator Assignment：PCB 文件中的终端设定，这个命令不常用。

2.5.9　"Place"下拉菜单

打开 Cadence Allegro 软件，打开"Place"菜单，如图 2-56 所示，常用命令如下。

Manually：此命令可以手动调入元器件，可以将当前 PCB 指定的库路径下的任意 PCB 封装调入，即手动放置元器件的功能。

Quickplace：快速调入元器件，在调入原理图的网表、指定 PCB 封装库的路径后，可以快速地放置元器件，省时、省力。

Autoplace：自动布局命令，其下拉菜单中包含以下选项，这些选项用得很少，具体如下。

- Parameters：参数设定布局。
- Top grids：布顶层元器件。
- Bottom grid：布底层元器件。
- Design：布正在设计的元器件。
- Room：布指定区域的元器件。

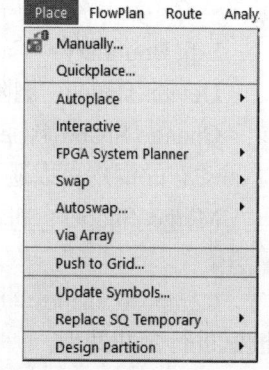

图 2-56　"Place"下拉菜单

- Window：布窗口中的元器件。
- List：布列表中的元器件。

Swap：交换功能，这个功能在布局的过程中应用得很多，是非常实用的功能，合理地应用这个功能，可以大大提高设计效率，在其下拉菜单中，有以下三个可供选择的功能。

- Pins：交换引脚的功能。
- Function：交换功能。
- Components：交换元器件的功能，是用得较多的功能，选择这个选项后，在 PCB 中选中两个元器件，即可对两个元器件的位置进行交换。

Via Array：阵列过孔功能，使用这个命令可以快速地按照一定的规律给 PCB 文件打上过孔。

Update Symbols：更新元器件符号，一般在设计 PCB 过程中，如果某一器件封装有变化，则可以用该命令单独更新器件。

Design Partition：该命令是多人合作命令，常用于两个或两个以上的 PCB 设计者设计同一块 PCB。

2.5.10 "Route"下拉菜单

打开 Cadence Allegro 软件，打开"Route"下拉菜单，如图 2-57 所示，常用命令如下。

Connect：布线命令，将所有的连接关系按照原理图网表连接，是经常使用的命令。

Slide：推挤电气布线，如调整布线之间的间距或者对布线进行修整，都会使用这个命令。

Delay Tune：时序等长工具，也就是在 PCB 设计过程中经常提到的绕等长的工具，通过这个命令将信号线走成蛇形线，达到时序等长的目的。

Custom Smooth：用来将那些电气连线中弯折的线拉直，多用在 BGA（球阵列封装）下布线，或调整 DRC 时。

Create Fanout：扇出处理功能，可以对元器件的引脚进行扇出，一般多用于 BGA 器件。

Gloss：Cadence Allegro 软件中的泪滴功能，对 PCB 中的布线添加或者删除泪滴，增加连接的可靠性。一般情况下，因为添加泪滴会影响信号的阻抗，所以建议在设计高速信号时尽量不添加泪滴。

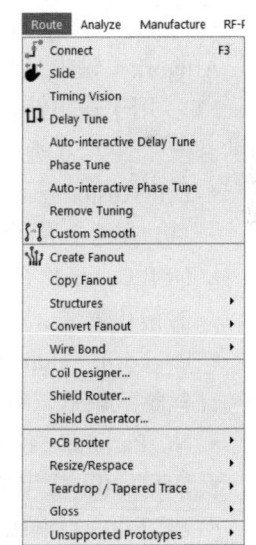

图 2-57　"Route"下拉菜单

2.5.11 "Analyze"下拉菜单

打开 Cadence Allegro 软件，打开"Analyze"下拉菜单，如图 2-58 所示，常用命令如下。

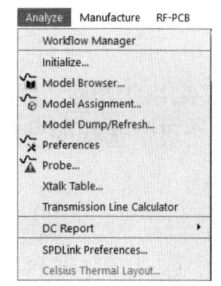

图2-58　"Analyze"下拉菜单

Initialize：进行初始化操作。

Model Assignment：进行模型的指定，这个功能是比较常用的功能，一般用于对串阻或者串容添加模型，方便后续的仿真设计或时序设计。

Model Dump/Refresh：删除模型。

Preferences：参数的设定。

Probe：检测。

Xtalk Table：串扰设置。

2.5.12　"Manufacture"下拉菜单

打开 Cadence Allegro 软件，打开"Manufacture"下拉菜单，如图 2-59 所示，常用命令如下。

Dimension Environment：集成标注环境，16.6 版本之后的版本，将所有关于标注的参数都集成到了一个菜单下。

Drafting：其下拉菜单中有很多选项，一般比较常用的命令就是倒角的两个命令，如下所示。

- Chamfer：倒 45°角，一般用于板框的倒角设计。
- Fillet：倒圆弧角，一般用于板框的倒角设计。

Artwork：输出光绘的操作，生成制板的菲林文件。

NC：用于输出钻孔数据及参数设置，NC 钻孔数据说明示意图如图 2-60 所示，在其下拉菜单中有以下几个选项。

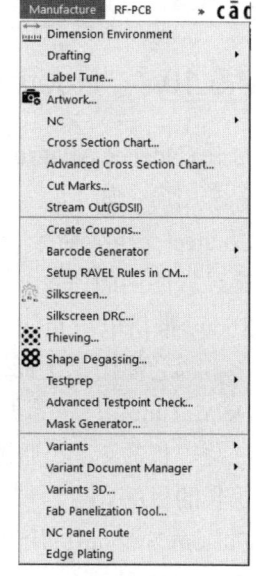

图2-59　"Manufacture"下拉菜单

- Drill Customization：显示当前 PCB 设计的钻孔数据信息，在这个界面中可以对相同的钻孔数据进行合并。
- Drill Legend：在 PCB 文件中输出钻孔的孔符图对应的钻孔表格。
- Backdrill Setup and Analysis：背钻参数设置及其他一些参数设置，对背钻参数进行分析。
- NC Parameters：钻孔参数设置。
- NC Drill：输出 PCB 文件的钻孔数据。
- NC Route：输出 PCB 文件的槽孔数据。

Cut Marks：设置标识命令。

Silkscreen：丝印层设置。

Testprep：增加测试点命令，其下拉菜单中包含以下命令，如图 2-61 所示。

- Automatic：自动添加测试点。
- Manual：手动添加测试点。
- Properties：参看某一网络是否增加测试点。
- Fix/unfix testpoints：锁定、解锁测试点。

Variants：生成报告命令。

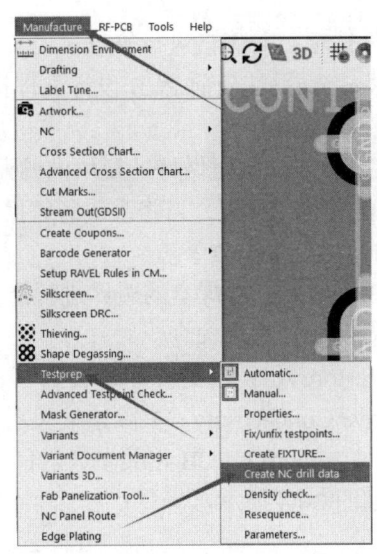

图 2-60　"NC"下拉菜单　　　　　　　图 2-61　"Testprep"下拉菜单

2.5.13　"Tools"下拉菜单

打开 Cadence Allegro 软件，打开"Tools"下拉菜单，如图 2-62 所示，常用命令如下。

Create Module：创建模型，将一个模块的内容做成一个模型，这样移动时就可以选择模型一起移动，相同的模块也可以进行模块复用。

Padstack：焊盘编辑器，其下拉菜单下有以下几个选项，如图 2-63 所示。

图 2-62　"Tools"下拉菜单　　　　　　图 2-63　"Padstack"下拉菜单

- Modify Design Padstack：编辑当前 PCB 设计文件中已有的焊盘文件选项，对焊盘进行修改。
- Modify Library Padstack：编辑当前 PCB 设计文件指定的封装库路径下已有的焊盘文

件选项，对焊盘进行修改。

- Replace：从当前 PCB 设计文件指定的封装库路径下调取焊盘，来替换当前 PCB 文件中的焊盘。
- Group Edit：对做好的模块内的元素进行编辑。
- Refresh：刷新，当修改或者替换焊盘后需要刷新命令。

Pad：焊盘编辑命令。

- Boundary：对焊盘的边界进行修改。
- Restore：恢复命令。
- Restore All：恢复所有命令。

Derive Connectivity：去除连接关系命令。

Quick Reports：PCB 相关参数的信息说明，所有关于当前 PCB 文件的信息都会在这里显示，如图 2-64 所示。

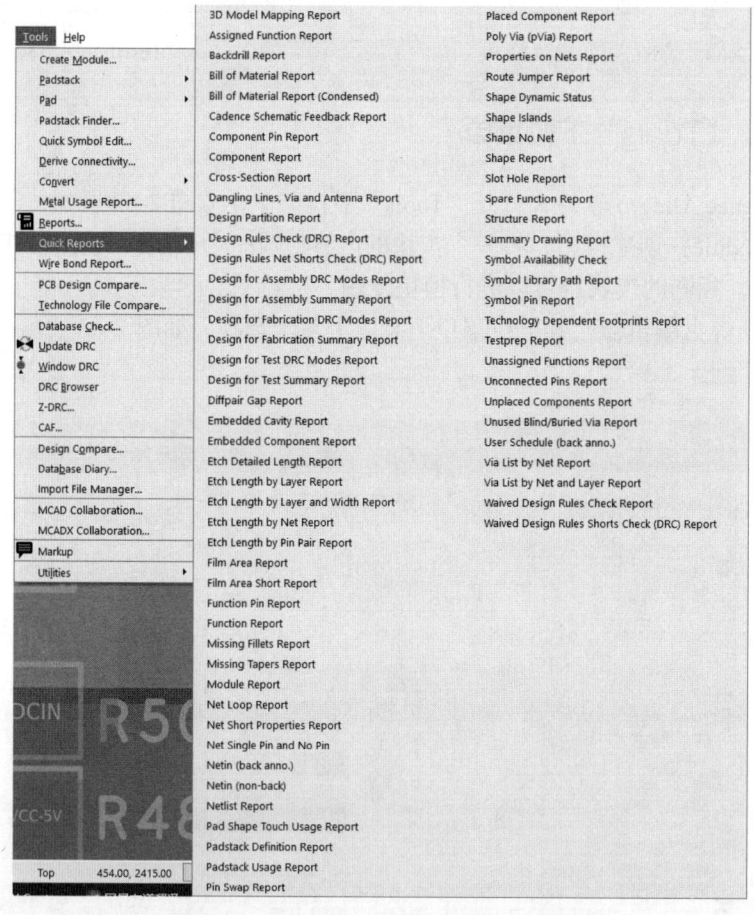

图 2-64　关于当前 PCB 文件的信息示意图

Technology File Compare：技术文件比较文档，很少用到该命令。

Database Check：数据库检查，一般在进行大量的修改后要运行该命令。

Update DRC：更新 DRC。

2.6 电子设计流程概述

通过前面对电子设计概念及菜单栏的介绍，我们对软件的基本操作环境有了一定的了解，下面来概述电子设计流程，让读者在整体上对电子设计有一个基本的认识。

（1）项目立项：首先需要确认产品的功能需求，完成为了满足功能需求的元器件选型等工作。

（2）元件建库：根据电子元器件手册的电气符号创建映射的电气标识。

（3）原理图设计：通过元件库的导入对电气功能及逻辑关系进行连接。

（4）创建元器件封装：电子元器件在 PCB 上唯一的映射图形，衔接设计图纸与实物元器件。

（5）PCB 设计：交互原理图的网络关系，完成电路功能之间的布局及布线工作。

（6）生产文件输出：衔接设计与生产的文件，包含电路 Gerber 文件、装配图等。

（7）PCB 文件加工：制版出实际的电路板，发送到贴片厂进行贴片焊接工作。

2.7 本章小结

本章对 Cadence Allegro 软件进行了基本的概述，包括电子设计概念和常用系统参数设置、菜单栏各菜单的介绍等，让读者能够搭建设计平台并高效地配置好平台的各项参数；同时，还向读者概述了电子设计流程，使读者从整体上熟悉电子设计，为接下来的学习打下基础。

第 3 章

工程的组成及完整工程的创建

新一代 Cadence Allegro 集成了强大的开发管理环境，能够有效地对设计的各项文件进行分类及层次管理。本章介绍工程的组成及完整工程的创建，有利于读者形成系统的文件管理概念。

学习目标

➢ 熟悉工程的组成。

➢ 熟练创建完整工程。

➢ 熟练新建或添加各类文件。

3.1 工程的组成

图 3-1 工程的组成

熟悉电子设计流程之后，需要对工程的组成进行一定的了解，从而更加方便、细致地把握好整个设计流程。工程的组成如图 3-1 所示，一个完整的工程应该包含元件库文件、原理图文件、PCB 库文件、网表文件、PCB 文件、生产文件等，并且应保证工程中文件的唯一性。尽量将工程所有相关的文件放置到一个路径下面。良好的工程文件管理，可以提高工作效率，这是一名专业的电子设计工程师应有的素质。

为了方便读者对 Cadence Allegro 中的文件进行认识，在此罗列出 Cadence Allegro 电子设计中常见文件的后缀，如表 3-1 所示。

表 3-1 Cadence Allegro 电子设计中常见文件的后缀

文 件 类 型	文件名后缀	文 件 类 型	文件名后缀
工程文件	.opj	元器件 PCB 封装文件	.psm
元件库文件	.olb	图形结构文件	.osm
原理图文件	.dsn	机械封装文件	.bsm
PCB 文件	.brd	可编辑封装文件	.dra
第一方网表文件	.dat	Shape 文件	.ssm

文 件 类 型	文件名后缀	文 件 类 型	文件名后缀
第三方网表文件	.net	记录操作 Cadence Allegro 的文件	.jrl
焊盘文件	.pad	输出信息文件	.log
Flash 文件	.fsm		

3.2 原理图工程文件的创建

3.2.1 创建原理图工程文件

（1）打开 OrCAD 软件，选择"File"→"New"→"Project"菜单命令，如图 3-2 所示，在弹出的对话框中输入工程的名称，选择工程的类型是原理图"Schematic"，在"Location"文本框中选择工程文件需要存储的位置，如图 3-3 所示。

图 3-2　新建工程文件示意图　　　　　　　图 3-3　工程文件路径示意图

（2）单击"OK"按钮，创建工程文件。工程文件下面会自动产生一个后缀为.dsn 的文件，.dsn 文件下有一个"SCHEMATIC1*"文件，如图 3-4 所示。文件下面是 PAGE1、PAGE2*等，分属不同的原理图。右击"SCHEMATIC1*"选项，通过"New Page"选项可以创建更多的 PAGE，即原理图页面。

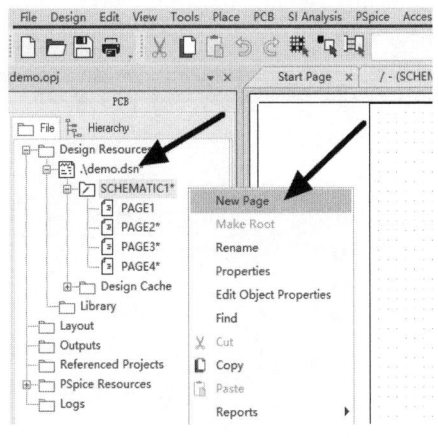

图 3-4　原理图工程文件示意图

3.2.2 已有原理图工程文件的打开

选择"File"→"Open"→"Design"菜单命令，在弹出的对话框中选择文件所在的路径，打开原理图工程文件，如图 3-5 所示。

图 3-5 查找已有原理图工程文件示意图

3.2.3 新建原理图库

（1）选择"File"→"New"→"Library"菜单命令，新建一个原理图库，如图 3-6 所示。

（2）右击新建的.olb 文件，选择"New Part"选项，新建一个器件，如图 3-7 所示。

（3）在弹出的"New Part Properties"对话框中输入相应的参数，如原理图库的名字、原理图库编号的起始字母、PCB 封装名称、库组成等，其他选择默认即可，如图 3-8 所示。

图 3-6 新建原理图库示意图

图 3-7 新建器件示意图

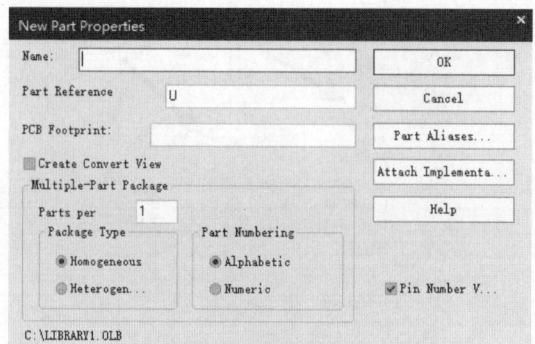

图 3-8 器件属性示意图

按上述操作设置参数后，单击"OK"按钮，进入建库的工作界面，这时会出现一个"U?"的虚线框，直接按照规格书所描述的规范进行建库即可。

3.2.4 OrCAD 系统自带的原理图库文件

OrCAD 系统自带的原理图库文件的路径是 D:\Cadence\SPB_24.1\tools\capture\library（24.1 版本），如图 3-9 所示。在该路径下，后缀为.olb 的文件就是原理图库文件，每一个库所包含的元器件如下。

图 3-9 OrCAD 系统自带的原理图库文件路径示意图

AMPLIFIER.OLB：共 182 个零件，存放模拟放大器 IC，如 CA3280、TL027C、EL4093 等。

ARITHMETIC.OLB：共 182 个零件，存放逻辑运算 IC，如 TC4032B、74LS85 等。

ATOD.OLB：共 618 个零件，存放 A/D 转换 IC，如 ADC0804、TC7109 等。

BUS DRIVERTRANSCEIVER.OLB：共 632 个零件，存放汇流排驱动 IC，如 74LS244、74LS373 等数字 IC。

CAPSYM.OLB：共 35 个零件，存放电源、地、输入/输出端口、标题栏等。

Connector.olb：共 816 个零件，存放连接器，如 4 HEADER、CON AT62、RCA JACK 等。

Counter.olb：共 182 个零件，存放计数器 IC，如 74LS90、CD4040B 等。

Discrete.olb：共 872 个零件，存放集成电路，如电阻、电容、电感、开关、变压器等常用零件。

DRAM.OLB：共 623 个零件，存放动态存储器，如 TMS44C256、MN-10 等。

ElectroMechanical.olb：共 6 个零件，存放电动机、断路器等电机类零件。

FIFO.OLB：共 177 个零件，存放先进先出资料暂存器，如 SN74LS232。

Filtre.olb：共 80 个零件，存放滤波器类器件，如 MAX270、LTC1065 等。

FPGA.OLB：存放可编程逻辑器件，如 XC6216/LCC。

Gate.olb：共 691 个零件，存放逻辑门（含 CMOS 和 TLL）。

Latch.olb：共 305 个零件，存放锁存器，如 4013、74LS73、74LS76 等。

LineDriverReceiver.olb：共 380 个零件，存放线控驱动与接收器，如 SN、DS275 等。

Mechanical.olb：共 110 个零件，存放机构图件，如 MHOLE 2、PGASOC-15-F 等。

MicroController.olb：共 523 个零件，存放单晶片微处理器，如 68HC11、AT89C51 等。

MicroProcessor.olb：共 288 个零件，存放微处理器。

Misc.olb：共 1567 个零件，存放杂项图件，如电表（METER MA）、微处理器周边（Z80-DMA）等未分类零件。

Misc2.olb：共 772 个零件，存放杂项图件，如 TP3071、ZSD100 等未分类零件。

MiscLinear.olb：共 365 个零件，存放线性杂项图件（未分类），如 4127、VFC32 等。

MiscMemory.olb：共 278 个零件，存放记忆体杂项图件（未分类），如 28F020、X76F041 等。

MiscPower.olb：共 222 个零件，存放高功率杂项图件（未分类），如 REF-01、PWR505、TPS 等。

MuxDecoder.olb：共 449 个零件，存放解码器，如 4511、4555、74AC157 等。

OPAmp.olb：共 610 个零件，存放运算放大器，如 101、1458、UA741 等。

PassiveFilter.olb：共 14 个零件，存放被动式滤波器，如 DIGNSFILTER、RS1517T、LINE FILTER 等。

PLD.OLB：共 355 个零件，存放可编程逻辑器件，如 22V10、10H8 等。

PROM.OLB：共 811 个零件，存放只读记忆体运算放大器，如 18SA46、XL93C46 等。

REGULATOR.OLB：共 549 个零件，存放稳压 IC，如 78xxx、79xxx 等。

SHIFTREGISTER.OLB：共 610 个零件，存放移位寄存器，如 4006、SNLS91 等。

SRAM.OLB：共 691 个零件，存放静态存储器，如 MCM6164、P4C116 等。

TRANSISTOR.OLB：共 210 个零件，存放晶体管（含 FET、UJT、PUT 等），如 2N2222A、2N2905 等。

3.2.5　已有原理图库的调用

在"Library"选项上右击，选择"Add File"选项，在弹出的对话框中找到所要调用的库路径，选择并打开，如图 3-10 所示。

图 3-10　调用已有原理图库

3.3　完整 PCB 的创建

3.3.1　新建 PCB

Cadence Allegro 是一种大型的 EDA 软件，它几乎可以完成电子设计的方方面面，如 ASIC 设计、FPGA 设计和 PCB 设计等。Cadence Allegro 包含的工具比较多，几乎包含了 EDA 设计的全部内容，下面介绍 Cadence Allegro 如何新建 PCB。

打开 PCB Editor 24.1 软件，选择"File"→"New"菜单命令，如图 3-11 所示。

在弹出的对话框中，"Drawing Type"选择"Board"，"Drawing Name"选择 PCB 文件名称，设置完成后单击"OK"按钮，如图 3-12 所示。

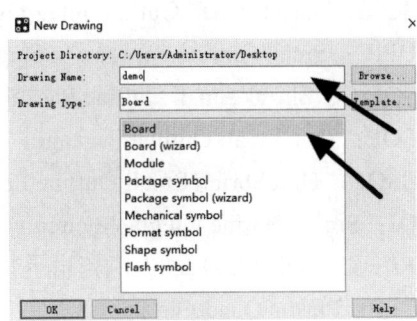

图 3-11　选择菜单命令　　　　图 3-12　新建 PCB 示意图

3.3.2　已有 PCB 文件的打开

选择"File"→"Open"菜单命令，在弹出的对话框中找到要打开的 PCB 文件路径，如图 3-13 所示。

图 3-13　打开已有 PCB 文件示意图

3.3.3　PCB 封装的含义及常见分类

PCB 封装就是把实际的电子元器件、芯片等的各种参数（如元器件的大小、长宽、直插方式、贴片、焊盘的大小、引脚的长宽、引脚的间距等）用图形方式表现出来，以便在画 PCB 图时进行调用。

（1）PCB 封装按照安装方式可以分为贴装器件、插装器件、混装（贴装和插装同时存在）器件、特殊器件。特殊器件一般指沉板器件。

（2）PCB 封装按照功能及器件外形区分，可以分为以下种类。

SMD：Surface Mount Device，表面贴装器件。

RA：Resistor Array，排阻。

MELF：Metal Electrode Leadless Face，金属电极无引线端面元器件。

SOT：Small Outline Transistor，小外形晶体管。

SOD：Small Outline Diode，小外形二极管。

SOIC：Small Outline Integrated Circuit，小外形集成电路。

SSOIC：Shrink Small Outline Integrated Circuit，缩小外形集成电路。

SOPIC：Small Outline Package Integrated Circuit，小外形封装集成电路。

SSOPIC：Shrink Small Outline Package Integrated Circuit，缩小外形封装集成电路。

TSOP：Thin Small Outline Package，薄小外形封装。

TSSOP：Thin Shrink Small Outline Package，薄缩小外形封装。

SOJ：Small Outline integrated circuit with J lead，"J"形引脚小外形集成电路。

CFP：Ceramic Flat Pack，陶瓷扁平封装。

PQFP：Plastic Quad Flat Pack，塑料方形扁平封装。

SQFP：Shrink Quad Flat Pack，缩小方形扁平封装。

CQFP：Ceramic Quad Flat Pack，陶瓷方形扁平封装。

PLCC：Plastic Leaded Chip Carrier，塑料封装有引线芯片载体。

LCCC：Leadless Ceramic Chip Carrier，无引线陶瓷芯片载体。

QFN：Quad Flat Non-leaded，方形扁平无引脚。

DIP：Dual In-line Package，双列直插封装。

PBGA：Plastic Ball Grid Array，塑封球栅阵列器件。

RF：射频类器件。

AX：non-polarized Axial-leaded discrete，无极性轴向引脚集成电路。

CPAX：Polarized Capacitor，Axial，带极性轴向引脚电容。

CPC：Polarized Capacitor，Cylindrical，带极性圆柱形电容。

CYL：non-polarized Cylindrical，无极性圆柱形元器件。

DIODE：二极管。

LED：发光二极管。

DISC：non-polarized offset-leaded Discrete，无极性偏置引脚集成电路。

RAD：non-polarized Radial-leaded Discrete，无极性径向引脚集成电路。

TO：Transistor Outline，晶体管外形，JEDEC 元器件类型。

VRES：Variable Resistor，可调电位器。

PGA：Plastic Grid Array，塑封阵列器件。

RELAY：继电器。

SIP：Single In-line Package，单列直插封装元器件。

TRAN：Transformer，变压器。

3.3.4 软件自带的封装库

Cadence Allegro 自带的封装库路径为 D:\Cadence\SPB_24.1\share\pcb\pcb_lib\symbols，软件自带的封装库示意图如图 3-14 所示。

名称	修改日期	类型	大小
template	2025/1/13 17:53	文件夹	
21-0140L_T1655-2-L.dra	2019/9/10 14:14	DRA 文件	109 KB
21-0140l_t1655-2-l.psm	2019/9/10 14:14	PSM 文件	48 KB
40x30.pad	2016/5/1 12:32	PAD 文件	5 KB
50s0.pad	2016/3/3 11:13	PAD 文件	6 KB
55r36.pad	2016/3/3 11:13	PAD 文件	6 KB
55s36.pad	2016/3/3 11:13	PAD 文件	6 KB
60c85c35d.pad	2016/3/3 11:13	PAD 文件	6 KB
60s85c35d.pad	2016/3/3 11:13	PAD 文件	6 KB

图 3-14 软件自带的封装库示意图

3.3.5 已有封装库的调用

在软件中，选择"Setup"→"User Preferences"菜单命令，在图 3-15 所示的用户参数对话框中进行库路径的指定，对"devpath""padpath""psmpath"库进行所需要调用封装库所在路径的指定，这里指定的是系统自带的 PCB 封装库。

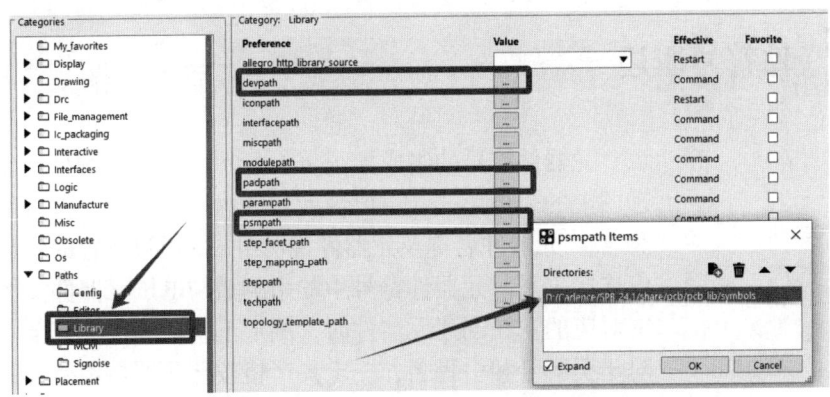

图 3-15 已有封装库的调用

3.4 本章小结

通过对工程的组成及完整工程的创建的介绍，让读者充分了解了一个完整工程需要的元素，以及这些文件的创建方法。

良好的工程文件管理，可以提高工作效率，这是一名专业的电子设计工程师应该拥有的能力。

第 4 章

元件库开发环境及设计

在用 OrCAD Capture 绘制原理图时，需要放置各种各样的元器件。虽然 OrCAD Capture 内置的元件库较完备，但是也难免会遇到找不到所需元器件的时候，这时就需要用户自己创建元器件了。OrCAD Capture 提供了一个完整的创建元器件的编辑器，可以根据需要编辑或创建元器件。本章将详细介绍如何创建原理图元件库。

 学习目标

➢ 熟悉元件库编辑器。
➢ 熟练掌握简单集成电路符号的创建。
➢ 熟悉集成电路的创建。

4.1 元器件符号概述

图 4-1 元器件符号的组成

元器件符号的组成如图 4-1 所示。元器件符号是元器件在原理图上的表现形式，主要由元器件边框、引脚（包括引脚号和引脚名）、元器件名称及元器件说明组成，通过放置的引脚来建立电气连接关系。元器件符号中的引脚是与电子元器件实物的引脚——一对应的。在创建元器件时，图形不一定和实物完全一样，但是对于引脚号和引脚名，一定要严格按照元器件规格书的说明——对应。

4.2 元件库编辑界面与元件库编辑器工作区参数

4.2.1 元件库编辑界面

元件库设计是电子设计中最开始的模型创建，通过元件库编辑器画线、放置引脚、调整矩形框等编辑操作创建需要的电子元器件模型。元件库编辑界面如图 4-2 所示，这里对元件库进行初步介绍，整个界面可分为若干个工具栏和面板。

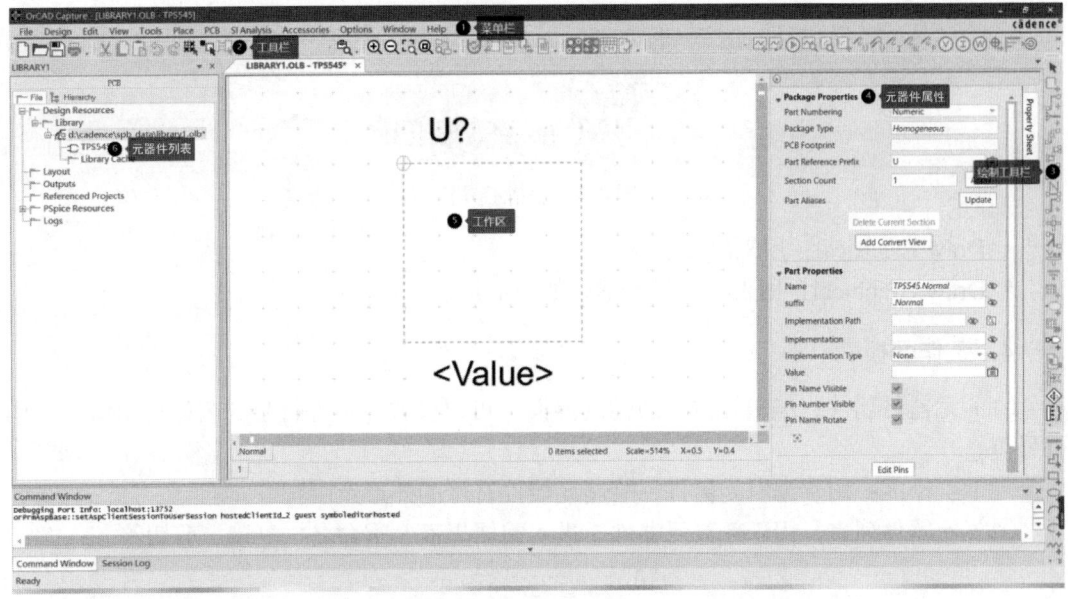

图 4-2　元件库编辑界面

4.2.2　元件库编辑器工作区参数

1. 菜单栏

（1）File（文件）：主要用于完成对各种文件的新建、打开、保存等操作。

（2）Design（设计）：用于新增原理图、元器件等的移除、更新等操作。

（3）Edit（编辑）：用于完成各种编辑操作，包括撤销、取消、复制及粘贴。

（4）View（查看）：用于视图操作，包括窗口的放大、缩小，工具栏的打开、关闭，以及网格的设置、显示。

（5）Place（放置）：用于放置电气导线及非电气对象。

（6）SI Analysis（仿真）：用于 SI 仿真。

（7）Options（参数）：主要用于对各种参数进行设置。

（8）Window（窗口）：改变窗口的显示方式，可以切换窗口的双屏或者多屏显示、关闭工程文件、打开最近的文件等。

（9）Help（帮助）：查看 Cadence Allegro 的新功能、快捷键等。

2. 工具栏

工具栏是菜单栏的延伸显示，把操作频繁的命令以窗口按钮（有时也称图标）的方式列出。

3. 绘制工具栏

通过这个工具栏，可以方便地放置常见的 IEEE 符号、线、圆圈、矩形等建模元素，如图 4-3 所示。

图 4-3　绘制工具栏

- Draw Electrical：用来放置引脚等。
- Draw Graphical：用来绘制外形框，如矩形框、多边形等。

4．工作面板

（1）元器件属性：编辑元器件属性的界面，可以设置元器件符号的名称、引脚名、引脚号等。

（2）工作区：用于编辑元器件，绘制元器件符号的外形及引脚等。

（3）元器件列表：用于新建元器件、进入编辑界面、重命名、复制、剪切等。

4.3　简单集成电路符号的创建

4.3.1　原理图库的创建及元器件符号的新建

图 4-4　简单集成电路原理图符号

引脚数较少的集成电路符号一般使用简单集成电路方式创建原理图符号，如图 4-4 所示，电阻、电容、二极管、三极管、运算放大器等都可以归类为简单集成电路，可以直接使用软件自带的原理图符号，不用新建，这里举例说明引脚数较少的集成电路符号如何创建。

创建简单集成电路符号，首先要建立一个元件库，在元件库中才能创建元器件符号。

（1）选择 "File" → "New" → "Library" 菜单命令，新建原理图元件库，如图 4-5 所示。

（2）选择.olb 文件，右击选择 "New Part" 选项，新建元器件，如图 4-6 所示。

图 4-5　新建原理图元件库操作

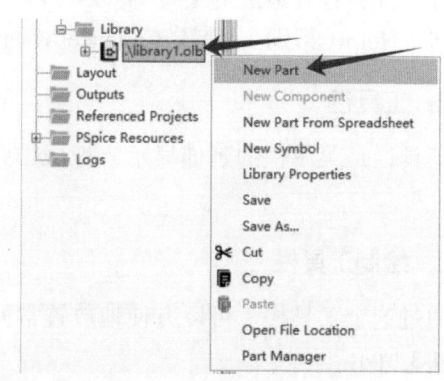

图 4-6　新建元器件操作

（3）弹出"New Part Properties"对话框，如图 4-7 所示，填入相关参数。

以一个简单集成电路 TPS545 为例。

- Name：输入"TPS545"，表示器件型号。
- Part Reference：默认"U"，表示新建的器件位号以 U 开头，如 U1、U2、U3 等。
- PCB Footprint：输入 PCB 封装名称。

（4）在完成"New Part Properties"对话框的设置之后，工作区会自动生成一个"U?"标识与虚线框，如图 4-8 所示。

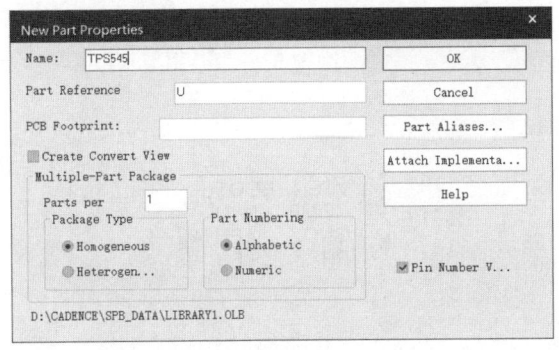

图 4-7 "New Part Properties"对话框

图 4-8 空白元器件界面

4.3.2 单个引脚的放置

（1）选择"Place"→"Pin"菜单命令，或者直接按"Shift+G"组合键，或者单击右边绘图工具栏中的 按钮，放置元件引脚，如图 4-9 所示。

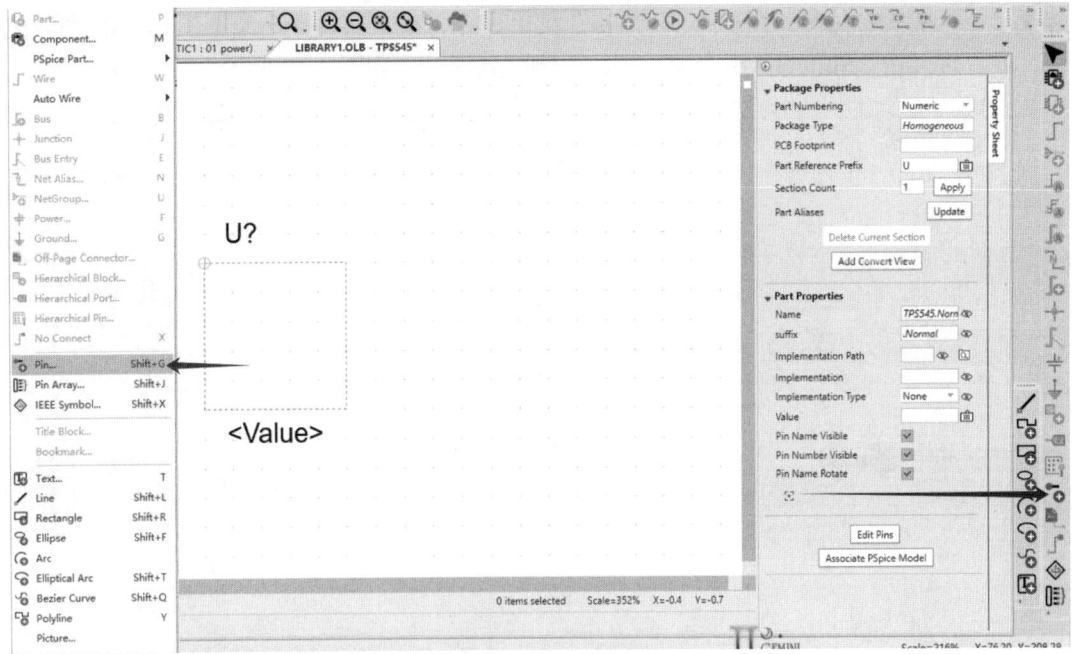

图 4-9 放置元件引脚操作

（2）在弹出的"Place Pin"对话框中进行引脚属性的设置，如图 4-10 所示。这里以

TPS545 第一引脚 BOOT 为例。

- Name：输入引脚名称。
- Number：输入引脚编号。
- Shape：选择引脚的形状类型。
- Type：引脚信号输入/输出属性的设置。
- Width：引脚的显示宽度。

（3）完成元器件引脚设置后，拖动鼠标将它放置到合适位置即可，如图 4-11 所示。

图 4-10 "Place Pin" 对话框

图 4-11 元器件摆放位置

4.3.3 元器件引脚的阵列摆放及设置

（1）遇到引脚多且有规律排序的情况时，OrCAD Capture 有一个引脚阵列功能，能快速摆放一排引脚，选择 "Place" → "Pin" 菜单命令，或者直接单击绘图工具栏中的 按钮，或者直接按 "Shift+J" 组合键，进行引脚阵列摆放，如图 4-12 所示。

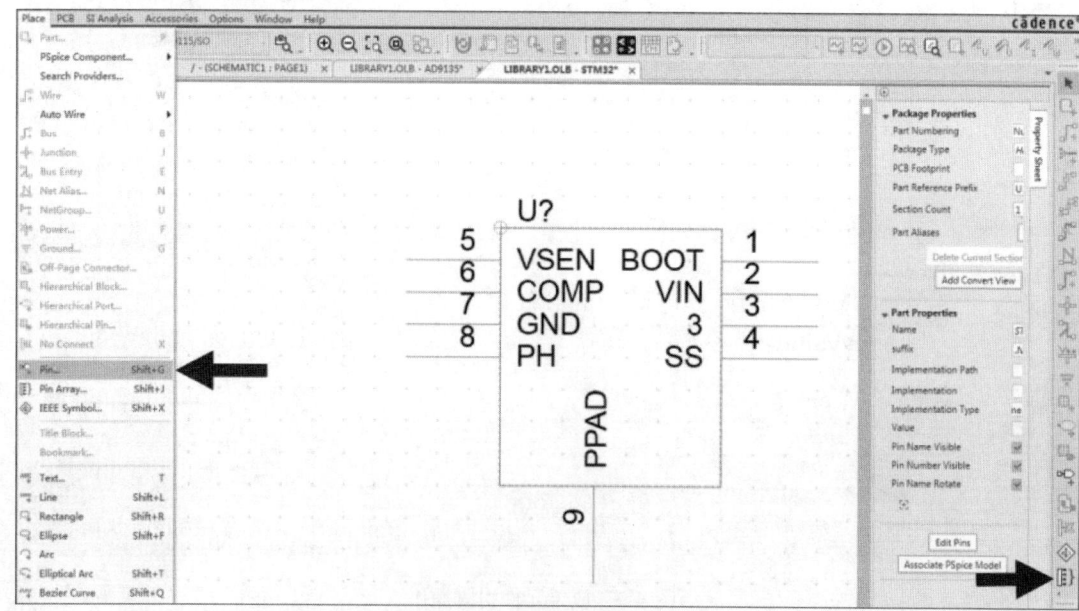

图 4-12 引脚阵列摆放图示

（2）执行上述操作之后会弹出如图 4-13 所示的"Place Pin Array"对话框。

- Starting Name：输入第一个引脚的引脚名，如 Q1。
- Starting Number：输入第一个引脚的引脚号。
- Number of Pins：输入放置的总引脚数。
- Pin Spacing：输入两个引脚间的距离。
- Pin# Increment for Next Pin：输入 Name 和 Number 的递增数量。

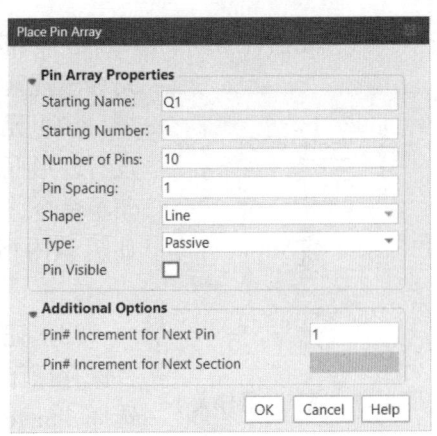

（3）根据需求设置完"Place Pin Array"对话框之后，单击"OK"按钮，引脚阵列效果图如图 4-14 所示。

（4）选中放置的所有元器件，右击选择"Edit Pins"选项，或者按"Shift+H"组合键，整体修改引脚，如图 4-15 所示。

图 4-13　"Place Pin Array"对话框

图 4-14　引脚阵列效果图

图 4-15　整体修改引脚选项

（5）在弹出的"Edit Pins"对话框中，可以一次修改多个引脚属性，如图 4-16 所示。

Normal View: Pin Name	Section: Pin Num...	Section: Pin Ignore	Order	Pin Group	Normal View: Pin Shape	Normal View: Pin Type	Normal View: Pin Visible
Q1	1	No	0		Line	Passive	Yes
Q2	2	No	1		Line	Passive	Yes
Q3	3	No	2		Line	Passive	Yes
Q4	4	No	3		Line	Passive	Yes
Q5	5	No	4		Line	Passive	Yes
Q6	6	No	5		Line	Passive	Yes
Q7	7	No	6		Line	Passive	Yes
Q8	8	No	7		Line	Passive	Yes
Q9	9	No	8		Line	Passive	Yes
Q10	10	No	9		Line	Passive	Yes

图 4-16　"Edit Pins"对话框

4.3.4　元器件外形框的绘制及文件的保存

（1）元器件中间的虚线框可以被随意调节，它指示元器件的大小，单击虚线框，四个角会出现紫色圆点，按住拖动调节大小即可，如图 4-17 所示。

（2）元器件虚线框代表着元器件的大小，放置到原理图中是没有外形框的，需要手动绘制外形框。选择"Place"→"Rectangle"菜单命令，或者按"Shift+R"组合键，或者单击相应的快捷按钮，如图 4-18 所示，绘制其形状即可。元器件封装完成示例如图 4-19 所示。

（3）完成引脚放置、绘制外形框等操作之后，退出之前要执行保存操作，可以直接按"Ctrl+S"组合键保存，也可以右击窗口选择"Save"选项。

图 4-17　调节元器件大小

图 4-18　绘制外形框　　　　　　图 4-19　元器件封装完成示例

4.4　多 Part 元件符号的创建

4.4.1　创建 Homogeneous 类型原理图符号

Homogeneous 类型元器件由多个相同的部分组成，多用于集成器件。在创建的时候，只需要设计其中一个部分，其他部分均与之一致，方便快捷。

（1）同简单集成电路的创建一样，选择"File"→"New"→"Library"菜单命令，新建原理图元件库，选择.olb 文件并右击，选择"New Part"选项，新建一个元器件。在弹出的"New Part Properties"对话框中修改相应的参数，如图 4-20 所示。

图 4-20 "New Part Properties" 对话框设置（1）

以新建一个 Homogeneous 类型元器件 LM358 为例。

- Name：输入器件型号 "LM358"。
- Part Reference：默认为 "U"，表示新建的器件位号以 U 开头。
- Package Type：选择新建的符号类型。
- Part Numbering：选择引脚编号以英文或者阿拉伯数字排序。
- Parts per：修改为 2，表示有两个相同的部分。

（2）器件部分切换如图 4-21 所示。由图可见，下面箭头指示处有 A、B 两部分，可以直接选择 A 或 B 进行切换，也可以选择 "View" → "Next Part" 菜单命令，或按 "Ctrl+N" 组合键，切换到 B；选择 "View" → "Previous Part" 菜单命令，或按 "Ctrl+P" 组合键，切换到 A。只需要设计其中一个部分，另一个部分与之一致。

（3）进行引脚放置、外形框绘制等，效果完成图如图 4-22 所示。

图 4-21 器件部分切换   图 4-22 效果完成图

4.4.2 创建 Heterogeneous 类型元器件

Heterogeneous 类型元器件由多个部分组成，每个部分的组成都不一样，多用于比较复杂的 IC 类型器件，如 FPGA 等，对 IC 属性进行分块设计，方便后期原理图的设计。在创建的时候，每一个部分都需要单独创建。

（1）同简单集成电路的创建一样，选择"File"→"New"→"Library"菜单命令，新建原理图元件库，选择.olb 文件，右击并选择"New Part"选项，新建一个元器件。在弹出的"New Part Properties"对话框中修改参数，如图 4-23 所示。

以新建一个 Heterogeneous 类型元器件 EMMC 为例。

- Name：输入器件型号。
- Part Reference：默认为"U"，表示新建的器件位号以 U 开头。
- Parts per：修改为 2，表示包含两个部分。
- Package Type：选择"Heterogeneous"。
- Part Numbering：选择编号以英文或者阿拉伯数字排序。

（2）新建的器件同样有 A、B 两部分，切换方法与前面创建原理图符号的相同。可以直接选择 A、B 进行切换，也可以选择"View"→"Next Part"菜单命令，或按"Ctrl+N"组合键，切换到 B；选择"View"→"Previous Part"菜单命令，或按"Ctrl+P"组合键，切换到 A。与 Homogeneous 类型元器件不同的是，两个部分都需要设置，两个部分不再一致。完成效果图如图 4-24 所示。

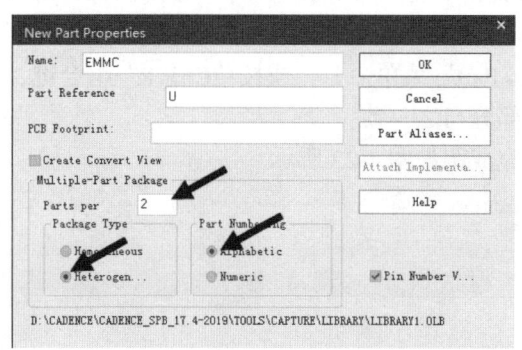

图 4-23 "New Part Properties"对话框设置（2）

图 4-24 效果完成图

4.5 通过 Excel 表格创建元器件

遇到引脚数量特别多的芯片时，采用此前创建元器件符号的方法费时、费力，也容易出现错误，这时可以通过 OrCAD Capture 导入 Excel 表格的方式来创建元器件。

（1）如图 4-25 所示，右击.olb 文件，选择"New Part From Spreadsheet"选项。

（2）在弹出的"New Part From Spreadsheet"对话框中，直接粘贴芯片的 Excel 表格，如图 4-26 所示，可以在网上搜索下载，或者读取元器件 Datasheet 内容，手动创建。

- Number：元器件的引脚号。
- Name：元器件的引脚名，从 Datasheet 中复制、粘贴即可，注意与引脚号对应。
- Type：元器件的引脚类型，一般的引脚定义为"Passive"即可。要注意的是，电源引脚是"Power"类型，不然导入网表时会报错。

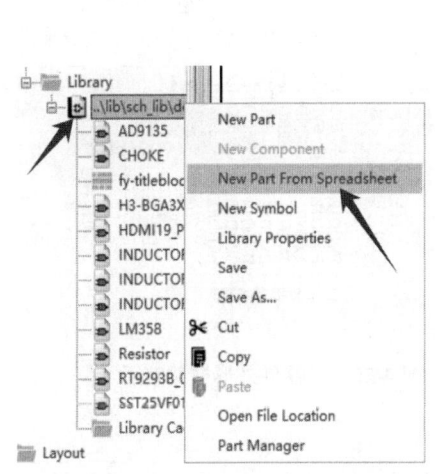

图 4-25　表格导入选项

Number	Name	Type	Pin Visable	Shape	Pin Group	Position	Section
1	PVDD12	POWER		LINE		left	A
2	CLK+	PASSIVE		LINE		left	A
3	CLK -	PASSIVE		LINE		left	A
4	PVDD12	POWER		LINE		left	A
5	SYSREF+	PASSIVE		LINE		left	A
6	SYSREF -	PASSIVE		LINE		left	A
7	PVDD12	POWER		LINE		left	A
8	PVDD12	POWER		LINE		left	A
9	PVDD12	POWER		LINE		bottom	A
10	PVDD12	POWER		LINE		bottom	A
11	TXEN0	PASSIVE		LINE		bottom	A
12	TXEN1	PASSIVE		LINE		bottom	A
13	DVDD12	POWER		LINE		bottom	A
14	DVDD12	POWER		LINE		bottom	A
15	SERDIN0+	PASSIVE		LINE		bottom	A
16	SERDIN0 -	PASSIVE		LINE		bottom	A
24	SYNCOUT0	PASSIVE		LINE		right	A
23	SYNCOUT0+	PASSIVE		LINE		right	A
22	SVDD12	POWER		LINE		right	A
21	VTT	POWER		LINE		right	A
20	SVDD12	POWER		LINE		right	A
19	SERDIN1 -	PASSIVE		LINE		right	A
18	SERDIN1+	PASSIVE		LINE		right	A
17	SVDD12	POWER		LINE		right	A
32	SVDD12	POWER		LINE		top	A
31	SVDD12	POWER		LINE		top	A
30	SERDIN3 -	PASSIVE		LINE		top	A
29	SERDIN3+	PASSIVE		LINE		top	A
28	SVDD12	POWER		LINE		top	A
27	SERDIN2 -	PASSIVE		LINE		top	A
26	SERDIN2+	PASSIVE		LINE		top	A
25	VTT	POWER		LINE		top	A

图 4-26　引脚 Excel 表格

- Pin Visibility：空着即可，在 OrCAD Capture 软件中勾选即可视，这处是在软件中编辑的。
- Shape：将所有引脚定义成"Line"即可。
- PinGroup：定义引脚组，空着即可。
- Position：引脚的位置，以此处为例，32 个引脚（见图 4-27），1～8 为"Left"（左边），9～16 为"Bottom"（下面），17～24 为"Right"（右边），25～32 为"Top"（上面），整个引脚为逆时针排序方式。一般可以按左边为输入信号、右边为输出信号、上面为电源信号、下面为地信号的顺序进行摆放。
- Section：如果是集成电路，则可自行定义引脚的 A、B 部分，此处的器件为一个整体，定义为"A"即可。

（3）将表格中定义好的数据复制后直接粘贴到"New Part Creation Spreadsheet"对话框中，在"Part Name"文本框中输入器件名称，如图 4-28 所示，输入"STM32"；在"Part Reference"文本框中输入器件位号，由于是 IC 芯片，此处定义为"U"。

图 4-27　引脚排序　　　　　图 4-28　"New Part Creation Spreadsheet"对话框

（4）此时再调整一下元器件的外形框及引脚的位置，即可完成创建。元器件外形框调整前如图 4-29 所示，元器件外形框调整后如图 4-30 所示。

图 4-29 元器件外形框调整前   图 4-30 元器件外形框调整后

4.6 元件库创建实例——电容的创建

实践是检验真理的唯一标准。通过前面的内容，学习了如何创建元件库，下面通过实例来巩固所学内容。

（1）选择"File"→"New"→"Library"菜单命令，新建原理图元件库。

（2）选择创建的.olb 文件，右击并选择"New Part"选项。

（3）在"New Part Properties"对话框中输入相关参数，单击"OK"按钮，如图 4-31 所示。

- Name：输入"Cap"。
- Part Reference：默认为"C"。
- PCB Footprint：输入 PCB 封装名称。

（4）选择"Place"→"Line"菜单命令，画出电容的主体，如图 4-32 所示。

（5）选择"Place"→"Pin"菜单命令，或者直接按"Shift+G"组合键，或者单击右边绘图工具栏中的 按钮，放置元件引脚。

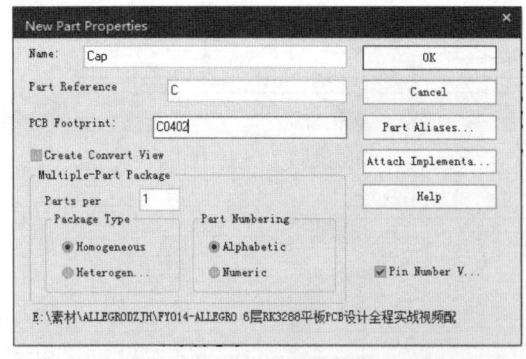

图 4-31 "New Part Properties"对话框

图 4-32 电容的主体

（6）在弹出的"Place Pin"对话框中进行引脚属性的设置，如图 4-33 所示。

（7）完成元器件引脚的设置之后，拖动鼠标将它放置到合适位置。至此，电容创建完毕，如图 4-34 所示。

图 4-33 "Place Pin" 对话框

图 4-34 创建完毕的电容

4.7 元件库创建实例——ADC08200 的创建

ADC08200 为 24 引脚 IC，引脚信号分为电源、模拟地、数字地及数据传输信号，如图 4-35 所示。

（1）选择 .olb 文件，右击并选择"New Part"选项，新建一个名称为"ADC08200"的器件，如图 4-36 所示。

图 4-35 ADC08200

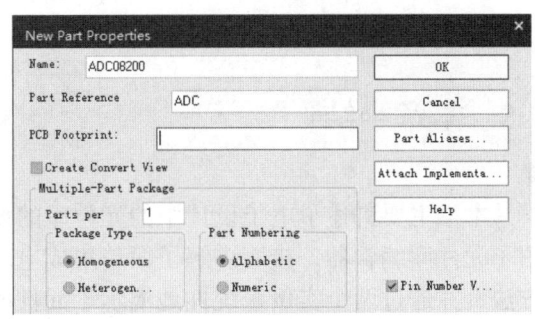

图 4-36 新建器件

（2）选择"Place"→"Rectangle"菜单命令，绘制器件的主体，如图 4-37 所示。

（3）选择"Place"→"Pin Array"菜单命令，放置器件引脚，两边阵列引脚参数如图 4-38 所示。

图 4-37 绘制器件的主体

图 4-38 两边阵列引脚参数

（4）选中所有引脚，右击并选择"Edit Pins"选项，批量修改器件引脚名，重复引脚名修改成电源属性，如图 4-39 所示，拖动外形框将它们调整到合适位置。至此，器件创建完毕，如图 4-40 所示。

图 4-39　引脚属性修改

图 4-40　器件创建完毕示意图

4.8　本章小结

本章主要讲述了电子设计中的元件库的设计，先对元器件符号进行了概述，然后介绍了元件库编辑器，接着讲解了简单集成电路符号的创建方法，也讲解了元器件的创建方法，并通过两个实例系统性地演示了元件库的创建过程，最后讲述了如何批量修改元件引脚名称。

第 5 章

原理图开发环境及设计

原理图，顾名思义就是表示电路板上各元器件之间连接关系的图表。在方案开发等正向研究中，原理图非常重要，而对原理图的把关也关乎整个电子设计项目的质量。由原理图延伸下去会涉及 PCB 布线，当然，这种布线是基于原理图完成的。通过对原理图的分析及电路板其他条件的限制，设计者可以确定元器件的位置及电路板的层数等。

本章从原理图编辑界面、原理图设计准备开始，一步一步地讲解原理图设计的整个过程，读者只需要遵循相应的流程，就可以熟练掌握整个原理图设计的过程，完成自己的原理图设计。

 学习目标

➢ 熟悉 OrCAD 软件各个功能模块的组成。
➢ 熟练掌握使用 OrCAD 软件绘制原理图的方法。
➢ 熟练使用 OrCAD 软件输出各类网表文件。

5.1 原理图编辑界面

5.1.1 打开 OrCAD 软件及创建原理图工程

（1）打开计算机桌面左下角的"开始"菜单，找到"Cadence OrCAD X and Allegro"并选择"Capture CIS 24.1"选项，如图 5-1 所示。注意，名称中间部分一定要为"CIS"，这样功能才完全。

（2）如图 5-2 所示，选择"OrCAD Capture CIS"选项，推荐勾选"Use as default"复选框，下次就会默认打开。

（3）进入 OrCAD 24.1 初始界面，如图 5-3 所示。

（4）选择"File"→"New"→"Project"菜单命令，新建工程，如图 5-4 所示。

（5）在图 5-5 所示对话框的"Name"文本框中输入新建工程名称，这里以"DEMO"为例。

（6）单击"Location"右边的 ⋯ 按钮选择新建工程的路径，如 D:\Cadence\Home，然后单击"选择文件夹"按钮，如图 5-6 所示。

图 5-1 OrCAD 位置图

图 5-2 OrCAD 选择对话框

图 5-3 OrCAD 24.1 初始界面

图 5-4 新建工程操作

图 5-5 新建工程对话框

（7）其他选项默认，单击"OK"按钮，新建工程编辑完成对话框如图 5-7 所示。

（8）新建工程完成界面如图 5-8 所示，.dsn 为工程总目录，PAGE1 为自动添加的原理图。

图 5-6　工程选择界面

图 5-7　新建工程编辑完成对话框

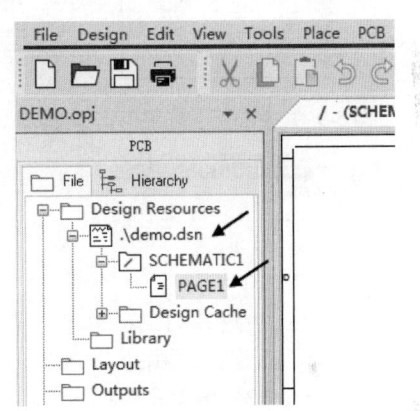

图 5-8　新建工程完成界面

5.1.2　OrCAD 软件原理图编辑界面

原理图编辑界面主要包含菜单栏、工具栏、绘图工具栏、工作面板等。

1. 菜单栏

（1）File（文件）：主要用于完成对各种文件的新建、打开、保存等操作，其下拉菜单如图 5-9 所示。

（2）Design（设计）：用于新增原理图的移除、更新等操作，其下拉菜单如图 5-10 所示。

（3）Edit（编辑）：用于完成各种编辑操作，包括撤销、取消、复制及粘贴等，其下拉菜单如图 5-11 所示。

（4）View（查看）：用于视图操作，包括窗口的放大、缩小，工具栏的打开、关闭，以及网格的设置、显示等，其下拉菜单如图 5-12 所示。

（5）Place（放置）：用于放置电气导线及非电气对象，其下拉菜单如图 5-13 所示。

（6）SI Analysis（仿真）：用于 SI 仿真，其下拉菜单如图 5-14 所示。

图 5-9　"File"下拉菜单

图 5-10　"Design"下拉菜单

图 5-11　"Edit"下拉菜单

图 5-12　"View"下拉菜单

图 5-13　"Place"下拉菜单

图 5-14　"SI Analysis"下拉菜单

（7）Options（参数）：主要用于对各参数进行设置，其下拉菜单如图 5-15 所示。

（8）Window（窗口）：用于改变窗口的显示方式，可以切换窗口的双屏或者多屏显示、关闭工程文件、打开最近的文件等，其下拉菜单如图 5-16 所示。

图 5-15　"Options"下拉菜单　　　　　　图 5-16　"Window"下拉菜单

2．工具栏

工具栏是菜单栏的延伸显示，可以为操作频繁的命令提供快捷按钮。

3．绘图工具栏

通过绘图工具栏，可以方便地放置常见的布线、总线、节点、网络标号等。

4．工作面板

工作面板主要用于放置元器件、修改元器件属性、使用过滤器等。

5.1.3　偏好设置

选择"Options"→"Preferences"菜单命令，打开"Preferences"对话框。

（1）Colors/Print：设置颜色，如果非必需，则选择默认即可。如图 5-17 所示，勾选相应选项，表示选择打印该选项，反之不打印。若需修改颜色，则单击颜色框修改即可。

图 5-17　"Colors/Print"选项卡

（2）Grid Display：格点设置，如图 5-18 所示。

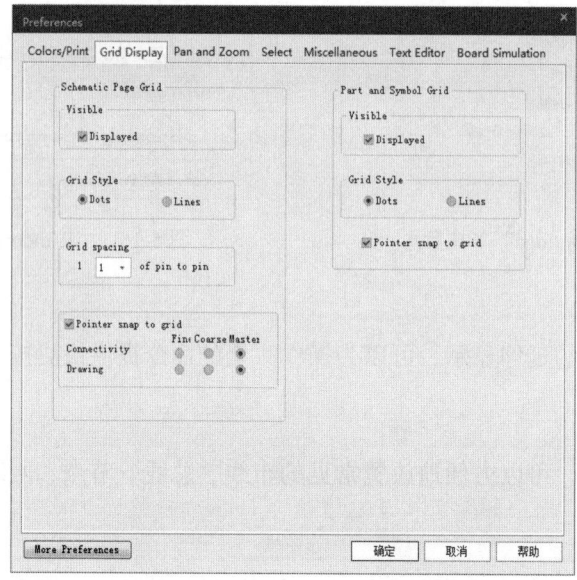

图 5-18　"Grid Display"选项卡

- Schematic Page Grid：原理图格点设置。
- Part and Symbol Grid：封装格点设置。
- Visible：勾选为可视，反之为不可视。
- Grid Style：格点风格分为"Dots"（点状）、"Lines"（线状），推荐在设计时选择线状，以便于在设计时能非常明了地发现元器件及封装是否在线上。
- Grid spacing：格点间距，原理图与封装是统一的，基本上选择一对一。
- Pointer snap to grid：自动抓取格点。

（3）Pan and Zoom：放大、缩小原理图页面及元器件符号，如图 5-19 所示。

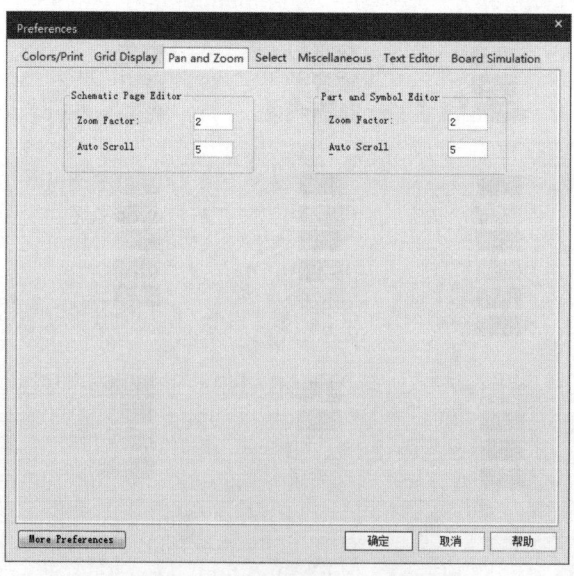

图 5-19　"Pan and Zoom"选项卡

（4）Select：选择默认设置即可。

（5）Miscellaneous：用得较多是"Auto Reference"，勾选"Automatically reference placed"复选框表示在放置元器件时，粘贴元器件会自动增加位号。不想自动增加位号，单击"Preserve reference on copy"按钮即可。

（6）Text Editor：位号编辑。

（7）Board Simulation：用来选择对 PCB 设计进行模拟仿真的工具，可以选择用"Verilog"或"VHDL"。

5.1.4　OrCAD 软件 Design Template 常用设置

（1）选择"Options"→"Design Template"菜单命令，弹出"Design Template"对话框，如图 5-20 所示。

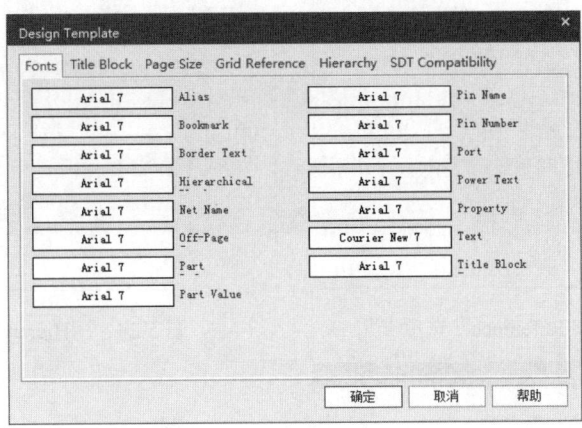

图 5-20　"Design Template"对话框

① Fonts：更改默认模板字体。

- Alias：网络号。
- Border Text：边框文本。
- Net Name：网络名。
- Part：元件。
- Pin Name：引脚名。
- Port：端口。
- Property：属性。
- Title Block：边框。
- Bookmark：书签。
- Hierarchical：等级。
- Off-Page：跨页。
- Part Value：元件值。
- Pin Number：引脚号。
- Power Text：电源文本。
- Text：文本。

② Title Block：设置原理图右下角边框模板，头文件可根据不同单位自己定义，如图 5-21 所示。

③ Page Size：设置页面大小，一般可按默认的大小进行设置，如图 5-22 所示。

④ Grid Reference：格点设置模板，选择默认设置即可，如图 5-23 所示。

⑤ Hierarchy 和 SDT Compatibility：选择默认设置即可，如图 5-24 和图 5-25 所示。

（2）选择"Options"→"Autobackup"菜单命令，弹出"Multi-level Backup settings"对话框，如图 5-26 所示。

图 5-21　"Title Block"选项卡

图 5-22　"Page Size"选项卡

图 5-23　"Grid Reference"选项卡

图 5-24　"Hierarchy"选项卡

图 5-25　"SDT Compatibility"选项卡

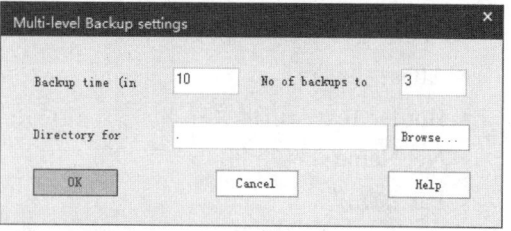

图 5-26　"Multi-level Backup settings"对话框

- Backup time：自动备份时间，一般默认为 10 分钟。
- No of backups to：自动备份保存个数。
- Directory for：自动备份保存路径。切记：要设置成选定的文件夹后才能使用，否则无法找到自动备份的文件。

5.2　原理图设计准备

在设计原理图之前，先对原理图页面进行一定的设置，这样可以提高设计原理图的效率。虽然在实际的应用中，有时候不进行准备设置也没有太大关系，但是基于设计效率的提高，推荐读者进行设置。

5.2.1 原理图页面大小的设置

（1）对单页的原理图页面进行设置。首先，选中需要更改页面尺寸的那一页原理图；其次，右击，选择"Schematic Page Properties"选项，如图 5-27 所示；最后，在弹出的对话框中修改页面大小即可，如图 5-28 所示。

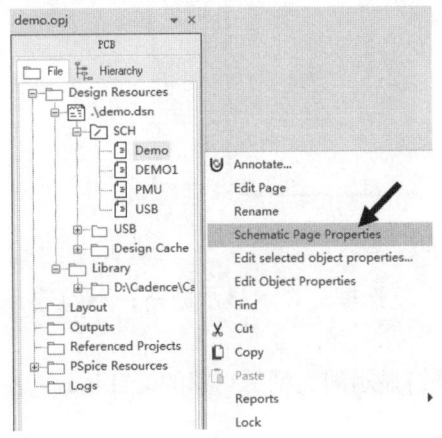

图 5-27　单页原理图页面设置操作　　　　图 5-28　页面大小设置示意图

（2）对整个原理图页面进行设置。选择"Options"→"Design Template"菜单命令，如图 5-29 所示，在弹出的对话框中选择"Page Size"选项卡，如图 5-30 所示，即可对页面的大小进行设置。这样每一页的页面大小参数就按这个模板设置了，不用再单独设置。

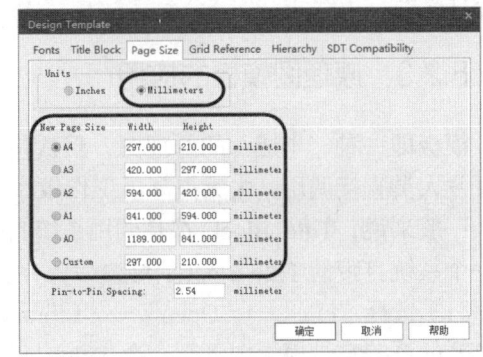

图 5-29　整个原理图页面设置操作　　　　图 5-30　页面大小参数模板设置示意图

5.2.2 原理图栅格的设置

（1）选择菜单栏中的"Options"选项，在下拉菜单中选择"Preferences"选项，进行参数的设置。

（2）进入"Preferences"对话框之后，打开"Grid Display"选项卡，如图 5-31 所示。格点显示分为两部分：左边部分为"Schematic Page Grid"选区，可进行原理图绘制格点设置，右边部分为"Part and Symbol Grid"选区，可进行原理图封装绘制格点设置。

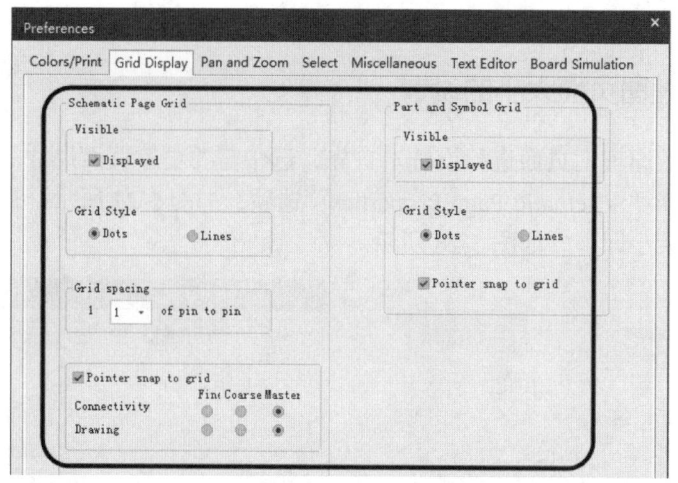

图 5-31　"Grid Display"选项卡

- Visible：栅格显示开关，勾选"Displayed"复选框，表示显示栅格；不勾选，表示不显示栅格。
- Grid Style：栅格显示类型，"Dots"表示栅格显示的类型是点状的，"Lines"表示栅格显示的类型是线状的。
- Grid spacing：栅格显示间距，这里的栅格设置按照"pin to pin"来计算，一般推荐设置 1 to 1 的显示即可。
- Pointer snap to grid：勾选该复选框表示抓取格点，不勾选该复选框表示不抓取格点。

这里推荐的参数设置：第一项勾选复选框以显示栅格；第二项选择线状栅格显示；第三项选择 1 to 1 的显示；第四项勾选复选框以抓取格点。这是较方便设计原理图的栅格设置。

5.2.3　原理图模板的应用

模板即一种"半成"的原理图，默认包含了设计当中的标题栏、外观属性的设置，方便开发人员直接调用，大大提高了工作效率。

一般来说，Title Block 都是调用系统自带的，或者修改自带的文件，这里选择直接复制一个系统自带的 Title Block，修改后保存在自定义路径下，进行关联即可。

（1）选择"File"→"Open"→"Library"菜单命令，选择"capsym.olb"选项并打开，从打开的系统自带模板中复制一个 TitleBlock0 到自己创建的库路径下。选中这个元件，按"Ctrl+C"组合键进行复制，然后粘贴到自己创建的库路径下，如图 5-32 所示。

（2）单击复制好的 TitleBlock0，右击并选择"Rename"选项，如图 5-33 所示，对复制的 TitleBlock0 进行重命名，以免与系统的名称重复，改为 TitleDemo1 后双击打开（一定不要先打开，打开了页面后会重命名不成功）。选择"Place"→"Picture"菜单命令，在弹出的对话框中选择准备好的图片，插入图片即可。

（3）调整插入图片的位置后，单击右侧工具栏中的"Place Text"按钮，放置一些需要的文字信息，如图 5-34 所示。

图 5-32　复制系统自带库示意图　　　　　　　图 5-33　重命名操作

图 5-34　调整图片后的 Title Block 示意图

（4）在图 5-34 中，箭头所指字体的文本是 Text，其他未指字体的文本为属性值。一般情况下，Page Number 和 Page Count 属性值是必须有的，若需要添加自己想要的属性，则可按如下步骤操作。

① 单击"Symbol Properties"属性框中如图 5-35 所示的位置。

② 在下面的文本框中输入自己需要的属性的名称，如"OrgName"，"Enter Property Value"一栏根据对应的属性来匹配相应参数即可，如图 5-36 所示。

③ 单击 ✔ 按钮后会出现 👁 图标，单击该图标并选择"Name and Value"选项，如图 5-37 所示，Title Block 中就会将名称与内容都显示出来（黑色字体）。

图 5-35　添加属性值

图 5-36　修改属性名称及内容

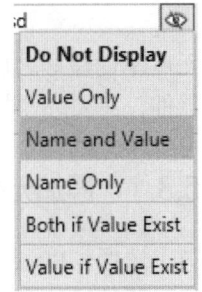

图 5-37　显示名称及内容

（5）全部设置完毕后，按"Ctrl+S"组合键，即可对修改好的 Title Block 进行保存。保存后需要对 Title Block 进行关联，这样下次新建原理图时，原理图右下角所出现的标题栏就是刚做好的带图片的 Title Block，操作步骤如下。

① 选择"Options"→"Design Template"菜单命令，在弹出的对话框中打开"Title Block"选项卡，如图5-38所示。

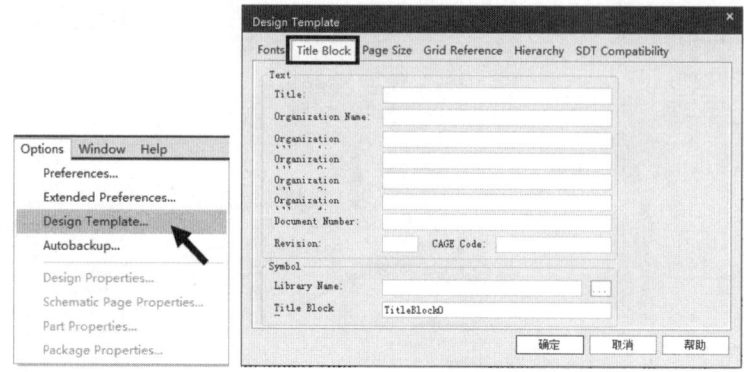

图5-38　关联菜单设置示意图

② 在下面的"Library Name"文本框中，选择刚才保存的库路径，在"Title Block"文本框中改为刚修改过的"Title_Block_1"，如图5-39所示，进行关联。

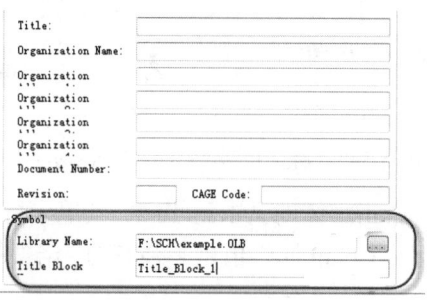

图5-39　Title_Block_1路径设置示意图

③ 关联好后，新建原理图，打开的标题栏就是刚才建立的带图片的模板了。

5.3　元器件的放置

元件库创建好之后，需要把创建好的元器件放置到原理图中，正式开始电路设计。放置元器件，需要先添加或者打开创建的元件库。

5.3.1　添加元件库

（1）选择"Place"→"Part"菜单命令，如图5-40所示，在键盘上按"P"快捷键也可放置元器件。

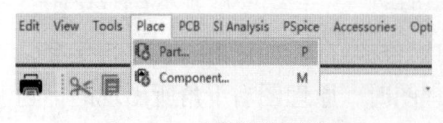

图5-40　元器件放置操作

（2）执行放置元器件操作之后，会在右边弹出如图5-41所示的列表，此时是没有任何库和元器件放置的。单击箭头指示处的 按钮，添加指定位置的已有元件库，也可以按"Alt+A"组合键快速添加。

（3）也可以通过"Search for"选区来搜索元件库，如图 5-42 所示，单击"+"按钮打开搜索文本框，接着在"Search"文本框中输入关键词，然后单击右边的 按钮开始搜索，在"Libraries"选区中选择搜索到的元件库，然后单击"Add"按钮添加元件库。

图 5-41　元件库添加列表

图 5-42　搜索元件库

（4）此处以默认库为例，路径为 D:\Cadence\SPB_24.1\tools\capture\library，如图 5-43 所示。

（5）完成界面如图 5-44 所示。

图 5-43　默认库路径

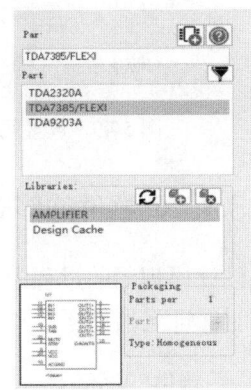

图 5-44　完成界面

5.3.2　放置元器件

（1）选择"Place"→"Part"菜单命令，在"Libraries"选区中选择库，如图 5-45 所示。

（2）在"Part"选区中选择需要放置的元器件，如图 5-46 所示。

图 5-45　选择库

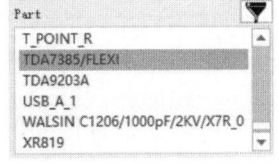

图 5-46　选择元器件

（3）在"Part"文本框中输入搜索关键词能快速定位元器件，如图 5-47 所示。

（4）可以通过预览图快速检查自己选择的元器件是不是需要的，如图 5-48 所示。

（5）选择好元器件之后，可以双击元器件进行摆放，也可以在选中元器件之后单击按钮放置元器件，如图 5-49 所示。在原理图空白处单击，完成放置，并按"ESC"快捷键结束放置。也可以在任意空白位置右击，选择"End Mode"选项结束放置，如图 5-50 所示。

图 5-47　快速定位元器件

图 5-48　元器件预览图

图 5-49　放置元器件

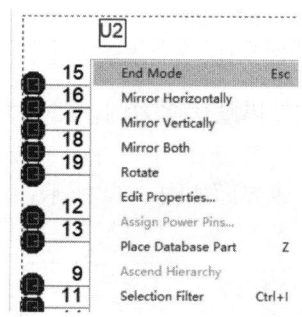

图 5-50　结束放置命令示意图

5.3.3　元器件的移动、选择、旋转

在设计原理图的过程中，经常需要通过移动和旋转来调整元器件的位置，使得在设计原理图时保证元器件摆放整齐、布线简洁。

1. 元器件的移动

单个元器件的移动：直接将鼠标光标放置在元器件上面，按住鼠标左键直接拖动即可移动，元器件移动中的状态如图 5-51 所示。

2. 元器件的选择

（1）多个元器件的移动：选中多个元器件，多个元器件被选中的状态如图 5-52 所示，出现的紫色虚线框即表示元器件已被选中。

图 5-51　元器件移动中的状态

图 5-52　多个元器件被选中的状态

（2）当鼠标光标移到元器件主体时会出现"✛"标志，表示此时可以按住元器件进行移动，如图5-53所示。

（3）移动元器件时，元器件因为之前格点的原因，会出现对不齐的现象，影响美观。此时，可以通过对齐命令来进行元器件的对齐。选择"Edit"→"Align"→"Align Top"菜单命令，如图5-54所示，即可实现元器件的顶端对齐，完成效果图如图5-55所示。

图 5-53　元器件可被移动状态

图 5-54　元器件顶端对齐命令示意图

图 5-55　顶端对齐完成效果图

3. 元器件的旋转

设计原理图时，有时需要将电阻、电容等元器件进行旋转来优化视图，以方便设计。可以通过选择元器件之后按键盘上的"R"快捷键来旋转元器件，也可选择"Edit"→"Rotate"菜单命令来旋转元器件，如图5-56所示，旋转元器件之后再重新进行连线。元器件旋转完成效果图如图5-57所示。

图 5-56　旋转元器件命令示意图

图 5-57　元器件旋转完成效果图

5.3.4　元器件的复制、剪切与粘贴

（1）元器件放置到原理图中后，可以单击选择放置的元器件。未被选中的元器件如图 5-58（a）所示，被选中的元器件如图 5-58（b）所示。

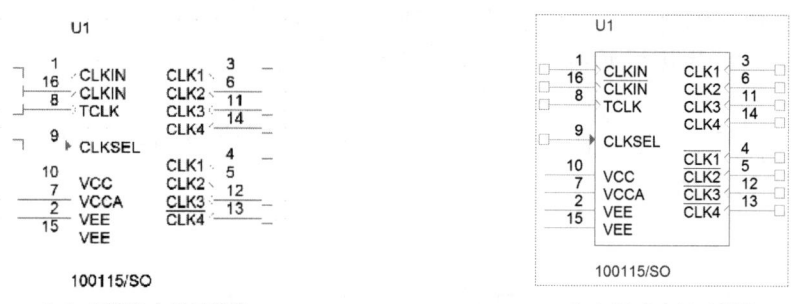

（a）未被选中的元器件　　　　　　　　　　（b）被选中的元器件

图 5-58　未被选中和被选中的元器件

（2）选中元器件后，按"Ctrl+C"组合键进行复制，或者右击选择"Copy"选项，实现复制，如图 5-59 所示。剪切操作则可以通过直接按"Ctrl+X"组合键，或者右击选择"Cut"选项实现。

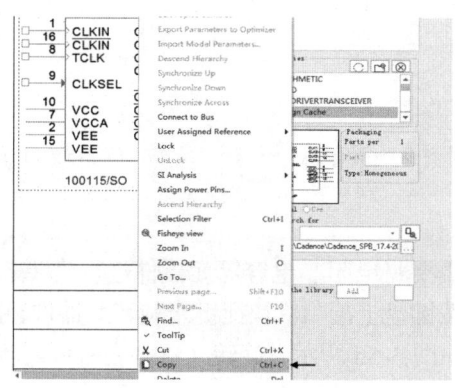

图 5-59　复制命令示意图

（3）复制后，鼠标光标放在原理图空白处，按"Ctrl+V"组合键，或者右击选择"Paste"选项，如图 5-60 所示，完成粘贴操作。成功粘贴后会出现如图 5-61 所示的示意图，在原理图上选择合适的位置，单击即可放置粘贴的内容。

图 5-60　粘贴命令示意图　　　　　　　图 5-61　粘贴操作中示意图

（4）操作完成后，复制粘贴完成效果图如图 5-62 所示，器件位号会自动增加。

图 5-62 复制粘贴完成效果图

（5）选中元器件后，按"Ctrl"快捷键直接拖动，出现如图 5-63 所示的示意图，松开鼠标左键，可快速完成复制及粘贴操作，器件位号也会自动增加。

图 5-63 快速复制示意图

5.3.5 元器件的删除与撤销

（1）先选择元器件。未被选中的元器件如图 5-64（a）所示，被选中的元器件如图 5-64（b）所示。

（a）未被选中的元器件 　　　　　　　　　　　　（b）被选中的元器件

图 5-64 未被选中和被选中的元器件示意图

（2）按"Delete"或者"BackSpace"快捷键进行删除操作，或者右击选择"Delete"选项来进行删除操作，如图 5-65 所示。

（3）删除之后如果发现操作有错误，则可以通过按"Ctrl+Z"组合键或者单击菜单栏中的 🔄 按钮来撤销删除操作，如图 5-66 所示。

图 5-65　删除命令示意图

图 5-66　撤销按钮示意图

5.4　电气连接的放置

　　元器件放置好之后，就要对电气连接进行设置了，使没有关联的元器件之间形成逻辑联系，组成各个电路功能网。

5.4.1　绘制导线

　　导线是用来连接电气元器件、具有电气特性的连线。

　　（1）元器件之间通常需要电气连接，将引脚与引脚电气信号连通，未连接和连接元器件示意图如图 5-67 和图 5-68 所示。

图 5-67　未连接元器件示意图　　　　　　　图 5-68　连接元器件示意图

　　（2）将元器件摆放到原理图中，通过按"W"快捷键，或选择"Place"→"Wire"菜单命令，如图 5-69 所示，完成信号连线。

　　（3）连线示意图如图 5-70 所示，光标变成小十字形，即可布线连接。

图 5-69　连线命令示意图

图 5-70　连线示意图

（4）按"Esc"快捷键或者右击选择"End Wire"选项，如图 5-71 所示，结束连线操作。

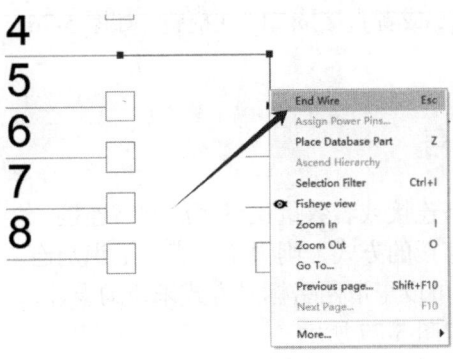

图 5-71　结束连线命令示意图

5.4.2　节点的说明及放置

节点通常用来显示此处是连接点。通过节点的有无，设计者可以清楚地知道此处是否连接上。

（1）连线与连线通常会路径交叉，将两个信号连线连通时，连通的位置有节点生成，如图 5-72 所示。

（2）如果两个连线只交叉但不需要连通，那么就不会出现节点，如图 5-73 所示。

（3）先绘制 6 引脚的连线，然后绘制 3 引脚的连线，两个连线交汇时会出现如图 5-74 所示的红色圆点，表示有连接属性，单击即可连接。

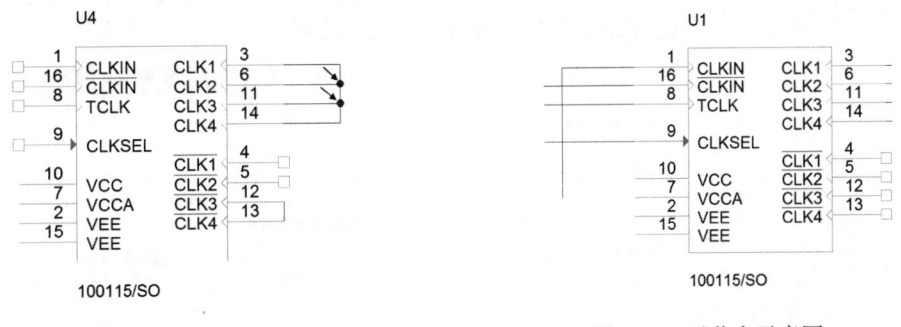

图 5-72　节点示意图　　　　　　　　　　图 5-73　无节点示意图

（4）连线时的信号连线不接触，连线端口位置不会出现节点，如图 5-75 所示。

图 5-74　连接属性提示示意图　　　　　图 5-75　不出现节点示意图

（5）如果想在连接好的线之间添加节点，则选择"Place"→"Junction"菜单命令即可，或者直接按"J"快捷键，如图 5-76 所示。

图 5-76　添加节点示意图

5.4.3　放置网络标号

对于一些比较长的网络连接或者数量比较多的网络连接，绘制时如果全部采用导线连接的方式，则很难从表面上识别连接关系，不方便设计。这时可以采取网络标号方式来协助设计，它也是网络连接的一种，如图 5-77 所示。

图 5-77　网络标号连接示意图

（1）按"N"快捷键来放置网络标号，或者选择"Place"→"Net Alias"菜单命令，如图 5-78 所示，放置网络标号。

（2）执行命令之后，会弹出如图 5-79 所示的"Place Net Alias"对话框，在"Alias"文本框中输入网络标号的名称，网络标号之间必须名字一致才能成功连接。在"Color"选区中选择网络标号的颜色，在"Rotation"选区中选择放置时的角度，在"Font"选区中修改网络标号的字体及字号。设置完成之后，单击"OK"按钮即可。

图 5-78　放置网络标号命令示意图

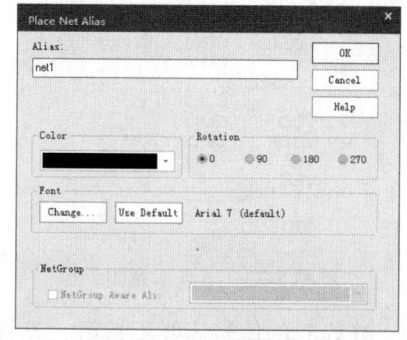

图 5-79　"Place Net Alias"对话框

（3）设置完成之后，在需要放置网络名的连线上单击，出现"[/N00982 Name:N00982]"等类似的提示框，如图 5-80 所示，表示网络标号已经在连线上显示，只需单击相应标号即可完成网络标号的放置。

5.4.4　放置 No ERC 检查点

图 5-80　网络标号处于连线上提示图

No ERC 检查点即忽略 ERC 检查点，是指该点附加的元器件引脚在进行 ERC 时，如果

出现错误或者警告，则错误或者警告将被忽略，不影响网络
报表的生成，No ERC 检查点示意图如图 5-81 所示。No ERC
检查点本身并不具有任何的电气特性，主要用于检查原理图。

（1）按"X"快捷键来放置 No ERC 检查点，或者选择
"Place"→"No Connect"菜单命令，如图 5-82 所示，放置
No ERC 检查点。

（2）执行命令之后，会出现如图 5-83 所示的"×"标记，
单击"×"标记即可完成放置。

图 5-81 No ERC 检查点示意图

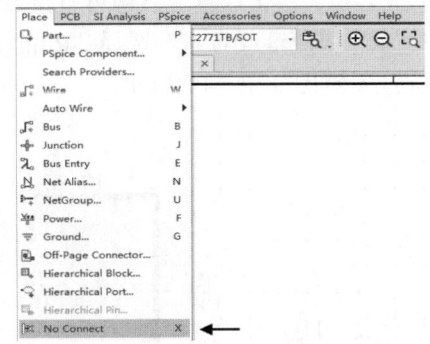

图 5-82 放置 No ERC 检查点命令示意图

图 5-83 "×"标记示意图

5.4.5 总线的放置

单纯的网络标号虽然可以表示图纸中相连的导线，但是由于连接位置的随意性，会给
工程人员分析图纸、查找相同的网络标号带来一定的困难。

总线代表的是具有相同电气特性的一组导线，在具有相同电气特性的导线数目较多的
情况下，可采用总线的方式，以方便识图。从总线分支引出各条分导线，以网络标号来标
识和区分各条分导线。因此，总线、总线分支及网络标号密不可分，总线、总线分支及网
络标号如图 5-84 所示。

1．放置总线

（1）按"B"快捷键，或者选择"Place"→"Bus"菜单命令，如图 5-85 所示，放置总线。

图 5-84 总线、总线分支及网络标号

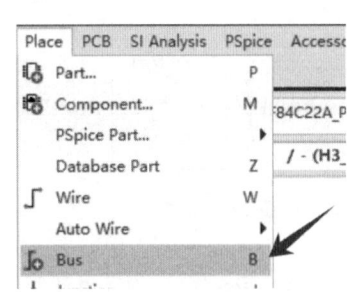

图 5-85 放置总线命令示意图

（2）总线命名与网络标号的命名类似，按"N"快捷键或者选择"Place"→"Net Alias"菜单命令，放置网络标号。放置总线时须注意以下方面。

- 总线的名字不能以数字结尾。
- 符号[ ]前后不能有空格。
- 命名必须是名字加[ ]，如 BUS[0:15]、BUS[0-15]、BUS[0…15]。

2. 放置总线分支

信号线与总线的连接采用的是总线入口的方式，通过按"E"快捷键或者选择"Place"→"Bus Entry"菜单命令，如图 5-86 所示，放置总线入口，单击放置之后即可直接放置下一个。旋转操作与前面旋转元器件的操作一样，按"R"快捷键或者右击选择"Rotate"选项；按"Esc"快捷键可退出放置命令。总线连接完成示意图如图 5-87 所示。

图 5-86　放置总线入口命令示意图

图 5-87　总线连接完成示意图

5.4.6　放置电源及接地

对于原理图设计，Cadence Allegro 专门提供了一种电源和地的符号，它是一种特殊的网络标号，可以让电子设计工程师较容易地识别。

（1）按"F"快捷键或者选择"Place"→"Power"菜单命令，放置电源标识。执行命令之后弹出"Place Power"对话框，如图 5-88 所示。在"Name"文本框中输入电源名，单击"OK"按钮即可。

（2）按"G"快捷键或者选择"Place"→"Ground"菜单命令，放置地网络标识。执行命令之后弹出"Place Ground"对话框，如图 5-89 所示。在"Name"文本框中输入地网络名，单击"OK"按钮即可。

图 5-88　"Place Power"对话框

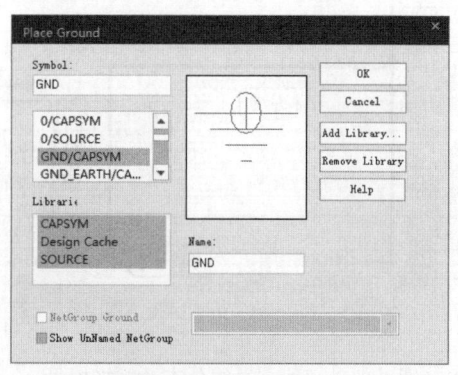

图 5-89　"Place Ground"对话框

（3）电源和地网络标识示例如图 5-90 所示。

图 5-90　电源和地网络标识示例

5.4.7　放置页连接符

有时会使用多图纸功能，这时就需要考虑图纸页和图纸页之间的线路连接。在单张图纸中，可以通过简单的网络标号来实现网络连接；而在多张图纸中，简单的网络标号无法满足连接要求，需要用到页连接符。

选择"Place"→"Off-Page Connector"菜单命令，弹出"Place Off-Page Connector"对话框，如图 5-91 所示，选择合适的类型并在"Name"文本框中输入网络名，单击"OK"按钮，即可放置不同原理图页之间的 Off-Page 类型页连接符。输入、输出页连接符如图 5-92 所示。页连接符连接示意图如图 5-93 所示。

图 5-91　"Place Off-Page
Connector"对话框

图 5-92　输入、输出页连接符

图 5-93　页连接符连接示意图

5.4.8　原理图添加差分属性

在电子设计中，经常会用到差分布线，如 USB 的 D+与 D−差分信号、HDMI 的数据差分与时钟差分等。

原理图中提前添加了各种规则，不需要用户去 PCB 中手动创建，能节省创建差分对等规则的时间。在原理图中添加差分属性的方法如下。

（1）首先左击选中一页原理图，然后选择"Tools"→"Create Differential Pair"菜单命令，如图 5-94 所示。

（2）在弹出的"Create Differential Pair"对话框中查找需要设置的网络名并添加到"Selections"选区中。如图 5-95 所示，在箭头①处输入需要查找的大概网络名，在箭头②处选择具体对应的网络名，单击箭头③处的按钮即可添加到"Selections"选区中，单击箭头④处的"Create"按钮即可自动创建差分类，最后单击箭头⑤处的"Close"按钮关闭。

图 5-94　添加差分属性命令示意图

图 5-95　"Create Differential Pair" 对话框

5.5　非电气对象的放置

原理图中的非电气对象包含辅助线、字符标注、图片等，它们没有电气属性，但是可以增强原理图的可读性。本节对常用非电气对象的放置进行说明。

5.5.1　放置辅助线

设计时，可以通过放置辅助线来标识信号方向或者对功能模块进行分块标识。

（1）选择 "Place" → "Line" 菜单命令（或按 "Shift+L" 组合键），激活放置状态。

（2）在一个合适的位置单击，确认起始点，找到下一个位置单击，确认结束点。

（3）在放置之后双击放置的线段，可以对辅助线属性进行设置，如图 5-96 所示。

① Line：可以选择辅助线线型。

② Line：可以设置辅助线的宽度。

③ Color：可以设置辅助线的颜色。

例如，需要放置一个指示信号流向的箭头，首先需要选择 "Place" → "Polyline" 菜单命令（或按 "Y" 快捷键），画出一个三角形，斜线部分只需按 "Shift" 快捷键即可自由角度布线，如图 5-97 所示。推荐将格点设为 "5"，这样在画形状时，直线不容易弯曲且能画出想要的形状。可以按照图 5-98 所示设置箭头填充属性，绘制的箭头辅助线如图 5-99 所示。

图 5-96　设置辅助线属性

图 5-97　自由角度布线

图 5-98　设置箭头填充属性

图 5-99　绘制的箭头辅助线

有时，也会用辅助线来进行电路功能的分块，以方便对电路功能模块进行区分识别，功能模块分块辅助线如图 5-100 所示。

图 5-100　功能模块分块辅助线

5.5.2　放置字符标注及图片

在实际设计中，经常需要对一些功能进行文字说明，或者对可选线路进行文字标注。这些文字注释可以大大增强线路的可读性，后期也可以让布线工程对所关注的线路进行特别处理。

1. 放置字符标注

字符标注主要是较短的文字说明。

（1）选择"Place"→"Text"菜单命令（或按"T"快捷键），可以放置字符标注。

（2）在属性对话框中，可以对字符标注属性进行设置，如图 5-101 所示，默认的文本属性为空白，可以根据实际需要改成自己需要输入的标注内容。

图 5-101　设置字符标注属性

① 文本输入框：在这里可以输入想要备注的内容文字；文字换行按"Ctrl+Enter"组

合键即可。

② Color：文本颜色设置。

③ Rotation：文本角度设置（0°、90°、180°、270°）。

④ Font：字体格式，用来设置输入文字的字体（如宋体、楷体等）及字号。

⑤ Text Justification：文本对齐方式，可设置左对齐、右对齐、中心对齐等。

2. 放置图片

为了更加丰富地展示注释信息，Cadence Allegro 提供了可以放置图片的选项。

选择"Place"→"Picture"菜单命令，会自动弹出图片选择对话框，如图 5-102 所示，仅支持单色位 BMP 图片格式。选择需要放置的图片，完成放置，图片放置效果如图 5-103 所示。

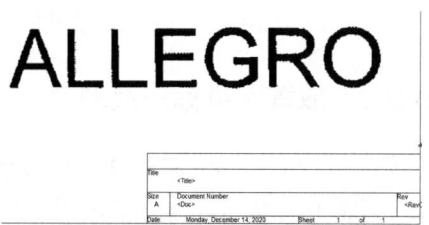

图 5-102　选择图片　　　　　　　　图 5-103　图片放置效果

5.6　原理图的全局编辑

5.6.1　元器件的重新编号

原理图绘制常利用复制功能，复制完之后会存在位号重复现象，影响后期设计。重新编号可以对原理图中的位号进行复位和统一，方便设计和维护。

（1）运用自动编号功能。首先清除原有的编号，选择"Tools"→"Annotate"菜单命令，在弹出的"Annotate"对话框（见图 5-104）的"Action"选区中选中"Reset part references to '?'"单选按钮，单击"确定"按钮，复位所有器件位号。

（2）清除原有编号完成效果图如图 5-105 所示，可以看到，原理图中的器件位号都变成了"？"。

（3）选择"Tools"→"Annotate"菜单命令，在弹出的"Annotate"对话框的"Action"选区中选中"Incremental reference update"单选按钮，如图 5-106 所示，单击"确定"按钮，重新编排器件位号。

（4）完成后的效果图如图 5-107 所示，此时原理图中的器件已经全部被重新编号。

图 5-104 "Annotate" 对话框

图 5-105 清除原有编号完成效果图

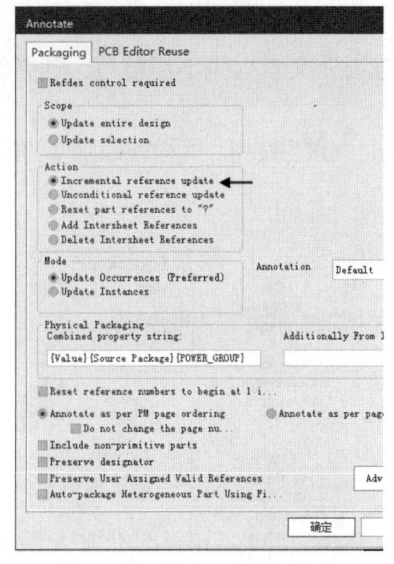

图 5-106 选中 "Incremental reference update" 单选按钮

图 5-107 完成后的效果图

5.6.2 元器件属性的更改

在进行原理图设计时，经常需要给元器件添加一些属性。元器件本身会自带一些属性，如图 5-108 所示。

常用的属性如下。

（1）Color：元器件外形框颜色。

（2）PCB Footprint：封装属性。

（3）Part Reference：器件位号。

（4）Value：元器件的属性值。

需要给元器件单独添加一些别的属性，单击 "New Property" 按钮即可，如图 5-109 所示。比如，添加"ROOM"属性，步骤如下。

图 5-108 元器件本身自带的属性

图 5-109 添加属性按钮

（1）在"Name"文本框中输入"ROOM"，"Value"文本框先不用填写，通常是统一填写的。

（2）单击如图 5-110 所示的"Apply"按钮，再单击"OK"按钮，这样就添加了"ROOM"属性，添加完成示意图如图 5-111 所示。

图 5-110 添加"ROOM"属性

图 5-111 添加完成示意图

5.6.3 原理图的查找与跳转

大面积的原理图无法直接定位某个器件位号、网络标号所在的位置，这时可以通过查找和跳转功能来实现定位查找。

OrCAD Capture 提供类似于 Windows 系统的查找功能。选择"Edit"→"Find"菜单命令，或者按"Ctrl+F"组合键，进入"Find"对话框，如图 5-112 所示。此查找功能可以对位号、字符、网络标号、引脚号等进行查找。

在搜索文本框中输入所要搜索的位号、字符等，单击"Find"按钮，在左下角的窗口中双击找到的结果即可高亮并定位元器件位置。

（1）原理图页面范围：当工程界面处于展开状态、原理图单独页打开时，搜索范围即只有那一页原理图，如图 5-113 所示。当搜索工程中其他页面中的元素时，会出现如图 5-114 所示的搜索失败提示，表示搜索范围只有当面页面原理图。搜索成功示意图如图 5-115 所示。

（2）工程页面范围：在项目列表中选中工程，如图 5-116 所示，即可搜索整个工程中的内容。可以看到，"DEMO1"中的元器件搜索成功了。

图 5-112 "Find"对话框

图 5-113 原理图页搜索

图 5-114 搜索失败提示

图 5-115 搜索成功示意图

图 5-116 工程页面搜索

（3）跳转结果：跳转到查找结果处，只需双击"Find Results"对话框中的结果一栏即可，如图 5-117 所示。

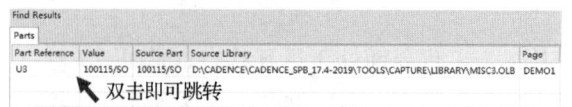

图 5-117　双击即可跳转

5.7　层次原理图的设计

5.7.1　层次原理图的定义及结构

当设计的电路比较复杂时，用一张原理图来绘制显得比较困难，可读性也相对较差，此时可以采用层次原理设计方式。把一个完整的电路系统按照功能划分为若干子系统，即子功能电路模块，这样，设计人员就可以先把每一个子功能电路模块的相应原理图绘制出来，然后在这些子原理图之间建立连接关系，从而完成整个电路系统的设计。不难看出，层次原理图的设计实际上就是一种化整为零、聚零为整的设计方法。

层次原理图设计的概念很像文件管理树状结构，设计者可以从绘制电路母原理图（简称母图）开始，逐级向下绘制子原理图（简称子图）；也可以从绘制基本的子图开始，逐级向上绘制相应的母图。因此，层次原理图的设计方法可以分为两种，即自上而下的层次原理图设计方法和自下而上的层次原理图设计方法。

（1）自上而下：先设计好母图，再用母图的方块图来设计子图，如图 5-118 所示。

（2）自下而上：先设计好子图，再用子图来产生方块图连接成母图，如图 5-119 所示。

图 5-118　自上而下的层次原理图设计方法

图 5-119　自下而上的层次原理图设计方法

5.7.2　自上而下的层次原理图设计

层次原理图中有包含的关系，这里介绍层次原理图自上而下的设计思路，具体操作步骤如下。

（1）创建分级模块（Hierarchical Block），在原理图设计页面，选择"Place"→"Hierarchical Block"菜单命令，如图 5-120 所示。

（2）在弹出的对话框中，输入分级模块的名称，选择合适的参数，如图 5-121 所示，单击"OK"按钮，则层次原理图分级模块创建完毕。

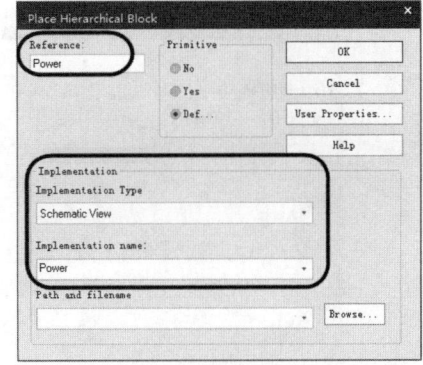

图 5-120　层次原理图创建分级模块示意图　　　图 5-121　层次原理图分级模块参数设置示意图

（3）在原理图设计页面画出合适大小的分级模块方框，也可以在后面对其进行调整，如图 5-122 所示，用于分配子端口及总线的位置。

（4）双击新生成的方框，或者选中方框并右击，选择"Descend Hierarchy"选项，如图 5-123 所示，进行子图的设置。

图 5-122　层次原理图分级模块方框示意图　　　图 5-123　层次原理图子图设置示意图

（5）在弹出来的对话框中填写原理图页面名称，如图 5-124 所示，单击"OK"按钮，设置完成子图的原理图页面名称。

（6）在新生成的原理图页面中进行原理图的子图绘制设置，并放置与总框图的端口（Hierarchical Port），如图 5-125 所示。

图 5-124　层次原理图子图页面设置示意图　　　图 5-125　层次原理图子图绘制示意图

（7）双击放置的端口，修改其名称，单击"OK"按钮退出，如图 5-126 所示。

（8）返回放置分级模块的界面，选中已放置好的方框并右击，选择"Synchronize Up"选项，在此方框边缘会出现原理图子图页面中的端口，如图 5-127 所示。

图 5-126　端口设置示意图（1）

图 5-127　端口设置示意图（2）

（9）选取需修改的端口右击，选择"Edit Properties"选项，如图 5-128 所示。

（10）在弹出的对话框中修改其属性，保存退出即可，如图 5-129 所示。这样，层次原理图的分级模块就绘制完成了。其他分级模块的流程与此是一样的，这里就不再赘述了。

图 5-128　属性修改示意图（1）

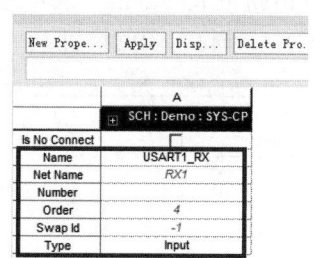

图 5-129　属性修改示意图（2）

5.7.3　自下而上的层次原理图设计

自下而上的层次原理图设计与自上而下的层次原理图设计刚好相反。首先设计好各个模块的子图，然后通过子图来生成母图的方块图。

（1）右击项目浏览窗口中的 DSN 文件，并选择"New Schematic"选项，如图 5-130 所示，在弹出的"New Schematic"对话框中输入创建的原理图文件夹名称，如"USB"，如图 5-131 所示。

图 5-130　新建原理图文件夹

图 5-131　原理图文件夹命名

（2）选中新建的原理图文件夹并右击，选择"New Page"选项，新建原理图页，如图 5-132 所示。在图 5-133 所示的对话框中编辑新原理图页的名称。

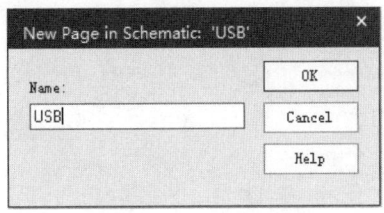

图 5-132　新建原理图页　　　　　　　　　　　图 5-133　原理图页命名

（3）利用相同的方法再创建一个"POWER"原理图文件夹及原理图页，完成效果图如图 5-134 所示。

（4）一般来说，新建工程文件时默认的"SCHEMATIC"文件夹是总图。当然，也可以自定义其他的文件夹为总图。右击需要设置的文件夹并选择"Make Root"选项，如图 5-135 所示，可自定义需要的文件夹为总图。此处以默认的文件夹作为总图。

图 5-134　新建原理图文件夹及原理图页完成效果图　　　图 5-135　设置总图

（5）新建原理图文件夹、原理图页及设置好总图之后，需要在新建的原理图页中设计电路图，并选择"Place"→"Hierarchical Port"菜单命令，放置用来进行层次原理图设计的端口，如图 5-136 所示。双击放置的端口，修改其名称，单击"OK"按钮退出，如图 5-137 所示。

（6）创建好各个分级模块的电路图，将电路设计完毕之后，在总图中放置分级模块。在原理图设计页面，选择"Place"→"Hierarchical Block"菜单命令，如图 5-138 所示。在弹出的对话框中，输入分级模块的名称，如图 5-139 所示，选择合适的参数，单击"OK"按钮，则层次原理图分级模块创建完毕。

（7）在原理图页面画出合适大小的分级模块方框，也可以在后面对其进行调整，如图 5-140 所示，用于分配子端口及总线的位置。与自上而下的层次原理图设计不同的地方是，此时放置的模块方框已经自带了端口，如图 5-141 所示。

（8）利用同样的方法再次放置好 POWER 的分级模块并进行端口与端口之间的连线，

此时层次原理图即设置完毕，如图 5-142 所示。

图 5-136　放置端口　　　　　　　　　　　图 5-137　端口修改示意图

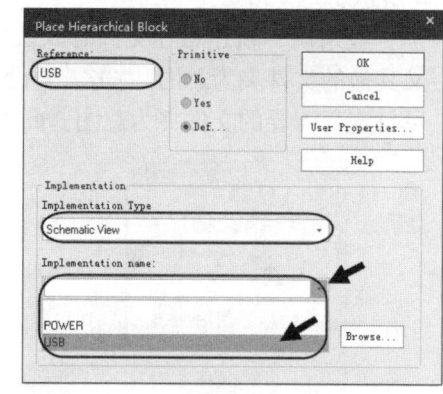

图 5-138　层次原理图创建分级模块示意图　　图 5-139　层次原理图分级模块参数设置示意图

图 5-140　分级模块示意图　图 5-141　模块方框自带端口　　　图 5-142　设置完毕

5.7.4　层次原理图调用已经创建好的模块

在层次原理图中，之前做好的模块如果是一样的，那么就可以重复调用，这样可以大大节省设计的时间。调用已经创建好的模块的操作步骤如下。

（1）创建分级模块。在原理图设计页面，选择"Place"→"Hierarchical Block"菜单命令，如图 5-143 所示。

（2）在弹出的对话框中，输入分级模块的名称，选择合适的参数，一般按照图 5-144

所示设置即可，单击"OK"按钮，则层次原理图分级模块创建完毕。

图 5-143　层次原理图创建分级模块示意图　　图 5-144　层次原理图分级模块参数设置示意图

（3）在原理图页面画出合适大小的分级模块方框，也可以在后面对其进行调整，如图 5-145 所示，用于分配子端口及总线的位置。

（4）在当前项目中新建一个文件夹（文件夹名须与 Implementation Name 的名字一致），将需要调用的模块原理图页面复制到文件夹下，如图 5-146 所示。

图 5-145　层次原理图分级模块方框示意图　　图 5-146　复制调用的模块示意图

（5）进入放置分级模块的页面，先选中已放置好的方框并右击，选择"Synchronize Up"选项，然后在此方框边缘会出现原理图子图页面中的端口，最后对端口属性进行编辑即可，这样就完成了相同模块的调用，之后对相同的位号进行重新编号即可。

5.8　原理图的编译与检查

在完成原理图设计之后、设计 PCB 之前，电子设计工程师可以利用软件自带的 ERC 功能对常规的一些电气性能进行检查，避免一些常规性错误和进行查漏补缺，以及为正确、完整地导入 PCB 进行电路设计做准备。

5.8.1　原理图编译的设置

如图 5-147 所示，OrCAD 进行 DRC 时，需要对参数进行设置，部分参数的含义如下。

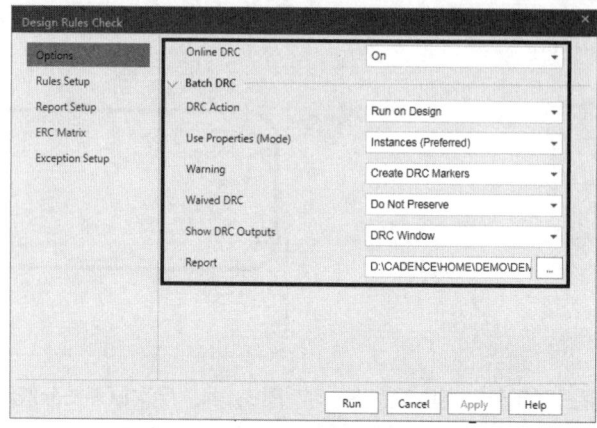

图 5-147　DRC 参数设置示意图

（1）Online DRC。
- On：打开在线 DRC。
- Off：关闭在线 DRC。

（2）DRC Action。
- Run on Design：DRC 检查整个原理图。
- Run on Selection：DRC 检查选择的部分电路。
- Delete DRC Markers：删除 DRC 标记。
- Delete DRC Markers on Selection：删除所选的 DRC 标记。

（3）Use Properties（Mode）。
- Occurrences：选择所有事件进行检查。
- Instances(Preferred)：使用当前实体（建议）。实体是指放在绘图页内的元器件符号，而事件指的是在绘图页内同一实体出现多次的实体电路。例如，在复杂层次电路图中，某个子方块电路重复使用了 3 次，就形成了 3 次事件；不过子方块电路内本身的元器件却是实体。
- Check Design Rules：对当前的设计文件进行 DRC。
- Delete Existing DRC Marker：删除 DRC 标志 Report。

（4）Warning。
- Create DRC Markers：进行 DRC，若发现错误，则生成警告标志。
- Do Not Create DRC Markers：进行 DRC，若发现错误，则不生成警告标志。

5.8.2　原理图的编译

（1）选择原理图的根目录后，选择"PCB"→"Design Rules Check"菜单命令，进行 DRC，如图 5-148 所示。

（2）在弹出的 DRC 对话框中，有 4 项参数可以设置，如图 5-149 所示。"Options"为检查参数设置；在"Rules Setup"选区中，"Electrical Rules"为电气规则检查参数设置，"Physical Rules"为物理规则检查参数设置；"ERC Matrix"为 DRC 矩阵设置是否报 DRC 错误。

图 5-148　进行 DRC 示意图

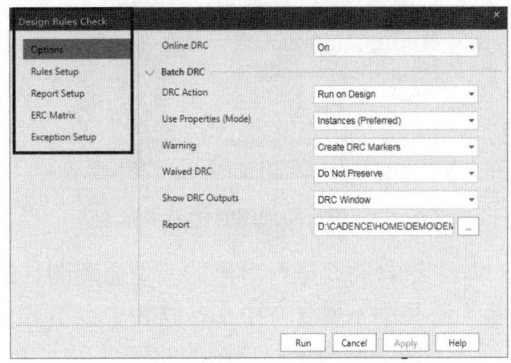
图 5-149　DRC 对话框

5.8.3　原理图差异化对比

在电子设计中，电路图的修改是非常频繁的，改动得多了，有时会出现要改回去的情况，这样就需要对两份原理图进行差异化对比，操作步骤如下。

（1）对一份原理图进行修改，修改前后的原理图如图 5-150 与图 5-151 所示，方便后期查找。

图 5-150　修改前的原理图

图 5-151　修改后的原理图

（2）打开任意一份原理图，选中原理图的根目录，选择"Accessories"→"Cadence Tcl/Tk Utilities"菜单命令，如图 5-152 所示，在下拉菜单中选择"Utilities"选项，进行原理图的对比。

（3）在弹出的对话框中，如图 5-153 所示，选择对比两份原理图，然后单击"Launch"按钮，执行原理图的对比。

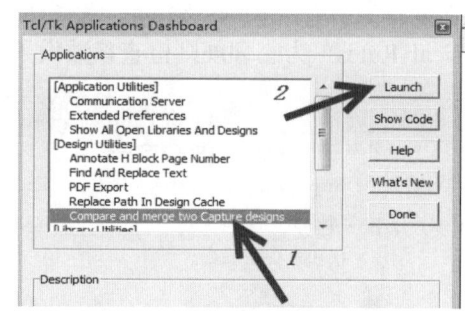

图 5-152　执行原理图对比命令示意图　　　　图 5-153　执行原理图对比示意图

（4）选择需要进行对比的两份原理图，进行对比即可，如图 5-154 所示。选择原理图路径，路径中不要含有中文，路径中也不要含有空格，不然无法对比，软件会报错。

（5）选择好两份原理图的路径之后，单击"Compare"按钮进行对比，会弹出对比的结果，如图 5-155～图 5-157 所示，若数据显示的是更改的地方，则是正确的。这样就完成了两份原理图的差异化对比。

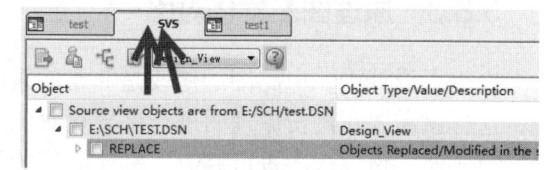

图 5-154　选择原理图示意图　　　　图 5-155　原理图差异化对比结果（1）

图 5-156　原理图差异化对比结果（2）

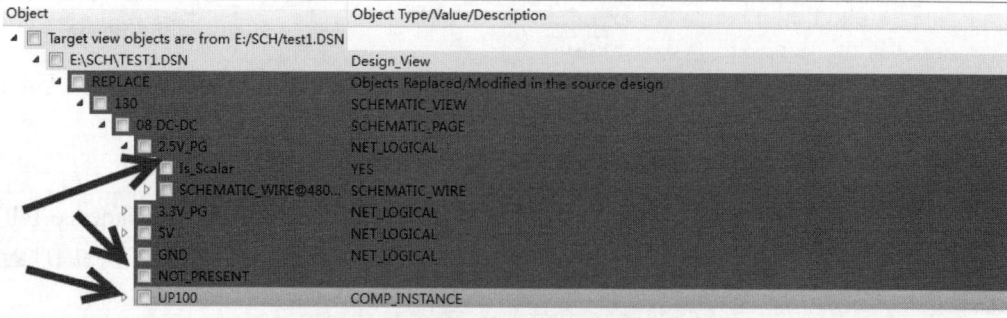

图 5-157　原理图差异化对比结果（3）

5.8.4　第一方网表输出

网表，顾名思义就是网络连接和联系的表，其内容主要是电路图中的元器件类型、封装信息、连接流水序号等数据信息。在进行 PCB 设计时，可以通过导入网络连接关系进行 PCB 网表的导入。

（1）选择原理图根目录，选择"Tools"→"Create Netlist"菜单命令，或者单击菜单栏上的 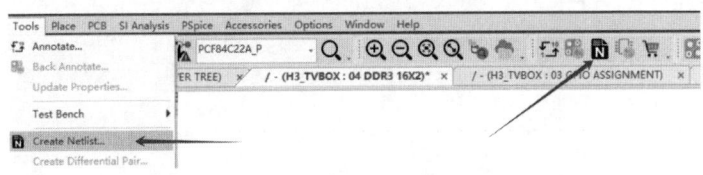 按钮，如图 5-158 所示，调出产生网表的界面。

图 5-158　输出网表操作示意图

（2）在弹出的"Create Netlist"对话框中选择"PCB"选项卡，进行 Allegro 第一方网表参数设置，如图 5-159 所示。

（3）输出 Allegro 第一方网表需要注意下面几个地方。

① 勾选"Creat PCB Editor Netlist"复选框，才会生成网表。

② "Netlist Files"文本框中显示的是输出网表的存储路径，不进行更改的话，表示在当前原理图目录下会自动产生"allegro"的文件夹，里面就是输出的网表。

③ 单击右侧的"Setup"按钮，如图 5-160 所示，如果勾选"Ignore Electrical constraints"复选框，则忽略原理图中所添加的规则。

图 5-159　Allegro 第一方网表参数设置示意图

图 5-160　输出网表设置示意图

5.8.5　第三方网表输出

（1）选择原理图根目录，选择"Tools"→"Create Netlist"菜单命令，或者单击菜单栏上的 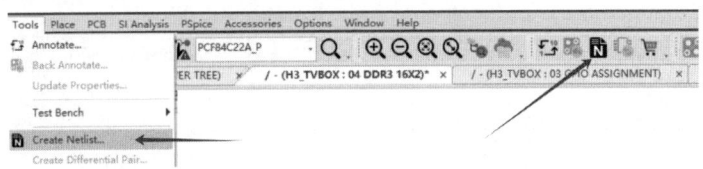 按钮，如图 5-161 所示，调出产生网表的界面。

图 5-161　输出网表操作示意图

（2）在弹出的"Create Netlist"对话框中选择"Other"选项卡，进行第三方网表输出设置，如图 5-162 所示，在"Formatters"下拉列表中选择"orTelesis64.dll"选项，"Part Value"需要用"PCB Footprint"代替，不然会产生错误。

（3）按步骤（2）中所述设置好参数后，在下方的路径中选择网表存储的路径（见图 5-162），单击"确定"按钮，即可输出第三方网表文件，后缀是.NET 的文件就是网表文件。

图 5-162　第三方网表输出设置示意图

Allegro 的第一方网表与第三方网表有以下几点区别。

- 能与 Allegro 实现交互式操作的是第一方网表，而第三方网表不能实现。
- 第三方网表不能将器件的 Value 属性导入 PCB 中，而是以封装属性来代替 Value 属性，第一方网表是可以的。
- 网表导入 PCB 时，第三方网表需要事先指定 PCB 封装库文件，并产生 device 文件，这样才能将网表导入 PCB 中，而第一方网表则可以直接导入。

5.9　BOM 清单

在运用 OrCAD 软件完成原理图的设计以后，需要通过 OrCAD 软件进行物料清单的输出，并对 BOM 清单进行整理。运用 OrCAD 软件进行 BOM 清单输出的步骤如下。

（1）打开原理图主目录的界面，先关闭其他的分界面，然后选中原理图的根目录，如图 5-163 所示。

（2）选中根目录以后，选择"Tools"→"Bill of Materials"菜单命令，如图 5-164 所示，进行 BOM 清单的输出。

图 5-163　选中原理图根目录示意图　　　　图 5-164　执行 BOM 清单输出命令示意图

（3）执行上述操作后，会弹出如图 5-165 所示的 BOM 清单输出对话框，在"Header"及"Combined property string"文本框中分别列出了需要输出的元素，依次是器件数量、器件位号、器件属性值，这些都是输出 BOM 清单所必需的。

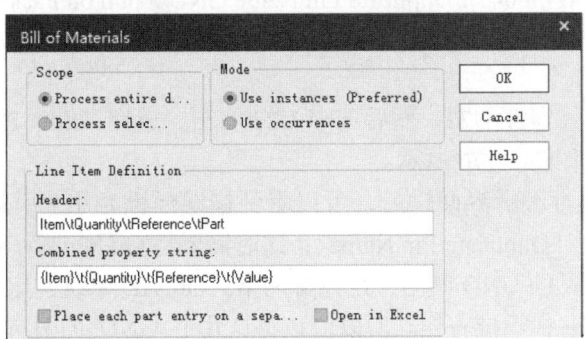

图 5-165　BOM 清单输出对话框

（4）在如图 5-165 所示的 BOM 清单输出对话框中，发现缺失了器件的封装属性，所以在输出 BOM 清单时，需要先加上该属性，格式与"Header"及"Combined property string"文本框中的一致，如图 5-166 所示，勾选"Open in Excel"复选框，输出的 BOM 清单就可以用 Excel 表格打开了，如图 5-167 所示，这时进行编辑整理即可。

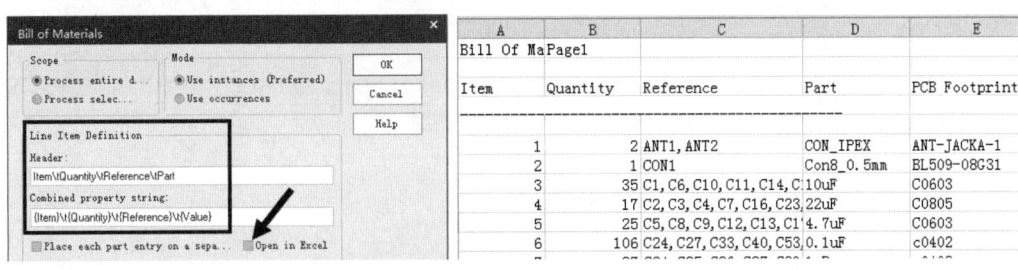

图 5-166　BOM 清单添加封装属性示意图　　　图 5-167　用 Excel 打开 BOM 清单示意图

5.10　网表输出错误

使用 OrCAD 软件进行第一方网表输出时，有时会出现一些错误，弹出如图 5-168 所示的报错，它表示原理图有错误，不满足 Cadence Allegro 软件的要求，不能输出网表。

这时，我们需要找到"netlist.log"文件，该文件一般存储于输出网表的文件夹下，用写字本打开该文件，如图 5-169 所示，将列表中的错误一一解决，就可输出网表文件了。

图 5-168　输出第一方网表报错　　　　　　　　图 5-169　原理图错误列表示意图

5.10.1　"Duplicate Pin Name"错误

软件中显示的错误信息如下。

#1 ERROR(ORCAP-36041): Duplicate Pin Name GND found on Package LCM0200CE1A0_3 , U22 Pin Number 25: SCHEMATIC1, 23.Camera (129.54, 50.80). Please renumber one of these.
解决的方法如下。

（1）找到报错的元器件 U22，然后选中 U22 右击，选择"Edit Part"选项，进行元器件封装属性的编辑，如图 5-170 所示。

（2）进入封装属性编辑界面以后，可以看到错误标识为几个引脚的名称一样，都是"GND"，系统判定是"Duplicate Pin Name"，这时需要将它们修改为不一样的名称。

（3）这种显而易见的 GND 网络，是电源网络。OrCAD 系统判定的依据是，除电源引脚外，其他引脚名称一律不准一样。所以应该将这几个 GND 的引脚属性改为电源属性。单击引脚，编辑属性，将"Type"选为"Power"，勾选"Pin Visible"复选框，将引脚名称显示，如图 5-171 所示。

图 5-170　编辑元器件封装属性操作示意图　　　　图 5-171　修改电源引脚属性示意图

（4）对于不是电源属性的引脚，出现此类报错，编辑引脚属性时可以为每一个引脚名称加上 1、2、3 等序号来区分引脚名称，如 NC1、NC2、NC3 等。

（5）将引脚名称一致的都按上述方法修改以后，右击选择"Close"选项，关闭封装属性编辑界面，如图 5-172 所示。在弹出的对话框中单击"Update All"按钮，如图 5-173 所示，该原理图中所有使用这个原理图封装的元器件就全部被更新了，"Duplicate Pin Name"错误也就解决了。

图 5-172　关闭封装属性编辑界面操作

图 5-173　设置更新所有封装示意图

5.10.2　"Pin number missing"错误

软件中显示的错误信息如下。

#1 ERROR(ORCAP-36022): Pin number missing from Pin "1" of Package TEST , P3: SCHEMATIC1, 05.RC5T620-System Power (15.60, 8.00). All pins should be numbered.

解决的办法如下。

（1）找到引脚缺失的器件 P3，选中 P3 右击，选择"Edit Part"选项，进行元器件封装属性编辑，如图 5-174 所示。

（2）进入元器件封装属性编辑界面以后，双击器件引脚，可以看到此测试点没有填写"Number"，如图 5-175 所示，所以会报错，对照规格书，将正确的"Number"填上。

图 5-174　元器件封装属性编辑操作

图 5-175　器件引脚编号缺失示意图

（3）关闭封装属性编辑界面，在弹出的对话框中单击"Update All"按钮，则原理图中所有使用该原理图封装的器件就全部被更新了，该器件的"Pin number missing"错误就解决了。

5.10.3　"Value contains return"错误

软件中显示的错误信息如下。

#1 ERROR(ORCAP-36052): Value for property PCB Footprint contains carriage return for U11. 解决的办法如下。

（1）上述错误的描述指出这个器件的封装名称中含有回车符，所以在检查时不容易看出，将这个回车符删除即可。

（2）找到报错的器件 U11，双击这个器件，编辑元器件属性，找到"PCB Footprint"一栏，删除封装名称后面的空格，如图 5-176 所示，保存，则这个器件封装属性包含回车符的问题就解决了。

5.10.4 "PCB Footprint missing"错误

软件中显示的错误信息如下。

#1 ERROR(ORCAP-36002): Property "PCB Footprint" missing from instance U3: HI3716MDMO3B_ VER_A, ETH PHY_12 (3.95, 1.35).

解决的办法如下：

（1）上述错误的描述指出封装"PCB Footprint"缺失，缺失的器件是 U3，含义就是 U3 这个器件在绘制原理图时没有做封装的匹配，这一栏是空的。

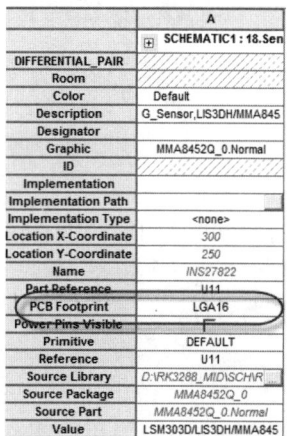

图 5-176　封装含回车字符示意图

（2）在原理图中找到 U3 这个器件，双击该器件，编辑元器件属性，找到"PCB Footprint"一栏，如图 5-177 所示，这一栏是空着的，所以在输出网表时会报错，原理图的每一个器件必须匹配一个封装名称才可以。

（3）在"PCB Footprint"一栏中填写 U3 对应的封装名称，保存，如图 5-178 所示，这个"PCB Footprint missing"错误就解决了。

图 5-177　封装缺失示意图　　　　图 5-178　填写封装示意图

5.10.5 "Conflicting values of following Component"错误

软件中显示的错误信息如下。

#6 ERROR(ORCAP-36003): Conflicting values of following Component Definition properties found on different sections of U15. VALUE

解决的办法如下。

（1）上述错误的描述指出 U15 这个器件分成了不同的部分，系统在识别时，相同器件不同部分的 Value 值不同。

（2）直接在原理图中搜索 U15 这个器件，如图 5-179 所示，在提示框中可以明确地看到 U15B 的 Value 值与其他的是不同的。

图 5-179　U15B 的 Value 值示意图

（3）解决的办法很简单，将 U15B 的 Value 值改为一致即可。

（4）这类问题可以举一反三，一个器件中的某部分属性与其他的属性不一致都会报错，改为一致即可解决。

5.10.6　"Illegal character"错误

软件中显示的错误信息如下。

#1 ERROR(ORCAP-36055): Illegal character in \hj-am13-mb-v0.0.0(a10)\.

解决的办法如下。

（1）上述错误的描述指出有非法字符，我们要做的就是把非法字符改正。

（2）定位非法字符的位置，选中原理图根目录，在搜索文本框中输入"*非法字符*"进行搜索，这里输入"* hj-am13-mb-v0.0.0(a10)*"，非法字符搜索结果示意图如图 5-180 所示。

图 5-180　非法字符搜索结果示意图

（3）从图 5-180 可以看出，非法字符的来源主要是 XS1 等器件的封装库来源路径中包含非法字符，如图 5-181 所示，所以需要将路径中的非法字符删除。

图 5-181　含有非法字符的路径示意图

（4）首先新建一个自己的封装库，注意不要含有非法字符；然后从"Design Cache"文件夹中复制自己的封装库到本地库中；最后用自己的封装库替换设计中的那个封装库即可。非法字符替换路径示意图如图 5-182 所示。

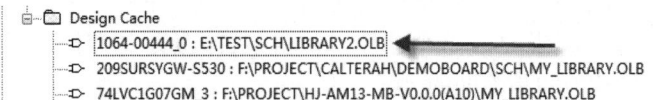

图 5-182　非法字符替换路径示意图

5.11　原理图的打印输出

在使用 OrCAD 软件设计完原理图后，可以把原理图以 PDF 的形式输出，发给其他人阅读，从而尽量降低被直接篡改的风险。在输出 PDF 时，可以全部输出，也可以选择部分参数输出。选择输出参数的操作方法如下。

（1）打开原理图，进行输出参数的设置，选择"Options"→"Preferences"菜单命令，如图 5-183 所示。

（2）打开属性参数设置对话框以后，如图 5-184 所示，选择"Colors/Print"选项卡，可以对各个属性参数的颜色进行设置，勾选相关复选框，就会在打印的 PDF 上显示，不勾选的则不会在打印的 PDF 上显示。

图 5-183　设置属性参数操作示意图　　　　图 5-184　属性参数颜色选择示意图

（3）设置上述属性参数以后，单击"确定"按钮。接着需要对原理图进行打印输出，

| 100

选择原理图根目录，选择"File"→"Print"菜单命令，进行 PDF 的输出，如图 5-185 所示，在打印设置对话框中选择虚拟打印机，单击"OK"按钮，打印即可，如图 5-186 所示。这样就可以输出原理图的 PDF 文件了。

图 5-185　打印输出操作示意图

图 5-186　打印设置对话框

5.12　常用设计快捷命令

为了让读者可以更加快捷地进行设计，在此对常用设计快捷命令进行介绍。

1. 常用鼠标命令

常用鼠标命令如表 5-1 所示。

表 5-1　常用鼠标命令

命　令	功　能	命　令	功　能
单击左键	选择命令	单击右键	功能选择
长按左键	可以拖动对象	按住鼠标右键+拖动	根据拖框大小放大或缩小
双击左键	进行对象属性设置	按住鼠标中键+拖动	移动视窗

2. 常用 View 视图快捷命令

常用 View 视图快捷命令如表 5-2 所示。

表 5-2　常用 View 视图快捷命令

命　令	图　标	快　捷　键	功　能　说　明
适合文件	🔍		当设计图页不在目视范围内时，可以快速归位
适合所有对象	🔍		对整个图纸文档进行图纸归位
放大	🔍	I	以鼠标指针为中心进行放大
缩小	🔍	O	以鼠标指针为中心进行缩小

3. 常用排列快捷命令

常用排列快捷命令如表 5-3 所示。

4. 其他常用快捷命令

其他常用快捷命令如表 5-4 所示。

表 5-3　常用排列快捷命令

命　　令	图　标	功 能 说 明
左对齐		向左对齐
右对齐		向右对齐
上对齐		向上对齐
下对齐		向下对齐
水平等间距		水平等间距
垂直等间距		垂直等间距

表 5-4　其他常用快捷命令

快　捷　键	功 能 说 明
W	放置导线
B	放置总线
E	放置总线端口
P	放置元器件
N	放置网络标号
T	放置字符标注
Ctrl+拖动	递增复制
Ctrl+F	快速查找元器件
Ctrl+E	编辑元器件属性

5.13　原理图设计实例——AT89C51

通过前面对元件库及原理图设计的说明，相信读者已经可以进行一些简单的原理图设计了。本节为读者准备了一个实例讲述，使读者能够将理论与实践结合，温习前面所讲述的内容，同时便于读者自学。在 PCB 联盟网读者专区附赠了全部的实例及视频教程，欢迎读者联系作者索取。

5.13.1　设计流程分析

一个完整的电子设计是从无到有的过程，一般设计流程包括以下几点。

（1）工程、元件库的创建：元器件在图纸上的创建。

（2）原理图的设计：电气性能的连接。

（3）PCB 库的创建：设计电气图纸在实物电路板上的映射。

（4）PCB 的设计：电路板实际电路模块的摆放和电气导线的连接。

（5）PCB 的生产与贴片：生产与装配 PCBA。

电子设计流程图如图 5-187 所示。

图 5-187　电子设计流程图

5.13.2 工程的创建

电子设计的流程需要遵循工程、元件库的创建—原理图的设计—PCB 库的创建—PCB 的设计—PCB 的生产与贴片等流程。

（1）选择"File"→"New"→"Project"菜单命令，创建原理图工程，如图 5-188 所示。

（2）在弹出的对话框中，设置工程名称及工程文件的路径，如图 5-189 所示。

图 5-188　创建原理图工程的操作　　　　图 5-189　设置工程名称及工程文件的路径

5.13.3 元件库的创建

首先创建微控制单元（MCU）、蓝牙、电源供电等核心芯片。下面以 STM32 主控芯片为例进行说明。

（1）选择"File"→"New"→"Library"菜单命令，创建元件库，如图 5-190 所示，软件会创建一个带.olb 后缀的元件库文件，选中元件库文件右击，选择"New Part"选项，新建元器件，如图 5-191 所示。

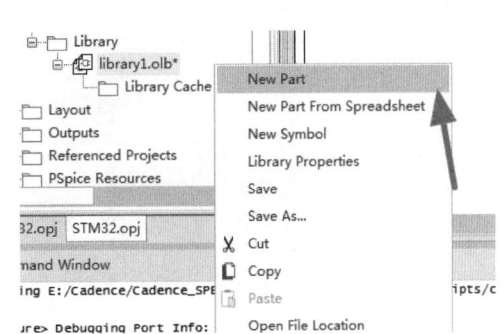

图 5-190　创建元件库的操作　　　　图 5-191　新建元器件的操作

创建 STM32 的对话框如图 5-192 所示。

（2）选择"Place"→"Rectangle"菜单命令，如图 5-193 所示；放置一个矩形框，如图 5-194 所示。

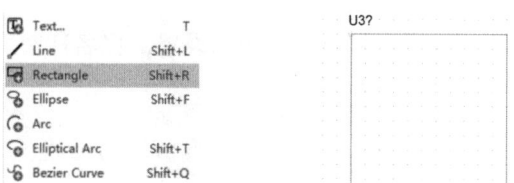

图 5-192　创建 STM32 的对话框　　图 5-193　"Rectangle"选项　　图 5-194　放置一个矩形框

（3）选择"Place"→"Pin"菜单命令，弹出如图 5-195 所示的对话框，在"Name"文本框中输入元器件引脚名称，在"Number"文本框中输入元器件引脚序号，引脚放置及属性如图 5-196 所示。

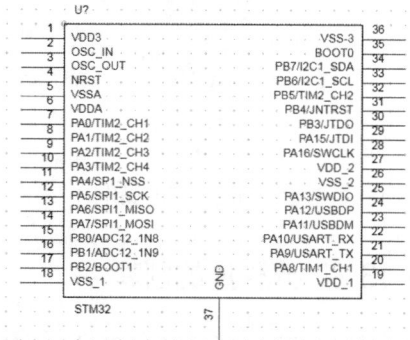

图 5-195　"Place Pin"对话框　　　　　　　图 5-196　引脚放置及属性

（4）用 Excel 表格制作复杂元器件的方法：选择库文件名称，右击，选择"New Part From Spreadsheet"选项，如图 5-197 所示。在"New Part Creation Spreadsheet"窗口中，单击左上角的第一个空格，如图 5-198 所示。打开 Excel 表格，全选整个表格后，如图 5-199 所示，按组合键"Ctrl+C"复制整个表格，再回到"New Part Creation Spreadsheet"窗口中，按组合键"Ctrl+V"粘贴表格。

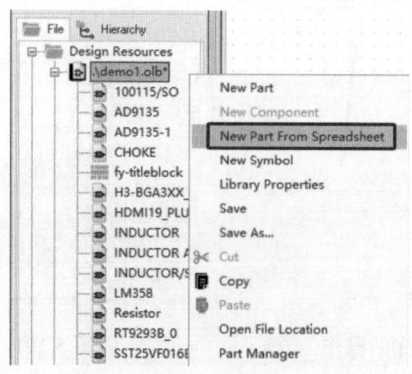

图 5-197　编辑引脚

图 5-198　单击第一个空格

	A	B	C	D	E	F	G	H
1	PVDD12	Passive		1	Line		Left	A
2	CLK+	Passive		1	Line		Left	A
3	CLK−	Passive		1	Line		Left	A
4	PVDD12	Passive		1	Line		Left	A
5	SYSREF+	Passive		1	Line		Left	A
6	SYSREF−	Passive		1	Line		Left	A
7	PVDD12	Passive		1	Line		Left	A
8	PVDD12	Passive		1	Line		Left	A
9	PVDD12	Passive		1	Line		Left	A
10	PVDD12	Passive		1	Line		Left	A
11	TXEN0	Passive		1	Line		Left	A
12	TXEN1	Passive		1	Line		Left	A
13	DVDD12	Passive		1	Line		Left	A

图 5-199　复制整个表格

	Number	Name	Type	Pin Visibility	Shape	PinGroup	Position	Section
1	1	PVDD12	Passive	☑	Line		Left	A
2	2	CLK+	Passive ▼	☑	Line		Left	A
3	3	CLK-	Passive	☑	Line		Left	A
4	4	PVDD12	Passive	☑	Line		Left	A
5	5	SYSREF+	Passive	☑	Line		Left	A
6	6	SYSREF-	Passive	☑	Line		Left	A
7	7	PVDD12	Passive	☑	Line		Left	A
8	8	PVDD12	Passive	☑	Line		Left	A
9	9	PVDD12	Passive	☑	Line		Left	A
10	10	PVDD12	Passive	☑	Line		Left	A
11	11	TXEN0	Passive	☑	Line		Left	A
12	12	TXEN1	Passive	☑	Line		Left	A
13	13	DVDD12	Passive	☑	Line		Left	A
14	14	DVDD12	Passive		Line		Left	A

图 5-200　粘贴表格

（5）编辑该表格。在"New Part Creation Spreadsheet"窗口中，对"Normal View Pin Type"引脚属性进行编辑，完成后单击"OK"按钮。

5.13.4　原理图的设计

原理图的设计是各个功能模块的原理图组合的结果，构成一份完整的产品原理图。模块的原理图设计方法是类似的，这里以 Power 模块的原理图设计为例进行详细说明，其他模块的方法类似。

1. 元器件的放置

（1）选择"Place"→"Part"菜单命令，如图 5-201 所示，或者单击右侧放置元器件的按钮，如图 5-202 所示，调出元器件的列表。

（2）在放置元器件之前，需要在库路径中指定封装库的路径，如图 5-203 所示，单击"Add Library"按钮，添加库路径。

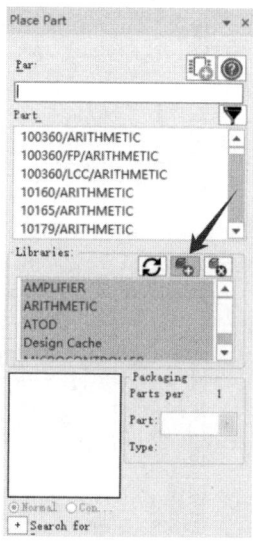

图 5-201　"Part"选项　　图 5-202　放置元器件的按钮　　图 5-203　添加库路径示意图

（3）在库路径下选中元件库，上面的"Part"列表中就会出现这个元件库中所包含的元器件，双击元器件可以将元器件放置到原理图中。如果是多部分的元器件，则在下面的参数中选择需要放置的部分。

按照每个功能模块需要用到的元器件分开放置好，Power 模块的元器件放置如图 5-204 所示。

图 5-204　Power 模块的元器件放置

2. 元器件的复制和放置

有时在设计时需要用到多个同类型的元器件，这时就不需要在库里执行放置操作了，可以从原理图中任意选中电路或者元器件，按"Ctrl+C"组合键复制后，在新的原理图页面中按"Ctrl+V"组合键进行粘贴，就大大提高了原理图绘制的效率。

根据实际需要放置元器件，原理图元器件的放置讲究与功能模块的整体性及均匀美观。MCU 模块的完整元器件放置如图 5-205 所示。元器件放置好之后，请注意电阻、电容、三极管等的 Comment 值的更改。

图 5-205　MCU 模块的完整元器件放置

3．电气连接的放置

（1）元器件放置好之后，需要对元器件之间的连接关系进行处理，这项工作也是原理图设计的重要环节。

（2）对于元器件附近的连接，选择"Place"→"Wire"菜单命令，放置电气导线进行连接。

（3）对于远端连接的导线，采取放置"Net Alias"的方式进行连接。

（4）对于电源和地，采取放置"Place Power""Place ground"的全局连接方式。Power模块电气连接的放置如图 5-206 所示。

图 5-206　Power 模块电气连接的放置

4．非电气性能标注的放置

有时候需要对功能模块进行一些标注说明，或者添加特殊元器件的说明，从而增强原理图的可读性。可以选择"Place"→"Text"菜单命令，如图 5-207 所示，放置字符标注，如"MCU"，如图 5-208 所示。

按照上述方法，把该开发板的其他功能模块的原理图设计都完成。

图 5-207　"Text" 选项

图 5-208　字符标注的放置

5.14　本章小结

　　本章介绍了原理图编辑界面，并通过流程化讲解原理图设计的方式，对原理图设计的过程进行了详细讲述，目的是让读者一步一步地根据本章所讲内容设计出自己需要的原理图；同时，也对层次原理图的设计进行了讲述；最后以一个实例教程结束，让读者可以结合实际练习，理论联系实际，融会贯通。

第6章

PCB 库开发环境及设计

电路设计完成之后，PCB 封装是元器件实物映射到 PCB 上的产物。不能随意赋予 PCB 封装尺寸，应该按照元器件规格书的精确尺寸进行绘制。元件库与 PCB 库的相互结合，是电路设计连接关系和实物电路板衔接的桥梁，创建 PCB 封装有其必要性。

本章主要讲述标准 PCB 封装、异形焊盘封装、3D 封装等的设计方法及相关设计标准，从开发环境介绍到 PCB 库的完成，一步一个脚印，由浅入深，让读者充分了解 PCB 封装的设计。

 学习目标

➤ 熟悉 PCB 库开发环境。

➤ 熟悉创建 PCB 封装的向导创建法和手工创建法。

➤ 能熟练依据元器件封装数据手册，处理好各类封装数据，准确地对各类数据进行输入，充分考虑元器件封装的补偿值。

➤ 熟悉异形焊盘封装的组合方式及转换方式，注意异形焊盘封装层属性与标准焊盘的不同。

➤ 了解 PCB 封装的设计规范，并能充分应用到自身设计中。

➤ 熟悉简单的 3D 封装模型。

6.1 PCB 封装的组成

一般来说，对于 Cadence Allegro 软件，完整的封装是由许多不同元素组成的，不同的器件所需的组成元素也不同。封装组成元素包含沉板开孔尺寸、尺寸标注、倒角尺寸、焊盘、阻焊、孔径、花焊盘、反焊盘、引脚编号、引脚间距、引脚跨距、丝印、装配线、禁止布线区、禁止布孔区、位号字符、装配字符、1 引脚标识、安装标识、占地面积、元器件高度、极性标识、原点等。其中，必须注意的是，下面几项是必须包含的。

- 焊盘（包括阻焊、孔径等内容）。
- 丝印。
- 装配线。
- 位号字符。

- 1 引脚标识。
- 安装标识。
- 占地面积。
- 元器件高度。
- 极性标识。
- 原点。

PCB 封装的部分组成元素示意图如图 6-1 所示。

图 6-1   PCB 封装的部分组成元素示意图

6.2   焊盘编辑界面

焊盘编辑界面主要包含孔类型、多孔、孔符、中心偏离、设计层、阻焊钢网设计等，丰富的信息及绘制工具组成了非常人性化的交互界面。

（1）"Start"面板参数示意图如图 6-2 所示。

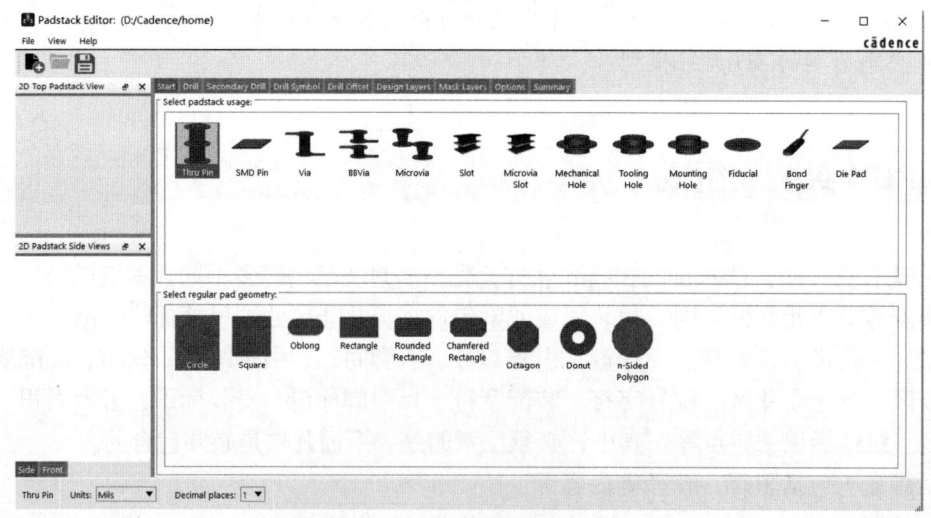

图 6-2   "Start"面板参数示意图

Select padstack usage：孔类型。

Select regular pad geometry：焊盘类型。

Units：制作焊盘时使用的单位。

Decimal places：设置尺寸时可取的精度，表示到小数点后几位。

（2）"Drill"面板参数示意图如图6-3所示。

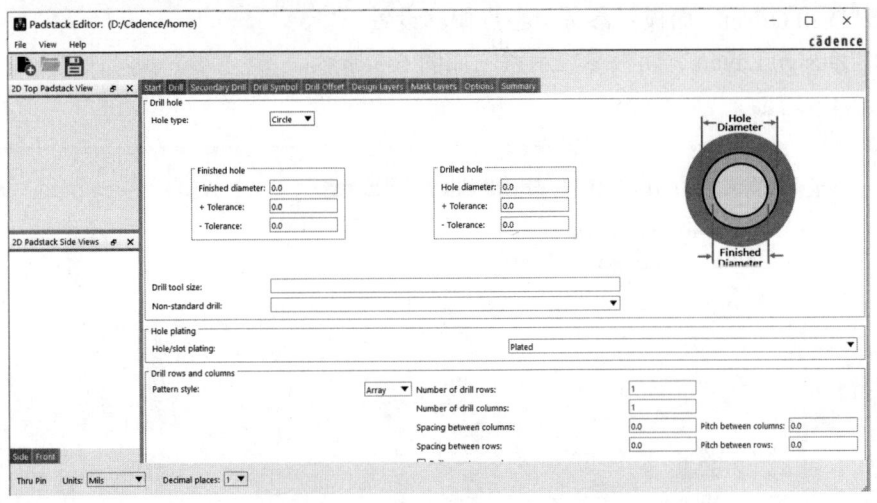

图 6-3 "Drill"面板参数示意图

Hole type：孔类型。

Finished diameter：孔径大小。

Tolerance：孔补偿值，一般不设置。如果器件为压接器件，那么对应的孔才需设置，公差值为±0.05mm。

Non-standard drill：非标准钻孔，一般不设置。

Hole plating：钻孔是否为金属化孔。

（3）"Secondary Drill"面板：多孔设置，一般不用。

（4）"Drill Symbol"面板参数示意图如图6-4所示。

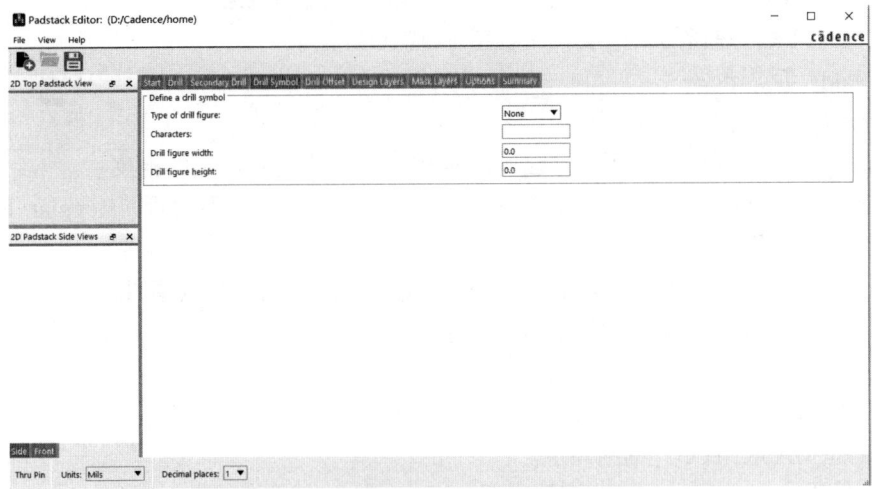

图 6-4 "Drill Symbol"面板参数示意图

Type of drill figure：孔符形状。

Characters：孔符字符标识。

Drill figure width：孔符宽尺寸。

Drill figure height：孔符高尺寸。

（5）"Drill Offset"面板：参考中心点偏移设置。

（6）"Design Layers"面板参数示意图如图 6-5 所示。

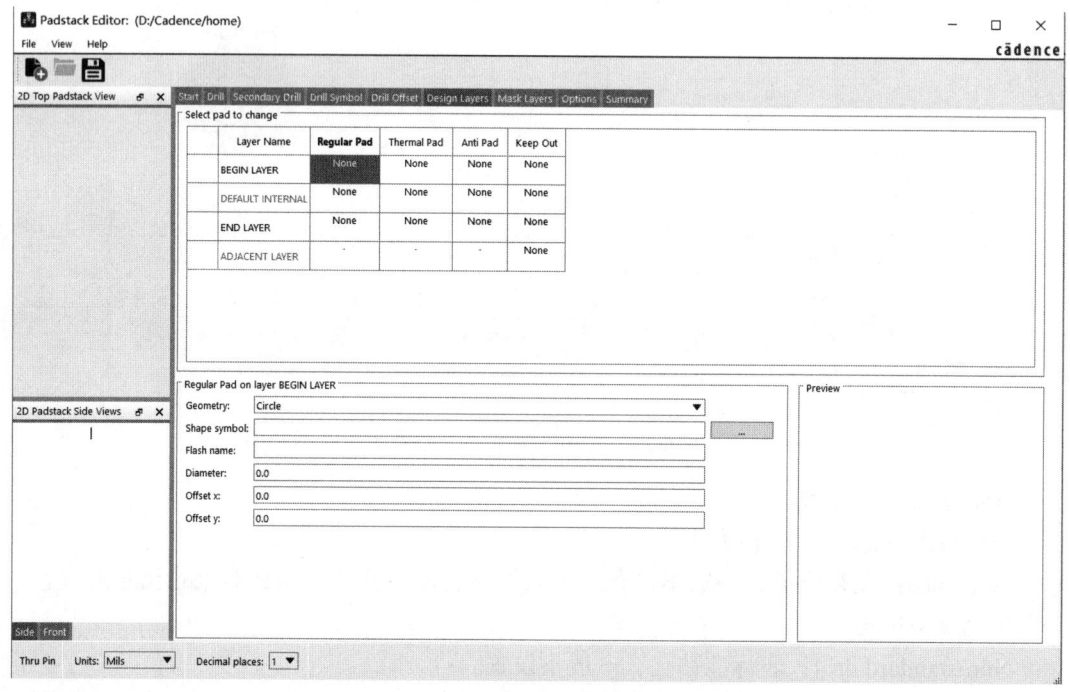

图 6-5 "Design Layers"面板参数示意图

BEGIN LAYER：焊盘的开始层，一般指 TOP 层焊盘。

DEFAULT INTERNAL：焊盘的默认层，一般指焊盘的内层。

END LAYER：焊盘的结束层，一般指 BOTTOM 层。

Anti Pad：反焊盘。

Geometry：焊盘的几何形状。

Shape symbol：焊盘使用用户自己画的铜皮时，可指定到选定的铜皮。

Flash name：负片层可指定对应钻孔的 Flash 文件，一般不用管"Regular Pad"，在"Thermal relief"里指定。

Offset x（y）：钻孔相对于焊盘中心横向 x 轴（纵向 y 轴）的偏移值。

（7）"Mask Layers"面板的参数含义如下。

SOLDERMASK_TOP：阻焊顶层。

SOLDERMASK_BOTTOM：阻焊底层。

PASTERMASK_TOP：钢网顶层。

PASTERMASK_BOTTOM：钢网底层。

6.3 封装焊盘的创建

6.3.1 贴片封装焊盘的创建

Cadence Allegro 软件绘制 PCB 封装较其他 EDA 软件相对复杂一些，步骤更多一些。在 Cadence Allegro 软件中，常规贴片焊盘参数可按图 6-6 所示进行设置。

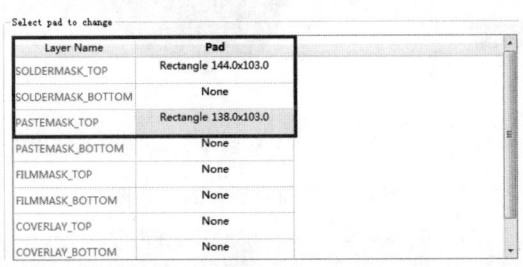

图 6-6 常规贴片焊盘参数

一般只需要设置 TOP、SOLDERMASK_TOP、PASTEMASK_TOP 三层，其对应关系可参考以下公式。

➢ SOLDERMASK_TOP=TOP + 0.15 mm 或 TOP + 0.10 mm（BGA 器件）。

➢ PASTEMASK_TOP=TOP。

6.3.2 插件封装焊盘的创建

插件封装焊盘的制作过程可参考 6.3.4 节。需注意的是，插件封装焊盘的制作需设置阻焊，防止绿油覆盖，裸露焊盘才能焊接，所以阻焊的设计是非常重要的。

（1）打开 Padstack Editor 24.1，按过孔封装的设置方法设置单位、精度后，在"Pad Designer"界面设置钻孔信息及焊盘信息，通孔焊盘只需设置钻孔、孔符、钻孔焊盘、Flash（负片工艺）、反焊盘、阻焊等参数，如图 6-7～图 6-12 所示。

图 6-7 钻孔参数设置示意图

图 6-8　孔符参数设置示意图

图 6-9　钻孔焊盘参数设置示意图

图 6-10　Flash 参数设置示意图

图 6-11　反焊盘参数设置示意图

图 6-12　阻焊参数设置示意图

（2）Flash 按照过孔封装的方法设置单位、精度及格点，选择"Add"→"Flash"菜单命令，按照器件规格尺寸进行设置，相关参数示意图如图 6-13 所示。

（3）设置好后单击"OK"按钮即可。设置参数经验值：外径比内径大 20mil 左右，开口宽为孔径的 1/4 左右但大于 8mil。Flash 绘制完成示意图如图 6-14 所示。

图 6-13　Flash 相关参数示意图

图 6-14　Flash 绘制完成示意图

Flash 的尺寸大小可按以下公式计算：

$$a = 孔径 + 0.4mm, \ b = 孔径 + 0.8mm$$
$$c = 0.4mm, \ d = 45°$$

6.3.3 Flash 焊盘的创建

打开程序，新建 Flash，选择"Shape"→"Filled Shape"菜单命令，画出所需要的图案。新建槽孔 Shape 示意图如图 6-15 所示。

图 6-15 新建槽孔 Shape 示意图

图案的尺寸可按以下公式计算：
$$B = 孔高 + 0.5mm, \ D = 孔宽 + 0.5mm - B, \ A = B + 1mm$$
$$C = 0.5mm, \ E = 0.5mm$$

6.3.4 过孔封装的创建

过孔也称金属化孔。在双面板和多层板中，为连通各层之间的印制导线，在各层连通导线的交汇处需要钻一个公共孔，这个公共孔一般被称为过孔。过孔的制作可按以下步骤进行（以 10mil/22mil 大小过孔为例）。

（1）打开 Padstack Editor 24.1，在"Start"面板中选择"Via"。左下角的"Decimal places"（精度）选择"2"，精确到小数点后两位，如图 6-16 所示。"Drill Symbol"面板参数设置示意图如图 6-17 所示。

图 6-16 "Start"面板参数设置示意图

图 6-17 "Drill Symbol"面板参数设置示意图

（2）在"Design Layers"面板的"Regular Pad"列中将样式选为"Circle"，"Design Layers"面板参数设置示意图如图 6-18 所示。可以设置第一个后复制、粘贴到下面的"DEFAULT INTERNAL"和"END LAYER"中。

图 6-18 "Design Layers"面板参数设置示意图

（3）设置宽度与高度参数，都设置为"32.00"，如图 6-19 所示，单击箭头所指按钮，指定"Flash symbol"。

（4）在弹出的对话框中，输入名称"Via32"，如图 6-20 所示，单击"OK"按钮。在跳转到的 PCB 界面中选择"Add"→"Flash"菜单命令，如图 6-21 所示。在"Thermal Pad Symbol Defaults"对话框中如图 6-22 所示设置参数，Flash 焊盘完成示意图如图 6-23 所示。保存后退出。

图 6-19 设置宽度与高度参数

图 6-20 定义 Flash 焊盘名称

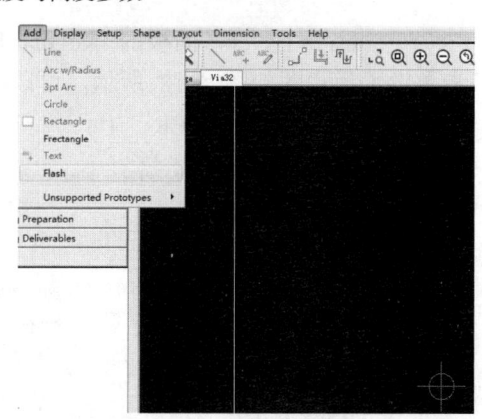

图 6-21 选择 "Add" → "Flash" 菜单命令

图 6-22 Flash 焊盘参数设置

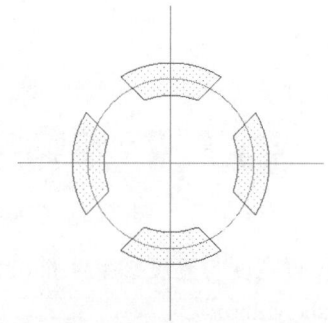

图 6-23 Flash 焊盘完成示意图

（5）返回 Padstack Editor 24.1 界面，此时 "Flash symbol" 文本框中已经填上了 "via32"，如图 6-24 所示，同样复制并粘贴；"Anti Pad" 列的设置参照步骤（2）"Regular Pad" 列的设置，将 "Diameter" 设置为 32，如图 6-25 所示。保存后退出，过孔封装即设置完成。

图 6-24　创建 Flash 示意图

图 6-25　焊盘参数设置完成示意图

6.4　2D 标准封装创建

常见的封装创建方法包含向导创建法和手工创建法。对于一些引脚数目比较多、形状规范的封装，一般倾向于利用向导创建法创建封装；对于一些引脚数目比较少或者形状不规范的封装，一般倾向于利用手工创建法创建封装。下面以两个实例分别说明这两种方法的步骤及不同之处。

6.4.1 向导创建法

在 Cadence Allegro 软件中新建文件时包含一个元器件向导。此处以创建 DIP14 封装为例详细讲解向导创建的步骤。

（1）打开 PCB Editor 软件，选择"File"→"New"菜单命令，在弹出的对话框中进行如图 6-26 所示的设置。

（2）根据向导流程，选择创建 DIP 系列，如图 6-27 所示，单位选择"mm"。

图 6-26　创建向导设置示意图

图 6-27　向导参数选择

DIP：双列引脚器件。

SOIC：小外形集成电路。

PLCC：塑料封装有引线芯片载体。

QFP：方形扁平封装。

PGA/BGA：引脚网格阵列封装/球栅阵列封装元件。

TH DISCRETE：通孔集成电路。

SMD DISCRETE：贴片集成电路。

SIP：单排引脚器件。

ZIP：ZIP 类型连接器封装。

RF Symbol（Prototype）：射频通信元件。

（3）加载需要的模板，一般使用默认即可，如图 6-28 所示。

（4）设置单位（mm）、精度（4 位）、位号标识（按器件类型设置），如图 6-29 所示。

图 6-28　加载模板示意图

图 6-29　参数设置示意图（1）

（5）下载 DIP14 的数据手册，如图 6-30 所示，按照数据手册填写相关参数。

Symbol	Dimensions In Millimeters			Dimensions In Inches		
	Min	Nom	Max	Min	Nom	Max
A	—	—	4.31	—	—	0.170
A1	0.38	—	—	0.015	—	—
A2	3.15	3.40	3.65	0.124	0.134	0.144
B	—	0.46	—	—	0.016	—
D1	—	1.52	—	—	0.060	—
C	—	0.25	—	—	0.010	—
D	19.00	19.30	19.60	0.748	0.760	0.772
E	6.20	6.40	6.60	0.244	0.252	0.260
E1	—	7.62	—	—	0.300	—
e	—	2.54	—	—	0.100	—
L	3.00	3.30	3.65	0.118	0.130	0.142
θ	0°	—	15°	0°	—	15°

图 6-30　DIP14 的数据手册

（6）焊盘参数：内径为 B，0.46mm，但是为了考虑余量，一般选的数值比数据手册的数值大，此处选择 0.8mm；外径为 B1，1.52mm，填入向导参数栏。

焊盘间距参数：纵向间距为 e，2.54mm，横向间距为 e1，7.62mm。

剩下的选项按照向导默认即可，选择需要的焊盘数量为 14，如图 6-31 所示。

（7）设置所使用的焊盘，须先做好焊盘，此处才能调用，如图 6-32 所示。

图 6-31　参数设置示意图（2）

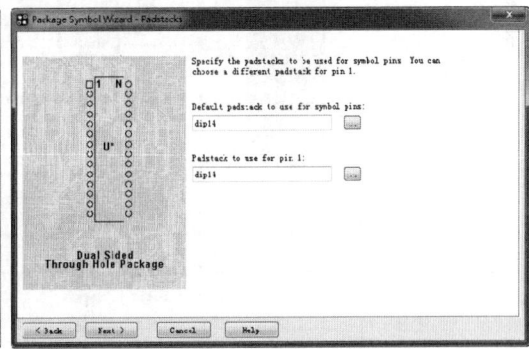

图 6-32　调用焊盘设置示意图

Default padstack to use for symbol pins：封装常规引脚使用默认的焊盘型号。

Padstack to use for pin 1：封装引脚 1 使用的焊盘型号。

（8）设置原点所在位置，一般按默认的设置即可，如图 6-33 所示。

（9）单击"Next"按钮后，单击"Finish"按钮，完成创建。创建完成后，如果系统自建后产生一些不必要的元素，则需要对生成的封装进行修改，使之符合规范。创建好的 PCB 封装如图 6-34 所示。

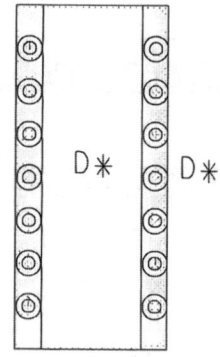

图 6-33　原点设置示意图　　　　　　　　图 6-34　创建好的 PCB 封装

6.4.2　手工创建法

Cadence Allegro 软件手工绘制 PCB 封装较其他 EDA 软件相对复杂一些，步骤更多一些，具体的操作步骤如下。

（1）需要先制作贴片焊盘。打开焊盘设计软件 Padstack Editor 24.1，如图 6-35 所示，选择需要创建的焊盘类型。以贴片焊盘为例，此处选择 "SMD Pin"，在 "Select pad geometry" 选区选择 "Oblong" 椭圆焊盘。"Units" 设置为 "Millimeter"，"Decimal places" 设置为 "4"。

图 6-35　焊盘类型选择

（2）由于贴片焊盘的 "Drill" 面板不需要设置，所以直接在 "Design Layers" 面板中设置焊盘尺寸，为 1.0mm×2.7mm，如图 6-36 所示；Soldermask 尺寸一般单边比 Regular Pad 大 4mil 以上（推荐 5mil），而 Pastemask 与 Regular Pad 一致，如图 6-36 和图 6-37 所示，设置完成之后保存。

（3）建立焊盘前，先设置文件夹路径，选择 "Setup" → "User Preferences" 菜单命令，进行设置，如图 6-38 所示。

图 6-36　焊盘信息参数示意图

图 6-37　阻焊参数设置示意图

（a）

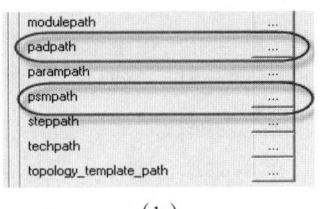

（b）

图 6-38　焊盘路径调用设置示意图

（4）打开 PCB Editor 软件，选择"File"→"New"菜单命令，在弹出的对话框中进行如图 6-39 所示的设置。

（5）新建后，选择"Setup"→"Design Parameters"菜单命令，进行参数设置。打开"Design"选项卡，在"Size"选区设置封装设计单位及设计精度，如图 6-40 所示，"User units"为设计单位，一般设置为"Millimeter"，"Accuracy"为设计精度，一般设置为"4"；在"Extents"选区设置整个画布的面积大小及原点位置，此处推荐按图 6-40 所示设置，画布太小会影响之后的字符放置。

图 6-39　新建 PCB 封装示意图

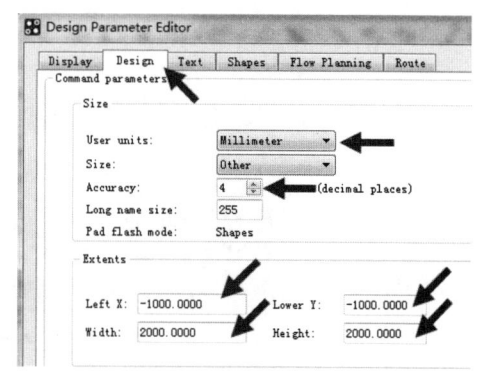

图 6-40　设计单位、设计精度、画布
面积大小、原点位置设置示意图

（6）选择"Setup"→"Grids"菜单命令，进行格点设置，打开格点设置对话框，按如图 6-41 所示进行设置。

（7）选择"Layout"→"Pins"菜单命令，按照绘制封装规格书给出的焊盘的相应位置，把焊盘放到对应位置，如图 6-42 所示。

图 6-41　格点设置示意图

图 6-42　将焊盘放到对应位置示意图

（8）放置焊盘后，接下来画装配线，选择"Add"→"Line"菜单命令，在"Options"选项卡中选择绘制的层及线宽，如图 6-43 所示。

（9）绘制完装配线以后，选择"Add"→"Line"菜单命令，画丝印框；选择"Add"→"Circle"菜单命令，画 1 引脚标识。在"Options"选项卡中选择绘制的层及线宽，丝印线宽为 4mil 以上（一般用 0.15mm 或者 0.2mm），如图 6-44 所示。

（10）画好丝印框及 1 引脚标识后，选择"Shape"→"Ectangular"菜单命令，绘制实体的范围和高度，先画 Place_bound，设置好占地面积，在"Options"选项卡中设置绘制的层，如图 6-45 所示。画好 Place_bound 之后一定不要右击选择"Done"选项结束。接着选择"Setup"→"Araes"→"Package Height"菜单命令，单击所画的 Place_bound，设置最大高度，如图 6-46 所示。

图 6-43　选择绘制的层及线宽　　　　图 6-44　绘制丝印线示意图

图 6-45　设置占地面积示意图　　　　图 6-46　设置最大高度示意图

（11）添加丝印位号字符。选择"Add"→"Text"菜单命令，在"Options"选项卡中选择对应的层及字号，在 PCB 中单击对应的位置，然后直接输入装配字符，如"D*"，添加成功后，保存退出，如图 6-47 所示。

图 6-47　添加丝印位号字符示意图

6.5　异形焊盘封装创建

不规则的焊盘被称为异形焊盘，典型的有金手指、大型的元器件焊盘，或者板子上需要添加特殊形状的铜皮（可以制作一个特殊封装代替）。

（1）指定库路径，创建异形的 Shape 文件。选择"File"→"New"菜单命令，在弹出的对话框中选择"Shape symbol"选项，如图 6-48 所示。

（2）按照手工创建法设置原点位置和单位。选择"Shape"→"Filled Shape"菜单命令，设置绘制所需要图形的参数，再进行保存，如图 6-49 所示。

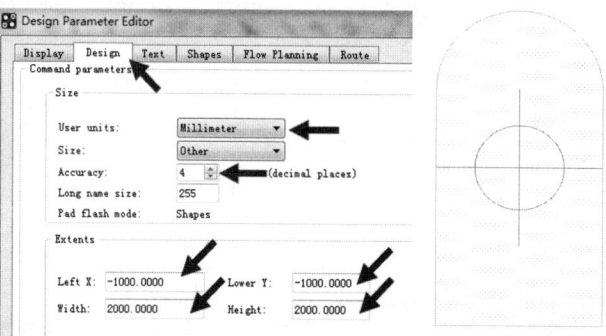

图 6-48　创建异形焊盘示意图　　　　图 6-49　异形焊盘参数设置示意图

（3）一般使用 Shape 制作焊盘，除了要制作 Regular Pad 所用的 Shape，还要制作 Soldermask 所用的 Shape，Soldermask 的尺寸一般单边比 Regular Pad 的大 4mil 以上，而 Pastemask 与 Regular Pad 的尺寸一致。

（4）打开 Pad 制作软件，使用 Shape 对其进行设置，设置 TOP、SOLDERMASK_TOP、PASTEMASK_TOP 三层，异形焊盘阻焊、钢网参数设置示意图如图 6-50 所示。

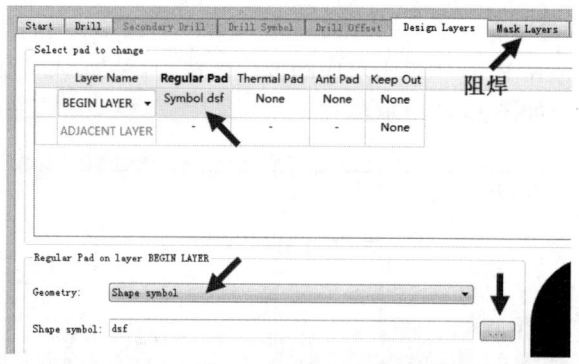

图 6-50　异形焊盘阻焊、钢网参数设置示意图

6.6　PCB 文件生成 PCB 库

有时用户自己或客户会提供放置好元器件的 PCB 文件，这时就不必一个一个地创建 PCB 封装，而可以直接从已存在的 PCB 文件中导出 PCB 库即可。从 PCB 中导出封装只需要有 PCB 文件（.Brd 格式）就行，按以下操作就可完成 PCB 封装的导出，具体操作步骤如下。

（1）用 Cadence Allegro 软件打开 PCB 文件，选择"File"→"Export"→"Libraries"

菜单命令，如图 6-51 所示。

（2）在弹出的对话框中，按如图 6-52 所示勾选相应复选框，在"Export to directory"文本框中选择导出的库路径。

（3）单击"Export"按钮，可完成导出封装库的操作。

图 6-51　执行导出封装操作示意图　　　　　　图 6-52　参数选择示意图

6.7　PCB 封装生成其他文件

在设计时，经常会碰到网表导入的情况。网表导入 PCB 时，第三方网表需要指定 PCB 封装库文件，并产生 device 文件；第一方网表只需要 psm 文件与 pad 文件，不需要 device 文件。

6.7.1　PCB 封装生成 psm 文件

单击"File"选项，在下拉菜单中选择"Create Symbol"选项会直接产生 psm 文件，如图 6-53 所示。

6.7.2　PCB 封装生成 device 文件

单击"File"选项，在下拉菜单中选择"Create Device"选项会直接产生 device 文件，如图 6-54 所示。

图 6-53　产生 psm 文件　　　　　　　　　图 6-54　产生 device 文件

6.8　常见 PCB 封装的设计规范及要求

PCB 封装是元器件物料在 PCB 上的映射。封装设计是否规范会影响元器件的贴片装配，应正确地处理封装数据，满足实际生产的需求。如有的封装无法满足手工贴片要求，有的无法满足机器贴片要求，还有的未创建 1 引脚标识，手工贴片时无法识别正反，会造成 PCB 短路，这时就需要设计工程师对已创建的封装进行一定的约束。

封装设计应统一采用公制单位，对于特殊元器件，资料上没有采用公制单位标注的，为了避免英制单位到公制单位的转换误差，可以采用英制单位。精度要求：采用毫英寸（mil）为单位时，精度为 2；采用毫米（mm）为单位时，精度为 4。

6.8.1　SMD 贴片封装设计

1. 无引脚延伸型 SMD 贴片封装设计

图 6-55 给出了无引脚延伸型 SMD 贴片封装的尺寸数据，数据定义说明如下。

A——元器件的实体长度。T——元器件的可焊接长度。H——元器件的可焊接高度。X——PCB 封装焊盘宽度。Y——PCB 封装焊盘长度。S——两个焊盘之间的距离。W——元器件的可焊接宽度。

注：A、T、W 均取数据手册推荐的平均值。

（a）封装尺寸　　　　　　　　　（b）PCB 封装

图 6-55　无引脚延伸型 SMD 贴片封装的尺寸数据

定义：T1 为 T 尺寸的外侧补偿常数，取值范围为 0.3～1mm。T2 为 T 尺寸的内侧补偿常数，取值范围为 0.1～0.6mm。W1 为 W 尺寸的侧边补偿常数，取值范围为 0～0.2mm。

通过实践经验并结合数据手册参数得出以下经验公式：

$$X=T1+T+T2$$
$$Y=W1+W+W1$$
$$S=A+T1+T1-X$$

实例演示如图 6-56 所示，根据图中的数据并结合经验公式，可以得到如下实际封装的创建数据。

$$X=0.6mm（T1）+0.4mm（T）+0.3mm（T2）=1.3mm$$
$$Y=0.2mm（W1）+1.2mm（W）+0.2mm（W1）=1.6mm$$
$$S=2.0mm（A）+0.6mm（T1）+0.6mm（T1）-1.3mm（X）=1.9mm$$

（a）封装尺寸　　　　　　　　（b）PCB 封装

图 6-56　实例演示

2. 翼形引脚型 SMD 贴片封装设计

图 6-57 给出了翼形引脚型 SMD 贴片封装的尺寸数据，数据定义说明如下。

A——元器件的实体长度。X——PCB 封装焊盘宽度。T——元器件引脚的可焊接长度。Y——PCB 封装焊盘长度。W——元器件引脚宽度。S——两个焊盘之间的距离。

注：A、T、W 均取数据手册推荐的平均值。

（a）封装尺寸　　　　　　　　　　（b）PCB 封装

图 6-57　翼形引脚型 SMD 贴片封装的尺寸数据

定义：T1 为 T 尺寸的外侧补偿常数，取值范围为 0.3～1mm。T2 为 T 尺寸的内侧补偿常数，取值范围为 0.3～1mm。W1 为 W 尺寸的侧边补偿常数，取值范围为 0～0.2mm。

通过实践经验并结合数据手册参数得出以下经验公式：

$$X=T1+T+T2$$
$$Y=W1+W+W1$$
$$S=A+T1+T1-X$$

3. 平卧型 SMD 贴片封装设计

图 6-58 给出了平卧型 SMD 贴片封装的尺寸数据，数据定义说明如下。

（a）封装尺寸　　　　　　　　（b）PCB 封装

图 6-58　平卧型 SMD 贴片封装的尺寸数据

A——元器件引脚的可焊接长度。*X*——PCB 封装焊盘宽度。*C*——元器件引脚间隙。*Y*——PCB 封装焊盘长度。*W*——元器件引脚宽度。*S*——两个焊盘之间的距离。

注：*A*、*C*、*W* 均取数据手册推荐的平均值。

定义：A1 为 *A* 尺寸的外侧补偿常数，取值范围为 0.3~1mm。A2 为 *A* 尺寸的内侧补偿常数，取值范围为 0.2~0.5mm。W1 为 *W* 尺寸的侧边补偿常数，取值范围为 0~0.5mm。

通过实践经验并结合数据手册参数得出以下经验公式：

$$X=A1+A+A2$$
$$Y=W1+W+W1$$
$$S=A+A+C+A1+A1-X$$

4. J 形引脚型 SMD 贴片封装设计

图 6-59 给出了 J 形引脚型 SMD 贴片封装的尺寸数据，数据定义说明如下。

A——元器件的实体长度。*X*——PCB 封装焊盘宽度。*D*——元器件引脚中心间距。*Y*——PCB 封装焊盘长度。*W*——元器件引脚宽度。*S*——两个焊盘之间的距离。

注：*A*、*D*、*W* 均取数据手册推荐的平均值。

（a）封装尺寸　　　　　　　　　　　　（b）PCB 封装

图 6-59　J 形引脚型 SMD 贴片封装的尺寸数据

定义：*T* 为元器件引脚的可焊接长度。T1 为 *T* 尺寸的外侧补偿常数，取值范围为 0.2~0.6mm。T2 为 *T* 尺寸的内侧补偿常数，取值范围为 0.2~0.6mm。W1 为 *W* 尺寸的侧边补偿常数，取值范围为 0~0.2mm。

通过实践经验并结合数据手册参数得出以下经验公式：

$$T=(A-D)/2$$
$$X=T1+T+T2$$
$$Y=W1+W+W1$$
$$S=A+T1+T1-X$$

5. 圆柱式引脚型 SMD 贴片封装设计

圆柱式引脚型 SMD 贴片封装如图 6-60 所示，其尺寸公式参考无引脚延伸型 SMD 贴片封装的公式。

6. BGA 类型 SMD 贴片封装设计

常见 BGA 类型 SMD 贴片封装如图 6-61 所示。此类封装可以根据 BGA 的 Pitch 间距来进行常数的添加补偿，常见 BGA 焊盘补偿常数推荐如表 6-1 所示。

图 6-60　圆柱式引脚型 SMD 贴片封装　　　　图 6-61　常见 BGA 类型 SMD 贴片封装

表 6-1　常见 BGA 焊盘补偿常数推荐

Pitch 间距/mm	焊盘直径/mm		Pitch 间距/mm	焊盘直径/mm	
	最　小	最　大		最　小	最　大
1.50	0.55	0.6	0.75	0.35	0.375
1.27	0.55	0.60（0.60）	0.65	0.275	0.3
1.00	0.45	0.50（0.48）	0.50	0.225	0.25
0.80	0.375	0.40（0.40）	0.40	0.17	0.2

6.8.2　插件类型封装设计

除了贴片封装，剩下的就是插件类型封装了，这类封装在接插件、对接座子等元器件上比较常见。对于插件类型封装的焊盘尺寸，大概定义了一些经验公式，插件类型封装的焊盘尺寸如表 6-2 所示。

表 6-2　插件类型封装的焊盘尺寸

焊盘尺寸计算规则	引　脚	物理引脚
圆形引脚，使用圆形钻孔 $D' = \begin{cases} 引脚直径 D + 0.2\text{mm}（D < 1\text{mm}） \\ 引脚直径 D + 0.3\text{mm}（D \geqslant 1\text{mm}） \end{cases}$		
矩形或正方形引脚，使用圆形钻孔 $D' = \sqrt{W^2 + H^2} + 0.1\text{mm}$		
矩形或正方形引脚，使用矩形钻孔 $W' = W + 0.5\text{mm}$ $H' = H + 0.5\text{mm}$		
矩形或正方形引脚，使用椭圆形钻孔 $W' = W + H + 0.5\text{mm}$ $H' = H + 0.5\text{mm}$		
椭圆形引脚，使用圆形钻孔 $D' = W + 0.5\text{mm}$		
椭圆形引脚，使用椭圆形钻孔 $W' = W + 0.5\text{mm}$ $H' = H + 0.5\text{mm}$		

6.8.3 沉板元器件的特殊设计要求

沉板元器件即元器件的引脚不是在其底部位置，而是在本体的中间位置。它不同于常规的元器件可以直接安装到 PCB 上，而是需要在 PCB 上进行挖槽处理，将其凸起的部分透过 PCB，让其引脚可以正常地贴装到 PCB 上。沉板元器件处理示意图如图 6-62 所示。

图 6-62　沉板元器件处理示意图

需要沉板处理的元器件封装一般可按以下方法进行。

- 开孔尺寸：元器件四周开孔尺寸应保证比元器件最大尺寸单边大 0.2mm（8mil），保证能正常放进去。
- 开孔尺寸标注：开孔尺寸标注通常标注在 Board_Geometry/Dimension 层，线宽为 0。挖了洞的地方要在 Dimension 层标注所挖洞的长、宽，非金属化孔处用文字 Nodrill 标注，所挖器件体用三号大写 NPTH 标注；为了实现在板上挖洞角的加工，应将四角都画成半径为 0.5mm 的圆弧，并标注圆弧直径。
- 假接地引脚：沉到板外的接地引脚在原理图库上要手工画上假接地引脚；封装库中相应位置用 Mechanical Pin 来实现。
- 丝印标注：为了在板上能清楚地看到该射频器件所处位置，它的丝印在原有基础上应外扩 0.25mm，保证丝印在板上；有些元器件的个别引脚带偏角，丝印要画出来，方便识别方向；丝印须避让焊盘的 Soldermask，根据具体情况向外避让或切断丝印。
- RouteKeepout 层画法：在挖了洞的地方要放一个比洞大 0.25mm 的 RouteKeepout；不能压在焊盘上。
- ViaKeepout 层画法：在挖了洞的地方要放一个比洞大 0.50mm 的 ViaKeepout；不能压在焊盘上。
- ASSEMBLY 层画法：ASSEMBLY_TOP 层包括焊盘；ASSEMBLY_BOTTON 层不包括焊盘。
- PLACE_BOUND 层画法：PLACE_BOUND_TOP 层包括焊盘；PLACE_BOUND_BOTTOM 层不包括焊盘。

6.8.4 阻焊设计

阻焊，是指 PCB 上要上绿油的部分。实际上，阻焊使用的是负片输出，所以在阻焊层的形状映射到板子上以后，并不是上了绿油阻焊，阻焊层的主要目的是防止波峰焊焊接时产生桥连现象。

常规设计时，采取单边封装 2.5mil 的方式即可，阻焊层单边开窗 2.5mil 如图 6-63 所示。如果有特殊要求，则需要在封装里面设计。

图 6-63　阻焊层单边开窗 2.5mil

6.8.5　丝印设计

（1）元器件丝印，一般默认字符线宽为 0.2032mm（8mil），建议不小于 0.127mm（5mil）。

（2）焊盘在元器件体内时，轮廓丝印应与元器件体轮廓等大，或者丝印比元器件体轮廓外扩 0.1～0.5mm，以保证丝印与焊盘之间保持 6mil 以上的间隙；焊盘在元器件体外时，丝印轮廓与焊盘边缘之间保持 6mil 及以上的间隙，如图 6-64 所示。

（3）引脚在元器件体的边缘上时，丝印轮廓应比元器件体大 0.1～0.5mm，丝印为断续线，丝印轮廓与焊盘之间保持 6mil 以上的间隙；丝印不要上焊盘，以免引起焊接不良。丝印为断续线的表示方法如图 6-65 所示。

图 6-64　丝印轮廓与焊盘边缘间的间距

（a）断续线表示√　　（b）实线上焊盘×

图 6-65　丝印为断续线的表示方法

6.8.6　元器件 1 引脚标识的设计

元器件 1 引脚标识可以表示元器件的方向，防止在装配时出现芯片、二极管、极性电容等装反的情况，有效地提高了生产效率和良品率。

在制作封装时，1 引脚标识一般用数字"1"或者圆圈"○"表示，放在 1 引脚附近。BGA 一般至少需要注明"A""1"的位置。元器件 1 引脚、极性及安装方向的设计如表 6-3 所示。

表 6-3　元器件 1 引脚、极性及安装方向的设计

文 字 描 述	图 形 描 述
圆圈"○"	
正极极性符号"+"	

文 字 描 述	图 形 描 述
片式元器件、IC 类元器件等的安装标识端用 0.6~0.8mm 的 45° 斜角表示	
BGA 的 "A" "1"（2 号字）	
IC 类元器件引脚超过 64 时，应标注引脚分组标识符号。分组标识符号用线段表示，逢 5、逢 10 分别用长为 0.6mm、1mm 的线段表示	
接插件等类型的元器件一般用 "1" "2" "N-1" "N" 标识第 1、2、N-1、N 引脚	

6.8.7　元器件极性标识的设计

做 PCB 封装时，对于有极性的元器件，如二极管、蜂鸣器、电解电容、钽电容、电池等，需要标识正、负号。一般人们习惯添加正极标识 "+"。具体标识方法可参考以下几个元器件封装，如图 6-66 所示。

图 6-66　极性封装添加极性示意图

6.8.8 常用元器件丝印图形式样

为了方便设计师设计标准的封装，表 6-4 列出了常用元器件丝印图形式样。

表 6-4　常用元器件丝印图形式样

元器件类型	常见丝印图形式样	备　　注
电阻		无
电容		（1）无极性； （2）中间丝印未连接
钽电容		（1）要标出正极极性符号； （2）有双线一边为正极
二极管		要标出正极极性符号
三极管 / MOS 管		—
SOP		（1）1 引脚标识清晰； （2）引脚序号正确

元器件类型	常见丝印图形式样	备　　注
BGA	 （BGA图形，1~8列，A~H行）	用字母"A"及数字"1"标出元器件1引脚及方向
插装电阻	水平安装　　　立式安装	注意安装空间
插装电容	极性电容　　　非极性电容	注意极性方向标识

6.9　3D 封装创建

传统 PCB 设计都是以 2D 方式创建的二维设计，然后人工手动标注后转给机械设计工程师，机械设计工程师再采用 CAD 软件，通过标注的信息进行 3D 图形的绘制。由于整个过程是人工标注且完全手动操作的，所以这种方法非常耗时，也容易出错。

3D 封装能使机械设计工程师直观地看到元器件的占地面积，能规避安装问题及元器件干涉问题。

3D 模型有以下 3 种来源。

（1）用 Cadence Allegro 自带的 Package Height 创建简单的 3D 模型构架。

（2）在相关网站供应商处下载 3D 模型，导入 3D Body。

（3）用 SolidWorks 等专业三维软件来建立。

用 Cadence Allegro 自带的 Package Height 可以创建简单的 3D 模型构架。

（1）打开一个 PCB 封装，将"Package Geometry/Place_Bound_Top"层显示出来，如图 6-67 所示。

（2）选择"Setup"→"Areas"→"Package Height"菜单命令，如图 6-68 所示。

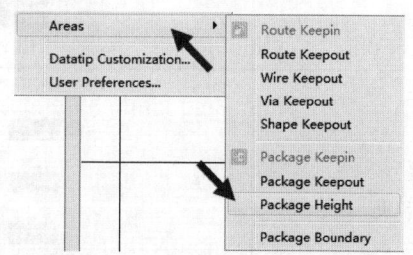

图 6-67　显示"Package Geometry/Place_Bound_Top"层　　　　图 6-68　设置元器件高度信息操作

（3）选择"Package Geometry/Place_Bound_Top"层的铜皮，单击完成后在右侧的

"Options"选项卡中输入高度信息，如图 6-69 所示。

图 6-69　输入高度信息示意图

（4）右击，在弹出来的下拉菜单中选择"Done"选项，完成操作，完成后保存封装，如图 6-70 所示。

图 6-70　完成操作示意图

（5）选择"View"→"3D Canvas"菜单命令，可查看 3D 封装示意图，如图 6-71 所示。

图 6-71　查看 3D 封装示意图

6.10　PCB 封装库的导入与导出

PCB 设计时，常需要从 PCB 中提取封装用到现有的设计中。一般可以先在 PCB 中导出封装到指定的目录中，再到相应的目录中提取封装。相反地，如果需要在 PCB 文件中用到指定的封装库，则直接指定库路径即可。

6.10.1　PCB 封装库的导入

由于 Cadence Allegro 软件中每个封装都是单独的文件，因此通常的封装库将所有的封装放置在同一个文件夹下面，并在 PCB 中指定对应的文件夹位置，即库路径位置。

（1）打开 PCB Editor 24.1 软件，选择"Setup"→"User Preferences"菜单命令，进行参数设置，在弹出的对话框中，展开"Paths"→"Library"选项，进行封装库指定，需要指定三个封装库路径，如图 6-72 所示。

devpath：指定封装的 device 文件。

padpath：指定封装的焊盘文件。

psmpath：指定封装的 psm 文件。

（2）单击图 6-72 所示的"devpath""padpath""psmpath"对应的 按钮，在弹出的"devpath Items"对话框中单击箭头所指的按钮即可设置库路径。

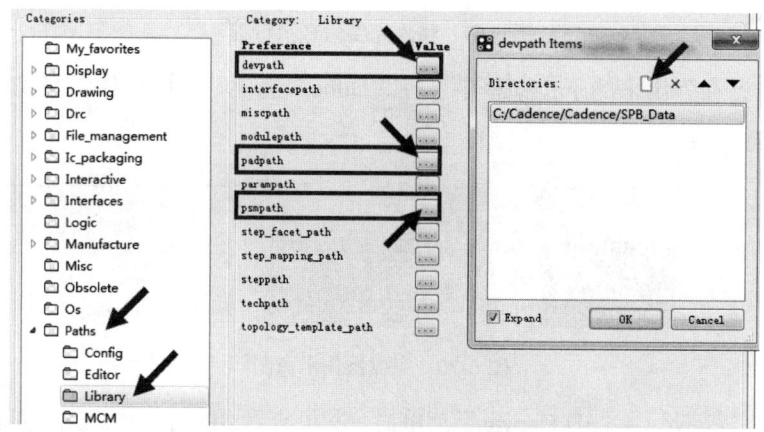

图 6-72　指定封装库路径示意图

6.10.2　PCB 封装库的导出

（1）选择"File"→"Export"→"Libraries"菜单命令，如图 6-73 所示。

（2）在弹出的"Export Libraries"对话框中勾选图 6-74 所示复选框，并在"Export to directory"文本框中选择封装库导出的文件夹，单击"Export"按钮，将封装库导入设置好的文件夹内。

图 6-73　PCB 封装库导出操作

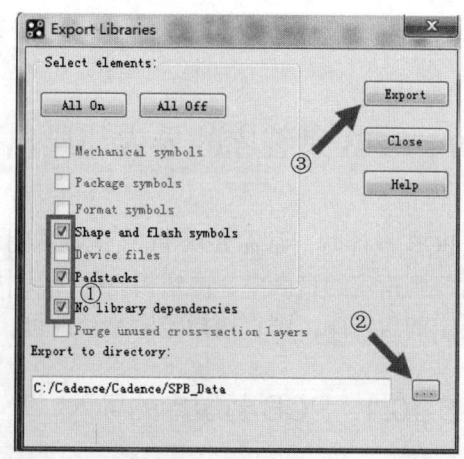

图 6-74　"Export Libraries"对话框

6.11 本章小结

　　本章主要讲述了焊盘编辑界面、2D 标准封装与异形焊盘封装的创建方法、PCB 封装的设计规范及要求等，详细讲述了使用 Cadence Allegro 软件绘制 PCB 封装库的方法及注意事项，旨在通过本章的学习，使读者熟练掌握使用 Cadence Allegro 软件绘制 PCB 封装库文件的方法，熟练掌握绘制 PCB 封装库的一些小技巧，以及 PCB 封装库绘制的基本标准及注意事项。

第 7 章

PCB 设计开发环境及快捷键

Cadence Allegro 集成了相当强大的开发管理环境，能够有效地对设计的各项文件进行分类及层次管理。本章通过图文的形式介绍 PCB 设计开发环境最常用的视图和命令，并对常用系统快捷键和快捷键的自定义进行介绍。

 学习目标

> 了解常用窗口、面板的调用方式和路径。
> 掌握 PCB 设计常用操作的命令。
> 了解常用系统快捷键的组合方式。
> 学会快捷键自定义的方法。
> 学会解决设置过程中快捷键的冲突问题。

7.1 PCB 设计交互界面

与 PCB 库编辑界面类似，PCB 设计交互界面主要包含菜单栏、工具栏、工作面板、状态信息显示窗口及绘制工作区域等，如图 7-1 所示。丰富的信息及绘制工具组成了非常人性化的交互界面。状态信息显示窗口及工作面板会随绘制工作的不同而有所不同，读者可以根据自己的操作进行实时体验。

图 7-1 PCB 设计交互界面

7.2 菜单栏与工具栏

7.2.1 菜单栏

打开 Cadence Allegro 软件，最上面一栏就是常用的菜单栏，所有的功能及命令都在每个选项的下拉菜单中，如图 7-2 所示。

图 7-2　Cadence Allegro 软件菜单栏示意图

菜单栏中各按钮的功能如下。

File：文件。　　　　　　　　　　　Edit：编辑。

View：视图。　　　　　　　　　　　Add：添加。

Display：显示。　　　　　　　　　　Setup：设置。

Shape：铜皮。　　　　　　　　　　　Logic：逻辑。

Place：放置。　　　　　　　　　　　FlowPlan：规划。

Route：布线。　　　　　　　　　　　Analyze：分析。

Manufacture：制造。　　　　　　　　Tools：工具。

Help：帮助。

7.2.2 工具栏

菜单栏下面是工具栏，包含设计时常用的一些工具。工具栏中的工具是设计过程中较常用的，使用好工具栏中的工具能提高工作效率，加快设计速度。

File：　。

Edit：　。

View：　。

Setup：　。

Display：　。

Misc：　。

Appmode：　。

Shape：　。

Manufacturer：　。

Place：　。

Route：　。

Add：　。

7.3 功能选项卡

Cadence Allegro 软件中，功能选项卡一共分为三项，分别是"Options"选项卡、"Find"选项卡、"Visibility"选项卡。这三个功能选项卡可以吸附在 PCB 设计窗口的左右两侧，并自动弹出或者隐藏，下面介绍每个选项卡的具体含义与作用。

7.3.1 "Options"选项卡

"Options"选项卡是参数设置选项卡，显示正在使用的命令参数选项。执行具体的命令之后，在"Options"选项卡中会显示与当前命令相关的一些参数，进行对应的设置即可。如图 7-3 所示，图 7-3（a）、图 7-3（b）分别是选择"Route"→"Connections"菜单命令与选择"Route"→"Slide"菜单命令之后的"Options"选项卡。

（a）

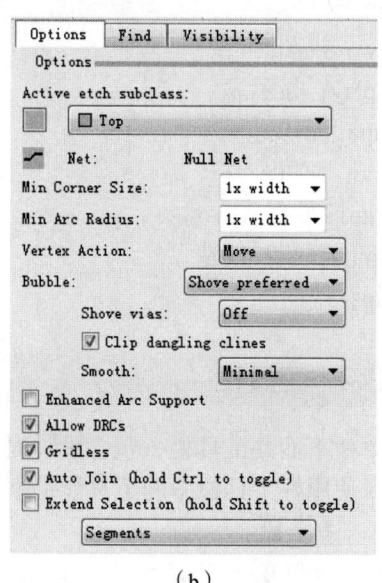

（b）

图 7-3 "Options"选项卡

7.3.2 "Find"选项卡

"Find"选项卡是对象选择选项卡，由两部分组成：一部分是"Design Object Find Filter"选区，另一部分是"Find By Name"选区，如图 7-4 所示。

（1）"Design Object Find Filter"选区显示的是执行具体命令的对象，每个对象的含义如下。

Groups：群组。

Comps：从原理图导入的元器件，有编号。

Symbols：所有元器件，无论有无编号。

Functions：原理图或者封装中定义的功能引脚，高亮显示 FPGA 的 bank 时会用到。

Nets：网络。

Pins：元器件的引脚。

Vias：过孔。

Fingers：IC 封装基本设计中的焊盘。

Clines：具有电气连接属性的整根同层线。

Lines：没有电气属性的整根线，如元器件的丝印框。

Bond wires：IC 封装基本设计中的金线。

Shapes：铜皮。

Voids/Cavities：铜皮内部的挖空形状。

Cline segs：具有电气连接属性的线段。

Other segs：没有电气连接属性的线段。

Figures：图形符号，如钻孔标记。

DRC errors：DRC 错误。

Text：文本。

Ratsnests：飞线。

Rat Ts：T 点。

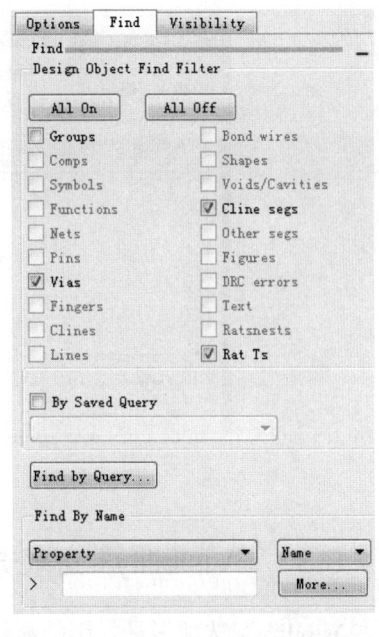

图 7-4　"Find" 选项卡功能参数示意图（1）

（2）"Find By Name" 选区显示的是按照不同的类型选择的不同对象。如图 7-5 所示，图 7-5（a）所示的是类型选择，图 7-5（b）所示的是类别选择，可以选择 "Name" 或者 "List" 选项，根据不同的类型，在 PCB 上选择不同的对象。

（a）

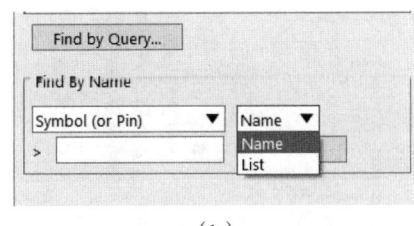

（b）

图 7-5　"Find" 选项卡功能参数示意图（2）

（3）在类别选择中，单击 "More" 按钮，弹出过滤窗口，如图 7-6 所示，在 "Object type" 的下拉菜单中选择不同的对象类型后，PCB 上所有符合该类型的对象都会显示在左侧列表中，通过单选或者单击 "ALL->" 按钮加入右侧列表中。这个功能对需要选择多个分散的对象是非常有用的，免去了在 PCB 上的频繁修改，同时可以让使用者准确地了解某个类型下所包含的对象名称及数量。

图 7-6 过滤窗口

7.3.3 "Visibility"选项卡

"Visibility"选项卡是常用的显示层面的快速切换开关，如图 7-7 所示，可以勾选复选框选择需要打开的层面及对象，如过孔、布线、DRC 等。

图 7-7 "Visibility"选项卡示意图

（1）View：用于快速切换不同的窗口显示，其中的列表选项内容需要在光绘设置中定义光绘层叠。

（2）Conductors：所有布线层的显示与隐藏。

（3）Planes：所有电源/地层的显示与隐藏。

（4）Masks：钢网、阻焊、丝印层的显示与隐藏。

7.4 常用系统快捷键

Cadence Allegro 自带系统快捷键，使用这些快捷键有利于 PCB 设计效率的提高。系统默认的快捷键如图 7-8 所示。

```
# ----------------------------------------------------------
# F1 is normally reserved by the system for Help so we don't use it
alias F2 zoom fit
alias F3 add connect
alias F4 show element
alias F5 redraw
alias F6 done
alias F7 next
alias F8 oops
alias F9 cancel
alias F10 grid toggle
alias F11 zoom in
alias F12 zoom out
alias SF2 property edit
alias SF3 slide
alias SF4 show measure
alias SF5 copy
alias SF6 move
alias SF7 dehilight all
alias SF8 hilight pick
alias SF9 vertex
alias SF10 save_as temp
alias SF11 zoom previous
alias SF12 zoom world
alias CF2 next
alias CF5 color192
alias CF6 layer priority
alias CSF5 status
alias ~N new
alias ~O open
alias ~S save
alias ~D delete
alias ~Z undo
funckey + subclass -+
funckey - subclass --
```

图 7-8 系统默认的快捷键

7.5 快捷键的自定义

系统自带的快捷键除了一些功能键，如 F2～F12 等，还有组合键，如"Ctrl+字母"，或者"Shift+F1"。使用这样的组合键操作软件，其实是很慢的，因为两个键位距离较远，所以在设计过程中通常自定义单个的快捷键。本节将列举三种常用的快捷键自定义方法。

7.5.1 命令行自定义快捷键

打开 Cadence Allegro 软件，找到命令栏，命令栏一般在左下角。在命令栏中输入需要自定义的快捷键及命令即可，如在命令栏中输入"alias a move"，或者"funckey a move"，即把小写的字母 a 自定义为移动命令的快捷键，如图 7-9 所示。

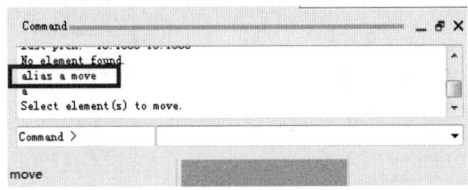

图 7-9 命令行自定义快捷键示意图

使用命令行自定义快捷键有个缺点，就是该快捷键仅在当前打开的 Cadence Allegro 软件窗口有效，关闭这个软件窗口之后，自定义的快捷键就失效了。

7.5.2 env 文件自定义快捷键

在 env 文件中自定义快捷键也是较常用的方法。env 文件的路径为 "C:/Cadence/SPB_24.1/share/pcb/text"，C 盘是安装盘符，找到对应的路径即可。找到 env 文件后，用写字板打开这个文件，进行编辑并保存。自定义快捷键的方法与命令行自定义快捷键的方法相同，如图 7-10 所示。

7.5.3 Replay 命令自定义快捷键

Replay 命令就是录制 Script 文件的快捷键时用到的命令。7.6 节会讲解如何录制 Script 文件及其调用。例如，使用快捷键调用 Script 录制的格点为 5 的文件 Grid5.scr，需要在 env 文件中指定 "Alias a Replay Grid5"，这样使用快捷键 "a" 就能自动设置格点为 5 了。但是需要保

```
funckey + subclass -+
funckey - subclass --
funckey 1     assign color
funckey 2     undo
funckey 3     copy
funckey 4     change
funckey 5     dehilight
funckey 6     swap components
funckey 7     swap functions
funckey 8     zoom points
funckey a     zoom out
funckey b     rotate
```

图 7-10　env 文件自定义快捷键示意图

证的是录制的文件需要放置在系统默认的配置文件夹中，路径为 "C:/Cadence/SPB_24.1/share/local/pcb/scripts"，否则在 "Replay" 后面需要加上完整的路径。

在自定义快捷键时，通常前面是 "Alias" 或者 "funckey"，中间是自定义的快捷键，最后是执行的命令。很多初学者不清楚这些命令的语句是什么，其实，在 Cadence Allegro 软件中是可以查询的，选择 "Tools" → "Utilities" 菜单命令，在下拉菜单中选择 "Keyboard Commands" 选项，如图 7-11 所示。

执行上述命令之后，会弹出 "Command Browser" 对话框，如图 7-12 所示。"Command Browser" 对话框显示的是可以自定义快捷键的命令，以及定义快捷键时所采用的命令语句。

图 7-11　菜单命令示意图

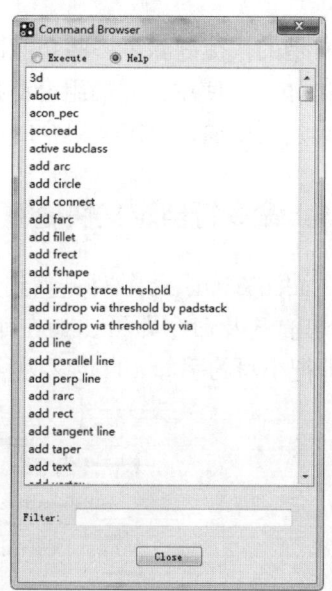

图 7-12　"Command Browser" 对话框

7.6 录制及调用 Script 文件

7.6.1 录制 Script 文件

Script 文件的作用：记录命令和鼠标操作的过程，可以重复使用，具体操作步骤如下。

（1）录制 Script 文件：选择"File"→"Script"菜单命令，弹出"Scripting"对话框，单击"Browse"按钮，设置记录文件的名称为"Grid5.scr"，文件路径会保存在系统默认的配置文件夹中，路径为 C:/Cadence/SPB_24.1/share/local/pcb/scripts，系统可以直接调用，也可以指定别的路径，如图 7-13 所示。录制完毕后，还需要更改到系统默认的配置文件夹中，这样才可以进行调用。

（2）指定文件的路径后，单击"Record"按钮，进行录制。比如，录制设置布线的格点为"5"，在单击"Record"按钮后，选择"Setup"→"Grids"菜单命令，进行格点设置，将格点设置为"5"，如图 7-14 所示。

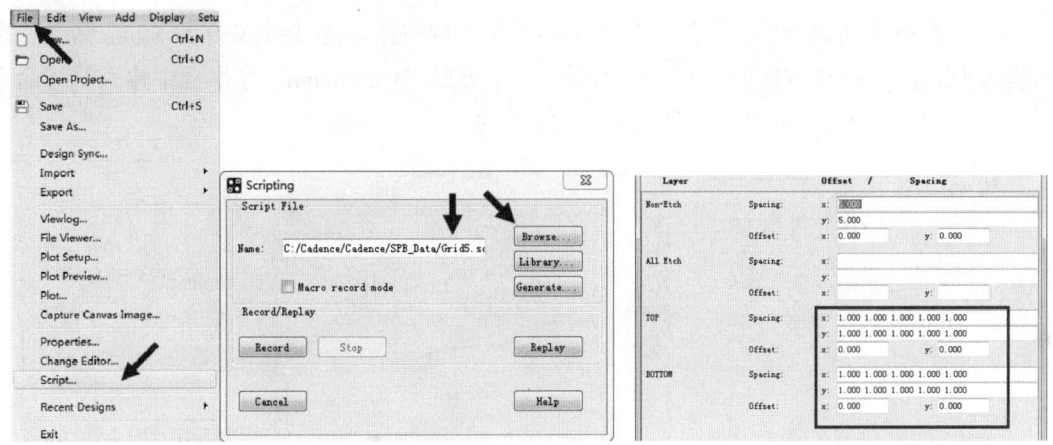

图 7-13 录制 Script 文件操作　　　　图 7-14 格点设置示意图

（3）整个操作完成后，格点设置完成，整个录制 Script 文件的过程也就结束了。再次选择"File"→"Script"菜单命令，单击"Stop"按钮，即可完成整个 Script 文件的录制。

7.6.2 调用 Script 文件

录制 Script 文件之后，需要对 Script 文件进行调用，具体操作步骤如下。

（1）选择"File"→"Script"菜单命令，调出如图 7-15 所示的对话框。

（2）输入正确的 Script 文件的路径和文件名称，也可以通过单击"Browse"或者"Library"按钮进行查找，Library 是在系统默认的路径下进行查收。

（3）单击"Replay"按钮，进行调用即可。

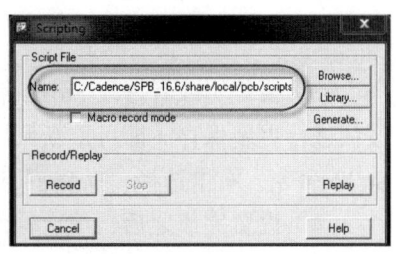

图 7-15 调用 Script 文件对话框

使用快捷键调用 Script 文件的方法如下。

（1）录制的 Script 文件要放置在系统默认的配置文件夹中，路径为"C:/Cadence/SPB_24.1/share/local/pcb/scripts"。如果路径不在此处，则需要复制。

（2）在 env 文件中添加调用的语句，如"Alias a Replay Grid5"，指定调用 Script 文件的快捷键。

（3）重启 Cadence Allegro 软件，即可使用快捷键进行调用。

7.7 Stoke 快捷键设置

7.5 节讲解了使用键盘命令设置快捷键。在 Cadence Allegro 软件中，还可以使用鼠标设置快捷键，也就是 Stoke 功能，具体操作步骤如下。

（1）选择"Tools"→"Utilities"→"Stroke Editor"菜单命令，如图 7-16 所示，进行 Stoke 命令的编辑，然后进行调用即可。

（2）执行上述命令后，会弹出如图 7-17 所示的界面，右侧是定义好的 Stoke 命令，左侧是绘制区域。在绘制区域绘制一些图形，在下方的"Command"文本框中输入执行命令的名称，单击"Add"按钮，新添加的 Stoke 命令就会在右侧出现。

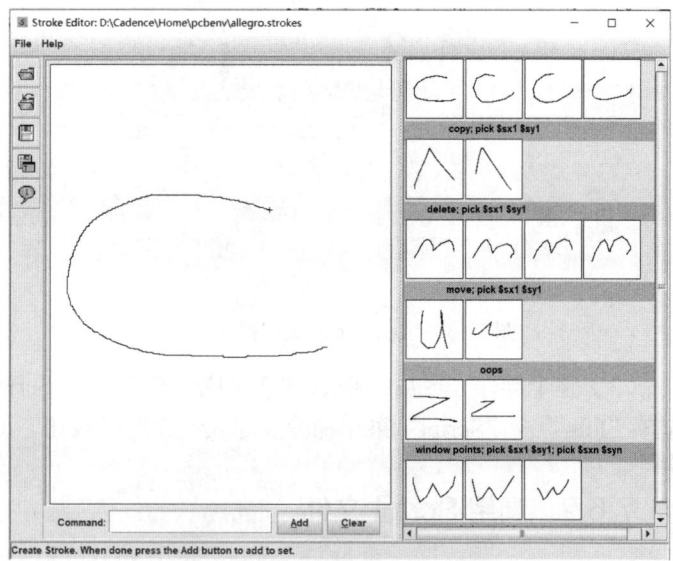

图 7-16　编辑 Stroke 命令操作　　　　图 7-17　Stroke 命令编辑示意图

（3）要编辑或者修改 Stoke 命令，首先选择右侧的 Stoke 命令，修改后单击"Update"按钮进行更新保存，即可重新调用。要删除 Stoke 命令也是一样的处理方法，选择右侧的 Stoke 命令，右击选择"Delete"选项即可。

（4）设置完成之后，重启软件，即可调用 Stoke 命令。在软件重启之后，调用 Stoke 命令时可能出现鼠标右键不能滑动的情况，原因是在设置用户参数时右键滑动的使能命令没有开启，如图 7-18 所示，则需要执行下列操作。

① 选择"Setup"→"User Preferences"菜单命令,进行
参数设置,如图 7-19 所示。

② 在参数设置对话框中,展开"Ui"选项,选择"Input"
选项,在右侧选区中勾选"no_ dragpopup"复选框,如图 7-20
所示。

③ 执行上述命令之后,单击"OK"按钮。重启 Cadence
Allegro 软件,这时就可以右击使用 Stroke 命令进行操作了。

图 7-18　右键不能滑动示意图

图 7-19　设置参数操作

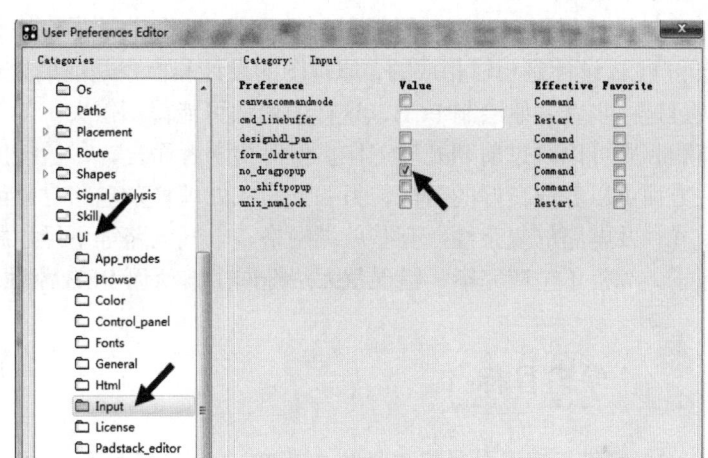

图 7-20　用户参数设置示意图

7.8　本章小结

本章主要介绍了 Cadence Allegro 的 PCB 设计交互界面、常用系统快捷键和快捷键的自
定义等,让读者对各个选项卡及快捷键有一个初步的认识,为后面进行 PCB 设计及提高设
计效率打下一定的基础。

第 8 章

流程化设计——PCB 前期处理

一个优秀的电子设计工程师不但要将原理图制作好，而且要将 PCB 设计好，而即使 PCB 被设计得再好，一旦原理图出了问题，也是前功尽弃，有可能要从头再来。原理图制作和 PCB 设计是相辅相成的，原理图的设计和检查是前期处理工作，经常见到初学者直接跳过这一步就开始绘制 PCB，这样的做法可能得不偿失。对于一些简单的板子，如果熟悉流程，则可以跳过前期处理工作。但对初学者而言，尽量按照流程进行设计和制作，这样一方面可以养成良好的习惯，另一方面在处理复杂电路时也能避免出现错误。由于软件的差异性及电路的复杂性，有些单端网络、电气电路等不经过相关检测工具检测就盲目生产板子，等板子生产完毕，错误就无法挽回了，所以 PCB 流程化设计是很有必要的。

 学习目标

➤ 掌握原理图封装完整性检查及 PCB 的完整导入方法。
➤ 掌握板框和叠层的定义。

8.1 原理图封装完整性检查

在执行原理图导入 PCB 操作之前，通常需要对原理图封装的完整性进行检查，以确保所有的元器件都存在封装或者路径被匹配好，以避免出现无法导入或者导入不完全的情况。

8.1.1 封装的添加、删除与编辑

对于封装完整性检查，一项一项地检查是非常麻烦的。在 OrCAD 软件中，我们可以在属性中批量检查元器件是否具有封装属性。

（1）打开"File"选项卡，选中原理图根目录或者其中某一页的原理图，右击选择"Edit Object Properties"选项，打开元器件属性对话框，如图 8-1 所示。

（2）在元器件属性对话框中找到"PCB Footprint"列，批量检查元器件是否具有封装属性，若是检查到没有添加封装的元器件，则可以在该界面的"PCB Footprint"列双击填入，如图 8-2 所示。

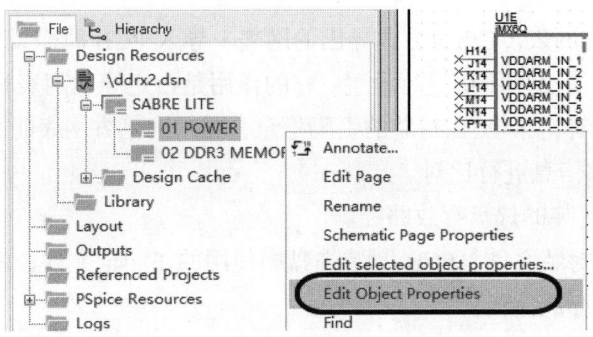

图 8-1　打开元器件属性对话框操作

			Part Reference	PCB Footprint	Package Type
1	⊞	SABRE LITE : 02 DDR3 MEMO	C76	C0402	SMD
2	⊞	SABRE LITE : 02 DDR3 MEMO	C77	C0402	SMD
3	⊞	SABRE LITE : 02 DDR3 MEMO	C80	c0402	
4	⊞	SABRE LITE : 02 DDR3 MEMO	C81	c0402	
5	⊞	SABRE LITE : 02 DDR3 MEMO	C82	c0402	
6	⊞	SABRE LITE : 02 DDR3 MEMO	C83	C0402	SMD
7	⊞	SABRE LITE : 02 DDR3 MEMO	C84	C0402	SMD
8	⊞	SABRE LITE : 02 DDR3 MEMO	C87	c0603	SMD
9	⊞	SABRE LITE : 02 DDR3 MEMO	C88	C0402	SMD
10	⊞	SABRE LITE : 02 DDR3 MEMO	C89	C0402	SMD

图 8-2　检查元器件属性示意图

8.1.2　库路径的全局指定

对于 Cadence Allegro 软件，所有封装是保存在一个库文件夹内的，因此需要在 PCB 中指定该库路径，以便调用原理图中所用到的封装。

一般会在 Cadence Allegro 软件中指定下面几个与封装库有关的路径。

（1）选择 Cadence Allegro 软件的"Setup"下拉菜单中的"User Preferences"选项，如图 8-3 所示。

（2）在弹出的对话框中，打开"Category: Library"选区，对"devpath""padpath""psmpath"三项设置路径，如图 8-4 所示。

图 8-3　设置参数操作

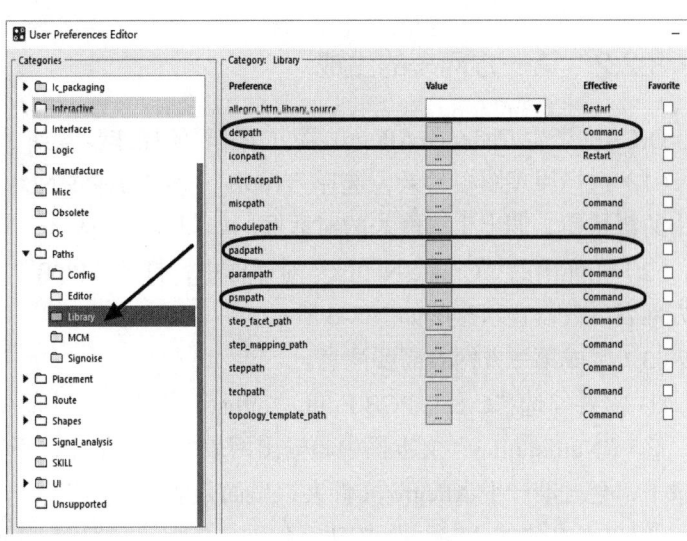

图 8-4　设置路径示意图

devpath：第三方网表（Other 方式导出的网表）导入 PCB 时需设置的路径，如果是用第一方网表导入的，那么就不用进行设置。它的作用是指定导入网表时需要的 PCB 封装的 device 文件，文件里有记录 PCB 封装的引脚信息，导入第三方网表时会将 device 文件中的内容与网表中的引脚信息进行比对。

padpath：PCB 封装的焊盘存放路径。

psmpath：PCB 封装文件、PCB 封装焊盘中使用的 Flash 文件、PCB 封装焊盘使用的 Shape 文件等内容的存放路径。

8.2　网表及网表的生成

8.2.1　网表

网表，顾名思义，就是网络连接和联系的表示，其内容主要是电路图中各个元器件类型、封装信息、连接流水序号等数据信息。在使用 Cadence Allegro 软件进行 PCB 设计时，可以通过导入网络连接关系进行 PCB 网表的导入。在 Cadence Allegro 软件中使用到的是第一方网表和第三方网表。

Cadence Allegro 软件的第一方网表与第三方网表有以下几点区别。

- 能与 Cadence Allegro 软件实现交互式操作的是第一方网表，第三方网表不可以与 Cadence Allegro 软件实现交互式操作。
- 第三方网表不能将元器件的 Value 属性导入 PCB 中，输出时以封装属性来代替 Value 属性，而第一方网表是可以的。
- 网表导入 PCB 中时，第三方网表需要事先指定 PCB 封装库文件，并产生 device 文件，这样才可以将网表导入 PCB 中，第一方网表则可以直接导入。

8.2.2　第一方网表的生成

OrCAD 产生 Cadence Allegro 第一方网表的操作步骤如下。

（1）选择原理图根目录，选择"Tools"→"Create Netlist"菜单命令，或者单击菜单栏中的 ⓝ 按钮，调出生成网表的对话框，如图 8-5 所示。

（2）在弹出的"Create Netlist"对话框中，打开"PCB"选项卡，生成第一方网表，第一方网表参数设置示意图如图 8-6 所示。

（3）生成第一方网表需要注意。

① 需要勾选"Create PCB Editor Netlist"复选框，才能生成网表。

② "Netlist Files"文本框中是输出网表的存储路径，不进行更改的话，在当前原理图目录下，会自动产生 Allegro 文件夹，里面是输出的网表。

③ 单击右侧的"Setup"按钮，如图 8-7 所示，勾选"Ignore Electrical constraints"复选框，则忽略原理图中所添加的规则。

图 8-5　调出生成网表的对话框的操作

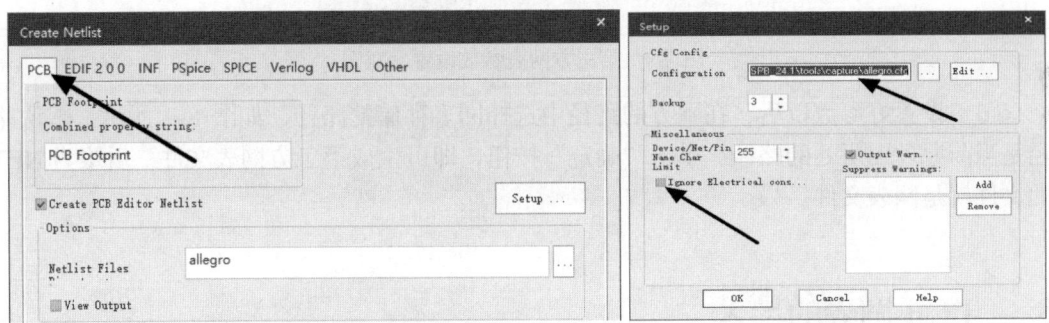

图 8-6　第一方网表参数设置示意图　　　　　　　图 8-7　输出网表设置示意图

8.2.3　第三方网表的生成

OrCAD 产生 Cadence Allegro 第三方网表的操作步骤如下。

（1）选择原理图根目录，选择"Tools"→"Create Netlist"菜单命令，或者单击菜单栏中的 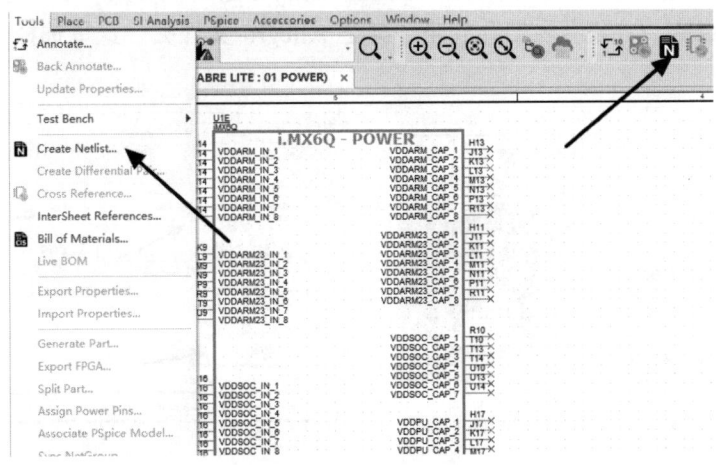 按钮，调出生成网表的对话框，如图 8-8 所示。

图 8-8　调出生成网表的对话框的操作

（2）在弹出的生成网表的对话框中打开"Other"选项卡，如图 8-9 所示。在"Formatters"选区中选择"orTelesis64.dll"选项，"Part Value"文本框中改为"PCB Footprint"，不然会产生错误。

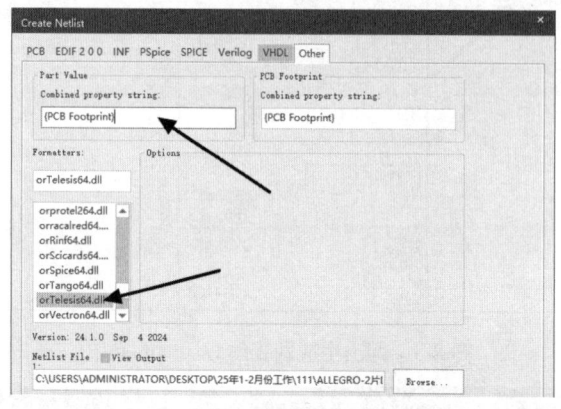

图 8-9　第三方网表参数设置示意图

（3）设置好参数以后，在下方的路径中选择网表存储的路径，如图 8-9 所示，默认路径是当前原理图所处的路径。单击"确定"按钮，即可生成第三方网表文件，后缀为.NET的文件就是网表文件。

8.3　PCB 网表的导入

8.3.1　第一方网表的导入

（1）在原理图中输出网表以后，新建一个新的 PCB 文件，进行网表的导入，选择"File"→"Import"→"Logic/Netlist"菜单命令，如图 8-10 所示。

（2）执行上述操作之后，会弹出图 8-11 所示的窗口，导入第一方网表需要在"Cadence"选项卡中设置，导入网表的类型选择"Design Entry CIS（Capture）"，下面的导入路径需要选择文件夹路径，一般网表的存放路径都是 Allegro 文件夹，这里选择 Allegro 文件夹才可以。

图 8-10　导入网表操作示意图

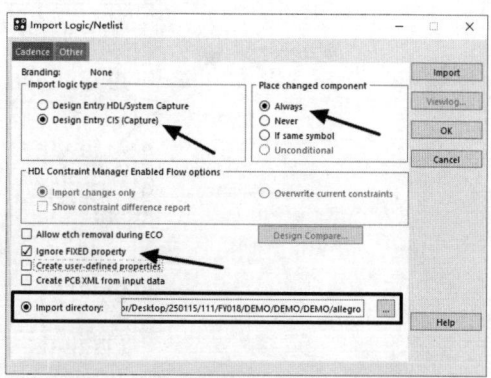

图 8-11　网表导入参数设置示意图

（3）按照图 8-11 所示设置参数，将网表导入的路径及参数设置完毕后，单击右上角的"Import"按钮，就可以将第一方网表导入 Cadence Allegro 软件中了。导入完毕后会弹出提示对话框，如果没有错误，则表示网表已经成功导入；如果有错误，则表示导入有问题，需要将问题解决后，再重新导入。

 小 助 手 提 示

对于导入中一些常见问题的解决办法，作者在 PCB 联盟网论坛的百问百答板块进行了详细的说明，大家可以以问答的方式进行学习。

8.3.2　第三方网表的导入

（1）生成第三方网表后，需新建一个 PCB 文件，将第三方网表导入 PCB 文件中。在导入之前，首先需要指定封装库路径，而第一方网表不需要进行此操作。选择"Setup"→"User Preferences"菜单命令，进行参数设置。在弹出的对话框中，展开"Paths"选项，接着选择"Library"选项，如图 8-12 所示，进行封装库指定，需要指定三个封装库路径。

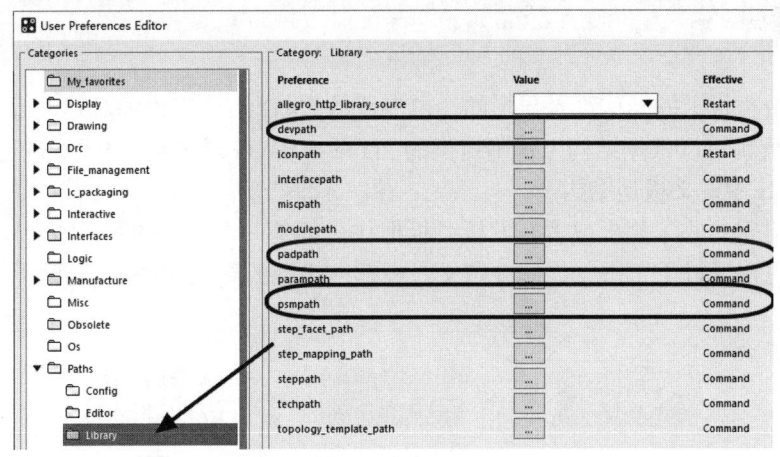

图 8-12　封装库路径指定示意图

devpath：指定封装的 device 文件。

padpath：指定封装的焊盘文件。

psmpath：指定封装的 psm 文件。

（2）指定封装库路径后，就可以导入第三方网表了。选择"File"→"Import"→"Logic/Netlist"菜单命令，进行网表的导入，在弹出的窗口中打开"Other"选项卡，如图 8-13 所示，在左侧勾选第二、四、六个复选框，其他的不勾选。"Import netlist"文本框内是选择的第三方网表文件，文件后缀为.net。需要注意的是，在存储网表文件的路径下，不能出现类似括号、*等非法字符。设置参数后，单击"Import"按钮，进行第三方网表的导入。

（3）导入之后，会有导入的报告显示，如果没有错误，则表示导入成功；如果有错误，则表示导入不成功，需要解决提示的错误后重新导入。

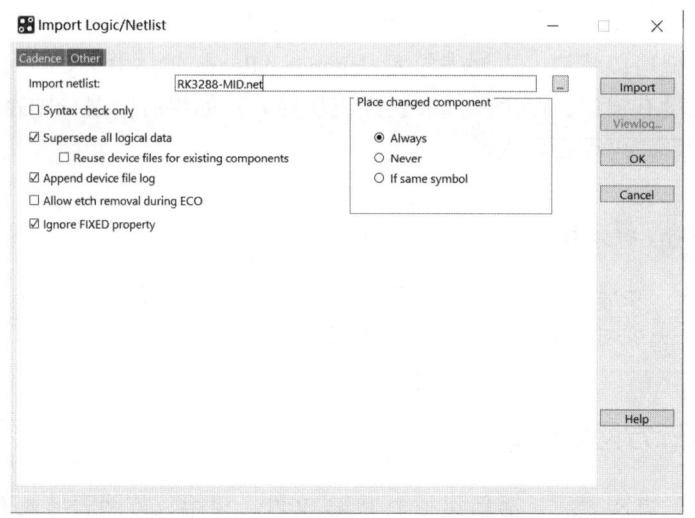

图 8-13 导入第三方网表设置示意图

8.4 板框定义

很多消费类板卡的结构都是异形的，由专业的 CAD 结构工程师对其进行精准的设计，PCB 布线工程师可以根据结构工程师提供的 2D 图（DWG 或 DXF 格式）进行精准的导入操作，在 PCB 中定义板型结构。

同时，对于一些工控板或者开发板，板框往往都是一个规则的圆形或者矩形，这种类型的板框，可以通过手工进行绘制并定义。板框结构图的导入如图 8-14 所示。

图 8-14 板框结构图的导入

8.4.1 DXF 结构图的导入

在进行 PCB 设计之前，除了将原理图的网表导入，将元器件放置在 PCB 上，还需要将结构文件导入 PCB 中，进行结构器件的定位。具体操作步骤如下。

（1）需要结构工程师提供结构文件，结构文件一般都是用 AutoCAD 绘制的 2D 文件，也可能是 DWG 文件。DWG 文件不能直接导入 PCB 文件，需要使用 AutoCAD 打开，另存为 DXF 文件。

（2）选择 "File" → "Import" → "DXF" 菜单命令，对 DXF 文件进行导入，如图 8-15 所示。

（3）执行上述命令后，会弹出如图 8-16 所示的窗口，在其中进行参数选择。

图 8-15　导入 DXF 文件操作示意图　　　　图 8-16　导入 DXF 文件参数选择窗口

DXF file：DXF 文件导入路径，选择需要导入的 DXF 文件。

DXF units：DXF 文件单位，只与 DXF 文件的单位有关，如 DXF 文件的单位是毫米，则选择 mm，跟当前 PCB 设计的单位无关。

Use default text table：勾选这个复选框，是指导入文件后，DXF 文件包含的文本类型使用默认的文本字号。

Incremental addition：勾选这个复选框，是指以添加的形式将 DXF 文件导入 PCB 中；不勾选这个复选框，则新建一个 PCB 文件进行导入。

Fill Shapes：将导入的 Shape 类型的文件进行填充，一般不用勾选这个复选框，。

（4）上述参数设置完成后，单击"Edit/View layers"按钮，进行导入层叠信息的设置，如图 8-17 所示。

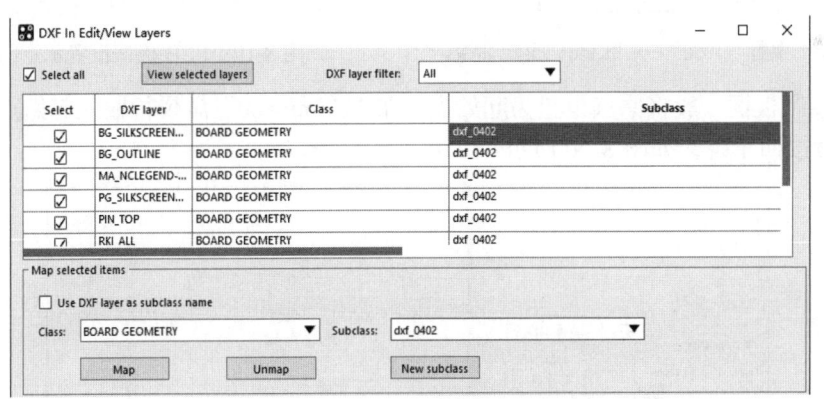

图 8-17　导入层叠信息设置示意图

（5）勾选左上角的"Select all"复选框，可以选择 DXF 文件中的所有图层进行导入，也可以单个地勾选复选框进行选择，导入需要的图层。

（6）在"Map selected items"选区中，在"Class"下拉列表中选择需要导入 DXF 文件的层，一般选择"BOARD GEOMETRY"层，在"Subclass"下拉列表中选择需要导入 DXF 文件的小层，一般新建层，方便查找，单击"New subclass"按钮新建即可。一般命名的方式是"dxf_0402"，简明释义，是 4 月 2 日导入的 DXF 文件。

（7）单击"Map"按钮，将已经选择好的"Class""Subclass"映射到所选择的 DXF 图层中。

（8）单击"OK"按钮，回到如图 8-16 所示的窗口，单击"Import"按钮，即将所选择的 DXF 文件导入 PCB。

8.4.2 自定义绘制板框

在绘制 PCB 时，通常所说的板框就是整个 PCB 的外形。在设计之前，需要先将板框绘制好，设置好布局、布线的区域后，开始布局、布线。具体操作步骤如下。

（1）在 Cadence Allegro 软件中绘制板框，可以是规则的形状，如矩形或者圆形等，这里以 80mm×100mm 的矩形为例。

（2）选择"Add"→"Line"菜单命令，如图 8-18 所示，添加非电气属性的线来绘制板框。在"Options"选项卡中选择绘制的层，以及线宽和角度，如图 8-19 所示，板框需要绘制在"Board Geomertry"的 Class 层，下面的 Subclass 子层需要选择"Outline"，"Line lock"需要选择"Line"，角度选择 90°，布线宽度选择 6mil，如果单位是 mm，则应选择 0.15mm。按照这些参数设置完成之后，就可以进行板框的绘制了。

图 8-18　选择"Add"→"Line"菜单命令

图 8-19　PCB 板框设置示意图

（3）绘制板框一般将原点设置为起始点，在"Command"命令行输入起始点的坐标"x 0 0"，然后按回车键，如图 8-20 所示。

图 8-20　定义板框起始点坐标示意图

（4）定义好起始点的坐标后，用偏移的方法将板框的长和宽绘制好。在"Command"命令行输入偏移量，这里使用的单位是 mils（80mm=3149.6mils，100mm=3937mils），先输入"ix 3149.6"，然后输入"iy 3937"，格式一定要按照偏移的格式输入，如图 8-21 所示。

（5）因为整个板框是矩形，所以输入长和宽的偏移量之后，在"Command"命令行直接定义结束点的坐标即可；同理，在"Command"命令行输入"x 0 0"。这样，整个板框就绘制完毕了，如图8-22所示。

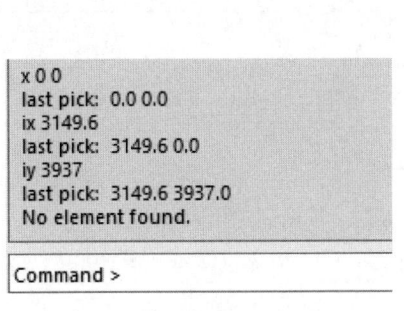

图 8-21　定义板框偏移量示意图　　　　图 8-22　板框绘制完成示意图

前面举例讲述了如何绘制标准形状的板框。如果板框的外形是异形的，则通常先由结构工程师在 AutoCAD 软件中将外形图绘制好，然后导入 DXF 文件来获取板框。

8.5　固定孔的放置

对于固定孔的放置，一般分为两种类型：开发板类型固定孔的放置；导入型板框固定孔的放置。

8.5.1　开发板类型固定孔的放置

对于开发板，因为不需要考虑外壳，只需 PCBA（印制电路板组装）即可，所以对于固定孔的位置及大小要求不那么严格，一般按照常规进行设置即可。

（1）位置要求：放置在距原点 X 轴 5mm、Y 轴 5mm 的位置。

（2）大小要求：一般采用直径为 3mm 的非金属化孔。

8.5.2　导入型板框固定孔的放置

对于导入型板框，其有实物结构模型，固定孔的位置及大小已经定义好，只能严格按照要求的位置和大小精准地放置。

（1）选择"Display"→"Measure"菜单命令，在固定孔线上右击，选择"Snap pick to"→"Segment Vertex"菜单命令。抓取线段的端点，读取固定孔标识信息，如图 8-23 和图 8-24 所示。

（2）在 Padstack Editor 软件中对固定孔进行创建，如图 8-25 所示。

① 金属化和非金属化的选择：固定孔一般为非金属化的，但也有例外，这个应根据实际需求进行选择。

② 焊盘的大小和形状设置：对于一般非金属化孔，焊盘和孔等大小设置。

图 8-23　抓取线段的端点操作

图 8-24　读取固定孔标识信息

图 8-25　创建固定孔

（3）将创建好的固定孔保存至 PCB 所指定的封装库中，选择"Place"→"Manually"菜单命令，如图 8-26 所示，在"Advanced Settings"选项卡中勾选"Library"复选框，如图 8-27 所示，即可直接从库中进行调用，然后在"Placement List"选项卡中找到所创建的固定孔进行放置。

图 8-26　选择"Place"→"Manually"菜单命令

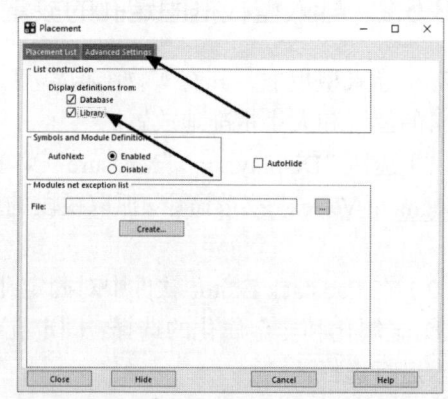

图 8-27　固定孔的调用

8.6 叠层的定义及添加

对高速多层板来说，默认的两层设计无法满足布线信号质量及布线密度要求，这时需要对 PCB 叠层进行添加，以满足设计的要求。

8.6.1 正片层与负片层

正片层就是平常用于布线的信号层（直观上看到的地方就是铜线），可以用"线""铜皮"等进行大块铺铜与填充操作，如图 8-28 所示。

负片层则正好相反，即默认铺铜，就是生成一个负片层之后整层就已经被铺铜了，布线的地方是分割线，没有铜存在。要做的事情就是分割铺铜，再设置分割后铺铜的网络即可，如图 8-29 所示。

图 8-28　正片层

图 8-29　负片层

8.6.2 内电层的分割实现

（1）在 Cadence Allegro 软件中，用线条在 Anti Etch 层进行分割。分割线不宜太细，可以选择 15mil 及以上，如图 8-30 所示。

图 8-30　铜皮分割示意图

（2）铜皮分割完成之后，可以通过选中铜皮右击，选择"Assign Net"选项进行网络的分配，如图 8-31 所示。

图 8-31　铜皮分配网络示意图

正、负片都可以用于内电层，负片的好处在于默认大块铺铜填充，再进行添加过孔、改变铺铜大小等操作都不需要重新"Rebuild"，省去了重新铺铜计算的时间。中间层用电源层和 GND 层（也称地层、地线层、接地层）时，层面上大多是大块铺铜，这样用负片的优势就很明显。

8.6.3　PCB 叠层的认识

随着高速电路的不断涌现，PCB 的复杂度也越来越高，为了避免电气因素的干扰，信号层和电源层必须分离，这样就涉及多层 PCB 的设计。在设计多层 PCB 之前，设计者首先需要根据电路的规模、电路板的尺寸和电磁兼容（EMC）的要求来确定所采用的电路板结构，也就是决定采用 4 层、6 层，还是更多层数的电路板。这是设计多层板的一个简单概念。

确定层数之后，再确定内电层的放置位置，以及如何在这些层上分布不同的信号。这是多层 PCB 叠层结构的选择问题。叠层结构是影响 PCB 的 EMC 性能的一个重要因素，一个好的叠层设计方案会大大减小电磁干扰（EMI）及串扰的影响。

板的层数不是越多越好，也不是越少越好，确定多层 PCB 的叠层结构需要考虑较多的因素。从布线方面来说，层数越多越利于布线，但是制板成本和难度也会随之增加。对生产厂家来说，叠层结构对称与否是 PCB 制造时需要关注的焦点。所以，层数的选择需要考虑各方面的需求，以达到最佳的平衡。

对有经验的设计人员来说，在完成元器件的预布局后，会先对 PCB 的布线瓶颈处进行重点分析，再综合有特殊布线要求的信号线（如差分线、敏感信号线等）的数量和种类来确定信号层的层数，最后根据电源的种类、隔离和抗干扰的要求来确定内电层的层数。这样，整个电路板的层数就基本确定了。

1. 常见的 PCB 叠层

确定了电路板的层数后，接下来的工作便是合理地排列各层电路的放置顺序。图 8-32 和图 8-33 分别列出了常见的 4 层板和 6 层板的叠层结构。

图 8-32　常见的 4 层板的叠层结构

图 8-33　常见的 6 层板的叠层结构

2. 叠层分析

叠层一般遵循以下几点基本原则。

（1）元器件面、焊接面为完整的地平面（屏蔽）。

（2）尽可能无相邻平行布线层。

（3）所有信号层应尽可能与地平面相邻。

（4）关键信号与地层相邻，不跨分割区。

根据以上原则，对常见叠层方案进行分析，分析情况如下。

（1）常见的 4 层板的叠层方案分析如表 8-1 所示。

表 8-1 常见的 4 层板的叠层方案分析

方　案	方案图示	优　点	缺　点
方案 1	PWR01 → SIN02 → SIN03 → GND04 →	此方案主要为了达到一定的屏蔽效果，把电源、地平面分别放在顶层、底层	（1）电源、地平面相距过远，电源平面阻抗过大； （2）电源、地平面由于元器件焊盘等影响，极不完整； （3）参考面不完整，信号阻抗不连续，预期的屏蔽效果很难实现
方案 2	SIN01 → GND02 → PWR03 → SIN04 →	在元器件面下有一个地平面，适用于主要元器件在顶层布局或关键信号在顶层布线的情况	—
方案 3	SIN01 → PWR02 → GND03 → SIN04 →	与方案 2 类似，适用于主要元器件在底层布局或关键信号在底层布线的情况	—

通过对方案 1～方案 3 的对比发现，对于 4 层板的叠层，通常选择方案 2 或者方案 3，具体请结合板子的实际情况和叠层原则来正确选择。

（2）常见的 6 层板的叠层方案分析如表 8-2 所示。

表 8-2 常见的 6 层板的叠层方案分析

方　案	方案图示	优　点	缺　点
方案 1	SIN01 → GND02 → SIN03 → SIN04 → PWR05 → SIN06 →	采用 4 个信号层和 2 个内部电源/地线层，具有较多的信号层，有利于元器件之间的布线工作	（1）电源层和地线层分隔较远，没有充分耦合； （2）信号层 SIN03 和 SIN04 直接相邻，信号隔离性不好，容易发生串扰，在布线的时候需要错开布线
方案 2	SIN01 → SIN02 → GND03 → PWR04 → SIN05 → SIN06 →	电源层和地线层耦合充分	表层信号层的相邻层也为信号层，信号隔离性不好，容易发生串扰

方　案	方　案　图　示	优　　点	缺　　点
方案3	SIN01→ GND02→ SIN03→ GND04→ PWR05→ SIN06→	（1）电源层和地线层耦合充分； （2）每个信号层都与内电层直接相邻，与其他信号层均有有效的隔离，不易发生串扰； （3）信号层 SIN03 和两个内电层 GND02 和 GND04 相邻，可以用来传输高速信号。两个内电层可以有效地屏蔽外界对 SIN03 的干扰和 SIN03 对外界的干扰	—
方案4	SIN01→ GND02→ SIN03→ PWR04→ GND05→ SIN06→	（1）电源层和地线层耦合充分； （2）每个信号层都与内电层直接相邻，与其他信号层均有有效的隔离，不易发生串扰	—

通过对方案 1~方案 4 的对比发现，在优先考虑信号的情况下，选择方案 3 和方案 4 会明显优于前面两种方案。但是在实际设计中，都是比较在乎产品成本的，又因为布线密度大，通常会选择方案 1 来做叠层结构，所以在布线时一定要注意相邻两个信号层的信号交叉布线，尽量让串扰降到最低。

（3）常见的 8 层板的叠层推荐方案如图 8-34 所示，优选方案 1 和方案 2，可用方案 3。

图 8-34　常见的 8 层板的叠层推荐方案

8.6.4　层的添加及编辑

（1）选择"Setup"→"Cross Section"菜单命令，进入如图 8-35 所示的叠层管理器，进行相关参数设置。

（2）右击选择"Add Layer"选项，可以进行添加层操作。

（3）双击相应的 Name，可以更改名称，一般可以改为 TOP、GND02、SIN03、SIN04、

PWR05、BOTTOM 等，即采用"字母+层序号"的形式，这样方便读取识别。

	Objects		Types	▶	Thickness	▶	Physical			Embedded	▶	Signal Integrity		▶
#	Name	Layer	Layer Function		Value	Layer ID	Material	Fill-in Material	Embedded Status		Conductivity	Dielectric Constant	SI gnor
					mil						mho/cm		
·	·	·	·		·	·	·		·		·	1	·
		Surface										1	
1	TOP	Conductor	Conductor		1.2	1	Copper		Not embedded		596000	1	☐
		Dielectric	Dielectric		8		Fr-4				0	4.5	☐
2	GND02	Conductor	Conductor		1.2	2	Copper		Not embedded		596000	1	☐
		Dielectric	Dielectric		8		Fr-4				0	4.5	☐
3	PWR03	Conductor	Conductor		1.2	3	Copper		Not embedded		596000	1	☐
		Dielectric	Dielectric		8		Fr-4				0	4.5	☐
4	BOTTOM	Conductor	Conductor			4	Copper		Not embedded		596000		☐

右击添加层　　　板厚修改　　　正、负片的修改

图 8-35　叠层管理器

（4）根据叠层结构设置板层厚度。

小助手提示

建议信号层采取正片的方式处理，电源层和地线层采取负片的方式处理，这样可以在很大程度上减小文件数据量的大小和提高设计速度。

8.7　本章小结

本章主要描述了 PCB 设计开始的前期处理，包括原理图封装完整性的检查、网表的生成、PCB 网表的导入、叠层结构的设计等。只有把前期处理工作做好了，才能更好地把握好后面的设计，保证设计的准确性和完整性。

第 9 章

流程化设计——PCB 布局

一块好的电路板，除能够实现电路原理功能之外，还要考虑 EMI、EMC、ESD（静电释放）、信号完整性等电气特性，也要考虑机械结构、大功耗芯片的散热问题，在此基础上再考虑电路板的美观问题，就像艺术雕刻一样，对每一个细节都要斟酌。

学习目标

➤ 掌握交互式布局及模块化布局操作。

9.1 常见 PCB 布局约束原则

在对 PCB 元器件布局时常会有以下几个方面需要考虑。

（1）PCB 板形与整机是否匹配？

（2）元器件之间的间距是否合理？有无水平或高度冲突？

（3）PCB 是否需要拼版？是否预留工艺边？是否预留安装孔？如何排列定位孔？

（4）如何进行电源模块的放置及散热？

（5）需要经常更换的元器件的放置位置是否方便替换？可调元器件是否方便调节？

（6）热敏元器件与发热元器件之间是否考虑距离？

（7）整板 EMC 性能如何？如何布局能有效增强抗干扰能力？

小助手提示

对于元器件之间的间距问题，基于不同封装的距离要求不一样，通过规则设置进行约束，设置太过复杂，较难实现，这时可以在 Dimension 层通过画辅助线来标出元器件的外围尺寸，辅助线如图 9-1 所示，当其他元器件靠近时，就大概知道间距了。这对于初学者非常实用，也能使初学者养成良好的 PCB 设计习惯。

图 9-1 辅助线

通过以上考虑分析，可以对常见 PCB 布局约束原则进行如下分类。

1. 元器件排列原则

（1）在通常条件下，所有的元器件均应布置在 PCB 的同一面上。只有在顶层元器件过密时，才能将一些高度有限并且发热量小的元器件（如贴片电阻、贴片电容、贴片 IC 等）放在底层。

（2）在保证电气性能的前提下，元器件应放置在栅格上且相互平行或垂直排列，以求整齐、美观。一般情况下，不允许元器件重叠，元器件排列要紧凑，输入元器件和输出元器件尽量分开、远离，不要出现交叉。

（3）某些元器件或导线之间可能存在较高的电压，应加大它们之间的距离，以免因放电、击穿而引起意外短路，布局时应尽可能注意所有信号的布局空间。

（4）带高电压的元器件应尽量布置在调试时手不易触及的地方。

（5）位于板边缘的元器件，应该尽量使其距板边缘的距离保持两倍板厚。

（6）元器件在整个板面上应分布均匀，不要一块区域紧密，而另一块区域疏松，以提高产品的可靠性。

2. 按照信号走向布局原则

（1）放置固定元器件之后，按照信号的走向逐个安排各个功能电路单元的位置，以每个功能电路的核心元器件为中心，围绕它进行局部布局。

（2）元器件的布局应便于信号流通，使信号尽可能保持一致的方向。在多数情况下，信号的走向安排为从左到右或从上到下，与输入端、输出端直接相连的元器件应当放在靠近输入、输出接插件或连接器的地方。

3. 防止电磁干扰

（1）对于辐射电磁场较强的元器件及对电磁感应较灵敏的元器件，应加大元器件相互之间的距离，或考虑添加屏蔽罩。

（2）尽量避免高、低电压元器件相互混杂，以及强、弱信号的元器件交错在一起。

（3）对于会产生磁场的元器件，如变压器、扬声器、电感等，布局时应注意减少磁感线对印制导线的切割；相邻元器件磁场方向应相互垂直，减少彼此之间的耦合。图 9-2 所示为电感与电感垂直 90° 进行布局。

图 9-2　电感与电感垂直 90° 进行布局

（4）对干扰源或易受干扰的模块进行屏蔽，屏蔽罩应有良好的接地。屏蔽罩的规划如图 9-3 所示。

图 9-3　屏蔽罩的规划

（PMU 为电源管理单元）

4．抑制热干扰

（1）对于发热元器件，应优先将其安排在利于散热的位置，必要时可以单独设置散热器或小风扇，以降低温度，减少对邻近元器件的影响。布局的散热考虑如图 9-4 所示。

图 9-4　布局的散热考虑

（2）一些功耗大的集成块、大功率管、电阻等，要布置在容易散热的地方，并与其他元器件隔开一定距离。

（3）热敏元器件应紧贴被测元器件并远离高温区域，以免受到其他发热元器件影响，引起误动作。

（4）双面放置元器件时，底层一般不放置发热元器件。

5．可调元器件布局原则

对于电位器、可变电容器、可调电感线圈、微动开关等可调元器件的布局，应考虑整机的结构要求：若是机外调节，则其位置要与调节旋钮在机箱面板上的位置相适应；若是机内调节，则应放置在 PCB 上便于调节的地方。

9.2　PCB 模块化布局思路

面对硬件平台集成度越来越高、系统越来越复杂的电子产品，PCB 布局应该具有模块化的思维，要求无论是在硬件原理图的设计中，还是在 PCB 布线中，均使用模块化、结构化的设计方法。作为硬件工程师，在了解系统整体架构的前提下，首先应该在原理图和 PCB 布线设计中自觉融合模块化的设计思想，结合 PCB 的实际情况，规划好对 PCB 进行布局的基本思路，PCB 布局基本思路规划如图 9-5 所示。

图 9-5　PCB 布局基本思路规划

9.3　固定元器件的放置

固定元器件的放置类似于固定孔，要求在精准的位置放置，主要根据设计结构进行放置。元器件的丝印和结构的丝印进行归中、重叠放置。固定元器件的放置如图 9-6 所示。板子上的固定元器件放好后，可以根据飞线就近原则和信号优先原则对整个板子的信号流向进行梳理。

图 9-6　固定元器件的放置

9.4　原理图与 PCB 的交互设置

为了方便找寻元器件，需要把原理图与 PCB 对应起来，使两者之间能相互映射，简称交互。利用交互式布局可以比较快速地定位元器件，从而缩短设计时间，提高工作效率。

（1）为了达到原理图与 PCB 的交互，需要在 OrCAD 软件中允许交互。选择"Options"→ "Preferences"菜单命令，打开参数设置对话框，打开"Miscellaneous"选项卡，勾选交互模式复选框，如图 9-7 所示。

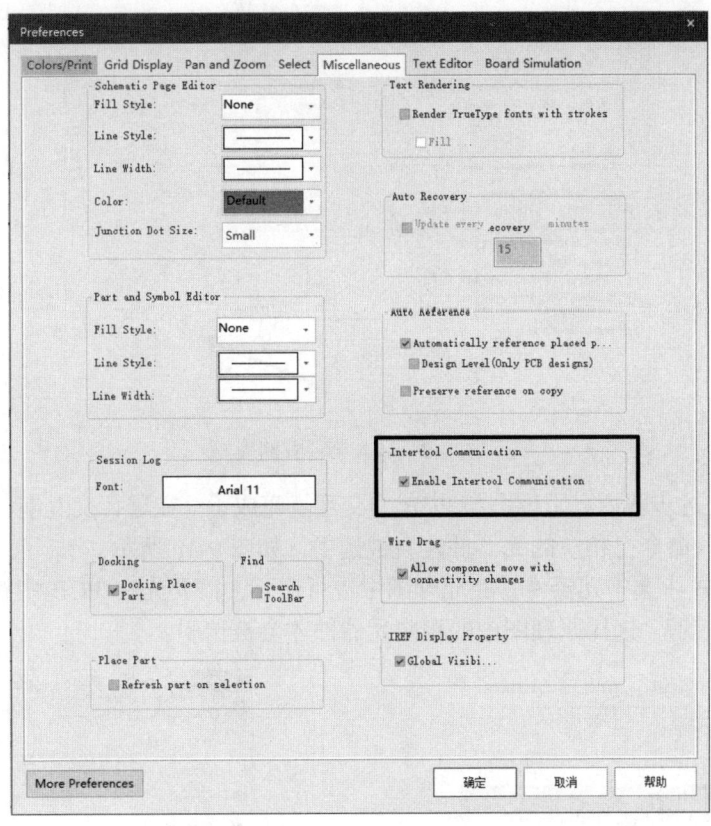

图 9-7　勾选交互模式复选框

（2）打开 OrCAD 软件绘制的原理图，对原理图输出第一方网表，选择"Tools"→"Create Netlist"菜单命令，单击"确定"按钮输出，如图 9-8 所示。

图 9-8　第一方网表输出

（3）将第一方网表导入 PCB，选择"File"→"Import Logic/Netlist"菜单命令，在图 9-9 所示箭头所指位置选择第一方网表所在的路径。

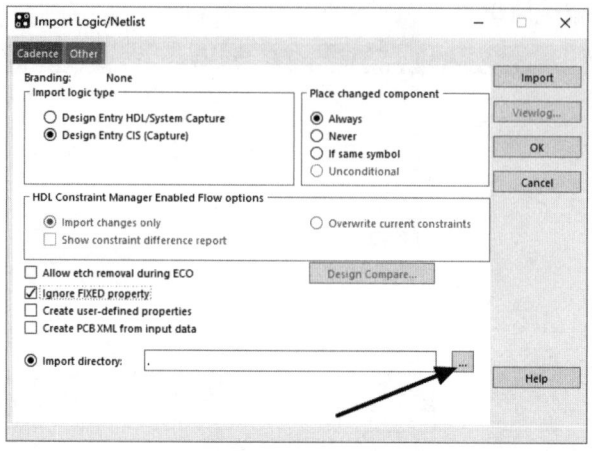

图 9-9　导入第一方网表

（4）执行上述步骤后，原理图与 PCB 的交互就完成了。在进行交互前，需要先在 PCB 中执行"Move"命令，相应的元器件才会被选中，如图 9-10 所示。

（5）在 PCB 中选中元器件并在原理图中进行交互，需要先在 PCB 中执行高亮显示命令，如图 9-11 所示，这样原理图中的相应元器件才会被选中。

图 9-10　"Move"命令

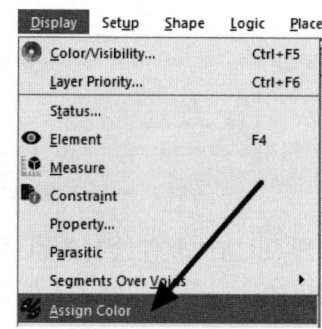

图 9-11　高亮显示命令

9.5　模块化布局

这里介绍一种元器件排列的功能，即 ROOM 放置框，可以在布局初期结合元器件的交互，方便地把一堆杂乱的元器件按模块分开并摆放在一定的区域内。

（1）在原理图中选择一个模块的元器件，右击选择"Edit Properties"选项，进入属性编辑界面，如图 9-12 所示，查看属性中是否有 ROOM 属性，若没有，则需要手动添加，如图 9-13 所示。

（2）在属性中选中所有元器件的 ROOM 属性，右击选择"Edit"选项，赋予相同的 ROOM 属性值，如数字 1，这样就把这一类元器件在原理图中归为了一类，如图 9-14 所示。

图 9-12　进入属性编辑界面操作

		PBB	Part Reference	PCB Footprint	Package Type	PBDE	PCB_FOOTPRINT_BEFORE	Power Pins Visible
1	FXQ : PAGE1 : B1		B1	con2_54-2				
2	FXQ : PAGE1 : B2		B2	con2_54-2				
3	FXQ : PAGE1 : B3		B3	con2_54-2				
4	FXQ : PAGE1 : B4		B4	con2_54-2				
5	FXQ : PAGE1 : C1		C1	0603C				
6	FXQ : PAGE1 : C2		C2	C3216A				
7	FXQ : PAGE1 : C3		C3	0603C				
8	FXQ : PAGE1 : C4		C4	C3216A				
9	FXQ : PAGE1 : C5		C5	0603C				
10	FXQ : PAGE1 : C6		C6	0603C				
11	FXQ : PAGE1 : C7		C7	0603C				
12	FXQ : PAGE1 : C8		C8	0603C				
13	FXQ : PAGE1 : C9		C9	0603C				
14	FXQ : PAGE1 : C10		C10	0603C				
15	FXQ : PAGE1 : C11		C11	0603C				
16	FXQ : PAGE1 : C12		C12	0603C				
17	FXQ : PAGE1 : C13		C13	0603C				
18	FXQ : PAGE1 : C14		C14	0603C				
19	FXQ : PAGE1 : C15		C15	0603C				
20	FXQ : PAGE1 : C16		C16	0603C				
21	FXQ : PAGE1 : C17		C17	0603C				
22	FXQ : PAGE1 : C18		C18	0603C				
23	FXQ : PAGE1 : C19		C19	0603C				
24	FXQ : PAGE1 : D1		D1	0805D				

图 9-13　添加 ROOM 属性

图 9-14　赋予相同的 ROOM 属性

（3）在 PCB 中指定库路径，如图 9-15 所示，将原理图第一方网表导入 PCB。

（4）在 Outline 层绘制板框，如图 9-16 所示。

（5）选择"Setup"→"Outlines"→"ROOM Outline"菜单命令，绘制一个 ROOM 框，如图 9-17 所示。

图 9-15　指定库路径

图 9-16　绘制板框

图 9-17　绘制 ROOM 框

（6）放置元器件，选择"Place"→"Quickplace"菜单命令，选中"Place by room"单选按钮进行放置，如图 9-18 所示。

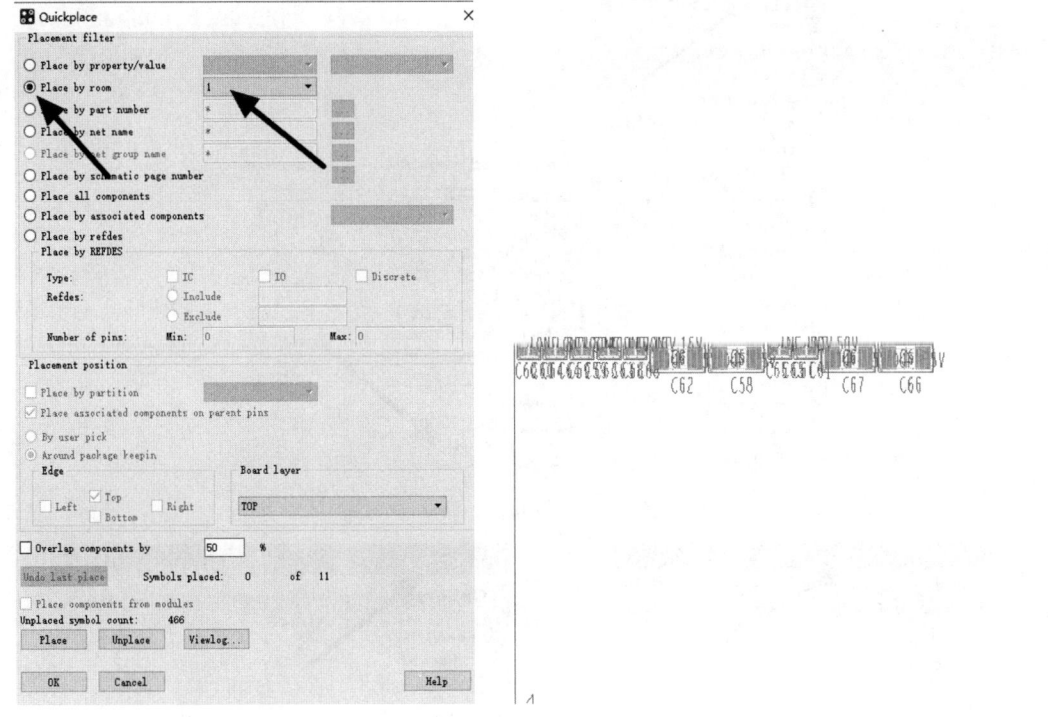

图 9-18　放置元器件

（7）重复之前的步骤，即可完成按照模块进行元器件的放置操作。

9.6　布局常用操作

9.6.1　"Move"命令

在布局时，常常需要移动一些元素的位置以方便进行设计。

（1）选择"Edit"→"Move"菜单命令，此时 PCB 界面的左下角会显示"move"，表示正在执行移动命令，如图 9-19 所示。

（2）在 PCB 界面右边的"Find"选项卡中选择需要移动的元素，如图 9-20 所示，选项卡中未变灰的都可以被选择。

（3）在"Options"选项卡中可以进行移动命令的相关设置，如图 9-21 所示。

选项卡参数如下。

Ripup etch：移动对象时去除所连布线、过孔。

Slide etch：移动对象时保留所连布线、过孔，布线随着对象平滑移动。

Stretch etch：移动对象时保留所连布线、过孔，布线随着对象以任意角度移动。

当都不勾选上述三项复选框时，表示仅移动对象，不能影响其他布线、过孔。

Type：以相对坐标或绝对坐标的方式旋转，一般选相对坐标。

图 9-19 "Move" 命令

图 9-20 "Find" 选项卡

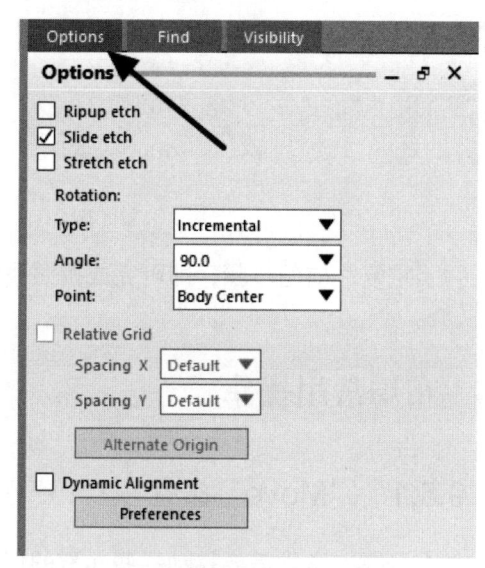

图 9-21 "Options" 选项卡

Angle：旋转的角度设置，根据实际需要选择，一般选 90°。

Point：设置旋转时的基准点，有以下几种方式，可根据实际情况灵活选择。

- Sym Origin：以元器件封装原点为基准点，软件默认选该选项。
- Body Center：以元器件 place_bound 几何中心为基准点，常用于元器件原地旋转。
- User Pick：以鼠标单击选择点为基准点，常用于多个元器件的整体旋转。
- Sym Pin#：以元器件引脚编号为基准点，常用于元器件结构定位。

Sym Origin 和 Body Center 与封装建立是否规范直接相关。

Dynamic Alignment：新增功能，单击 "Preferences" 按钮进入 "User Preferences" 窗口，通过相应的设置，可以在移动元器件时与其他元器件进行对齐操作，如图 9-22 所示。

图 9-22　"Dynamic Alignment" 功能

9.6.2　旋转命令

在 Cadence Allegro 软件中，旋转命令有 "Spin" 命令和 "Rotate" 命令。

1. "Spin" 命令

选择 "Edit" → "Spin" 菜单命令，当 PCB 界面左下角显示 "spin" 时，表示止在执行此命令。此时，同样可以在 "Find" 选项卡和 "Options" 选项卡中进行相关设置，如图 9-23 所示。

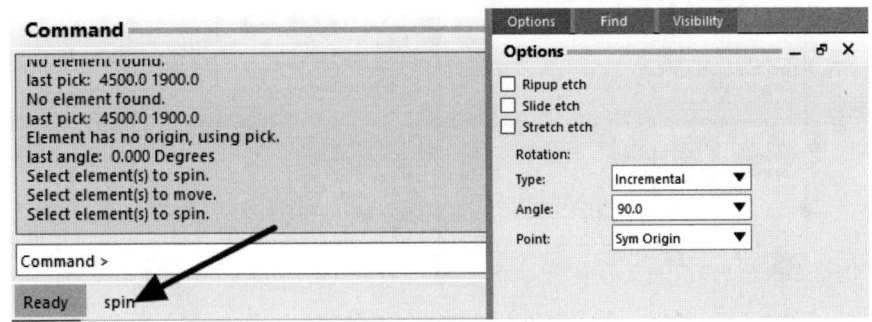

图 9-23　"Spin" 命令

相关参数含义请参考 9.6.1 节。

2. "Rotate" 命令

"Rotate" 命令与 "Spin" 命令的区别："Rotate" 命令需要先执行 "Move" 命令，选中元器件之后右击选择 "Rotate" 选项，如图 9-24 所示，而 "Spin" 命令可以在菜单命令中直接执行。两者都可以在 "Find" 选项卡和 "Options" 选项卡中进行相关设置，相关参数含义请参考 9.6.1 节。

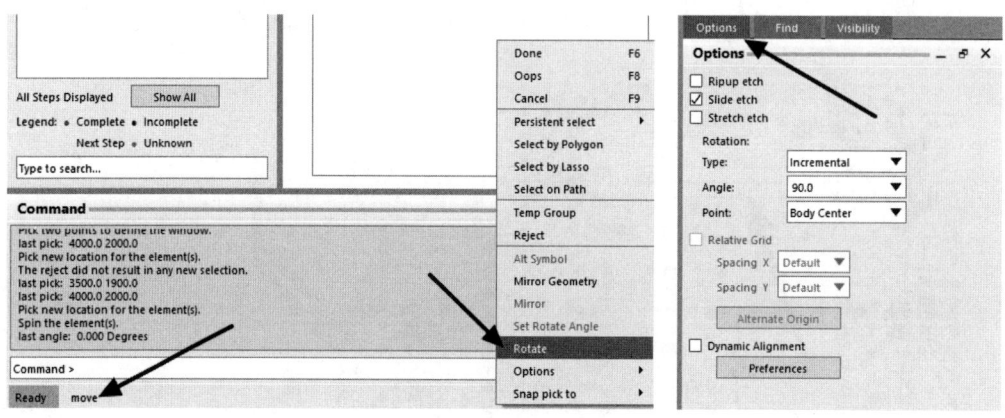

图 9-24　"Rotate" 命令

9.6.3　"Mirror" 命令

在布局时，将顶层元器件布局至底层时需要用到 Mirror 命令。选择 "Edit" → "Mirror" 菜单命令，当 PCB 界面右下角显示 "mirror" 时，表示正在执行此命令，同时在 "Find" 选项卡中勾选 "Symbols" 复选框，如图 9-25 所示，单击一下元器件就完成操作了。

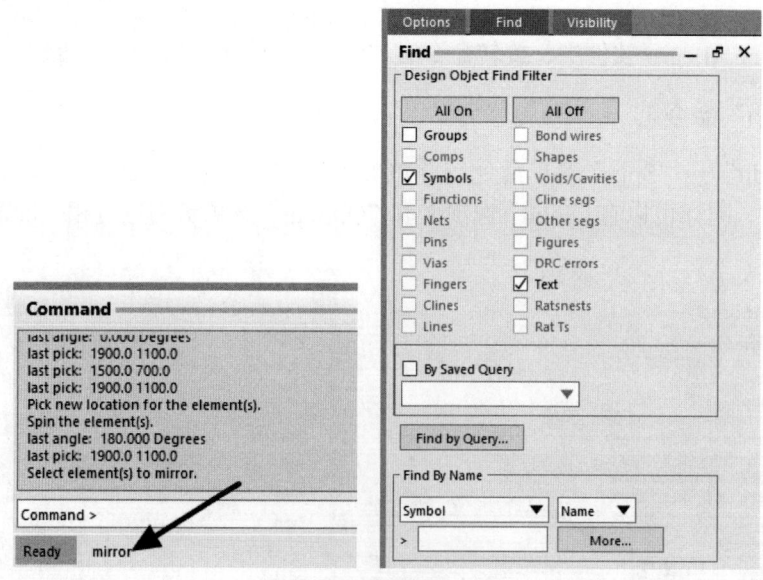

图 9-25　"Mirror" 命令

9.6.4　对齐功能

通常为了整体的美观性，会在布局中使用对齐功能，使元器件整齐摆放。

（1）选择"Setup"→"Application Mode"→"Placement Edit"菜单命令，如图9-26所示，打开布局模式。

图9-26　打开布局模式

（2）在"Find"选项卡中勾选"Symbols"复选框，选择需要对齐的元器件后右击，选择"Align components"选项，此时可以在"Options"选项卡中进行对齐操作设置，如图9-27所示。

图9-27　对齐操作

Horizontal：在水平方向进行对齐操作。

Vertical：在垂直方向进行对齐操作。

Top：进行顶对齐。

Center：进行中心对齐。

Bottom：进行底对齐。

Equal spacing：对齐的时候进行等间距操作。

9.6.5　复制命令

选择"Edit"→"Copy"菜单命令，可以实现对元器件、过孔、铜皮等元素的复制。在执行"Copy"命令时，"Options"选项卡中会有相关设置。

（1）在执行"Copy"命令之后，界面左下角会显示"copy"，在"Options"选项卡中可以选择复制的参考点，如图 9-28 所示。

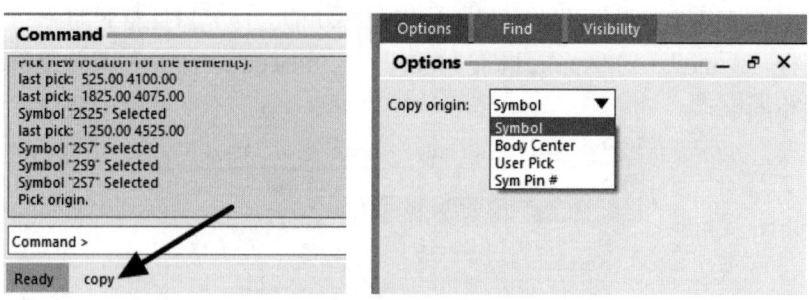

图 9-28　选择复制的参考点

Symbol：元器件。

Body Center：元器件中心。

User Pick：用户任意选取一个参考点。

Sym Pin#：元器件的焊盘。

（2）选择需要复制的元素后，界面左下角会显示"Paste"，"Options"选项卡中会自动变化，可以对复制的数目及间距进行设置，图中是在 X 方向上复制 3 个元器件；同时，复制之后的元器件间距为 200mil，方向向右，如图 9-29 所示。

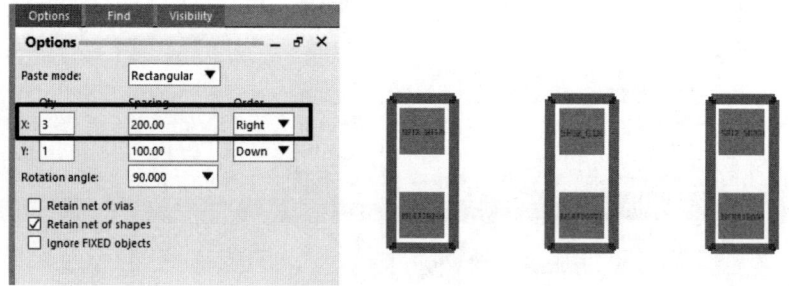

图 9-29　矩形复制

除此之外，还可以进行弧形复制，"Direction"为复制方向，"Copies"为复制数目，"Rotation angle"为复制时元素旋转的角度，如图 9-30 所示。

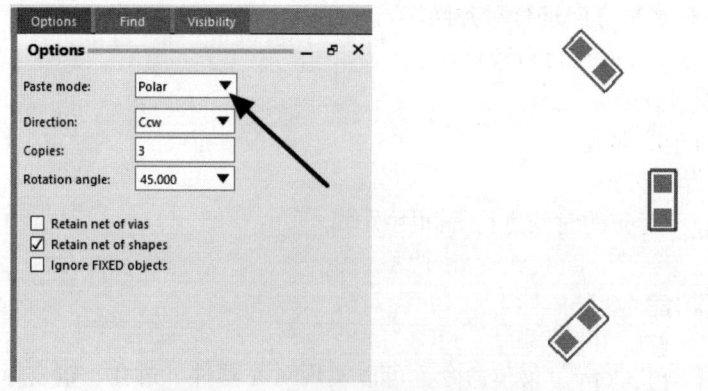

图 9-30　弧形复制

当复制过孔及铜皮时，可以选择是否保留网络。

Retain net of vias：保留过孔网络。

Retain net of shapes：保留铜皮网络。

9.6.6 交换元器件功能

当两个元器件的网络飞线交叉时，可以使用交换元器件功能快捷地互换元器件的位置。

选择"Place"→"Swap"→"Components"菜单命令，如图 9-31 所示，分别单击需要交换位置的两个元器件，操作完成后的对比如图 9-32 所示。

图 9-31　交换元器件操作

图 9-32　操作完成后的对比

9.6.7 Group 功能

当需要对某一部分的元器件及连接的元素（铜皮、过孔等）进行整体操作时，就需要利用 Group 功能创建成一个模块。

（1）选择"Setup"→"Application Mode"菜单命令，进行模式的选取，在下拉菜单中选择"Placement Edit"布局模式，如图 9-33 所示。

图 9-33　模式选择示意图

（2）在"Find"选项卡中勾选"Symbols"复选框，其他复选框不要勾选，进行模型的创建，如图9-34所示。

图9-34 "Find"选项卡

（3）选择好元器件以后，在PCB中左击框选已经做好模块的元器件，全部选中，这样元器件会呈现出临时选中的颜色，如图9-35所示。

图9-35 选择好元器件示意图

（4）选择好元器件之后，右击，在下拉菜单中选择"Place replicate create"选项，如图9-36所示。

图9-36 创建模型操作示意图

（5）单击创建模型以后，整个模块本身的布线、铜皮、过孔等元素有一些会被自动选中，还有一些没有被选中，这时需要将整个模块的元素全部选中。在"Find"选项卡中勾选"Clines""Vias""Shapes"等复选框，在PCB中左击框选模块的所有元素，将其全部选中。

（6）选中所有元素后，在PCB空白的地方右击，在下拉菜单中选择"Done"选项，结束模块元素的选取。

（7）选取元素之后，左击，会弹出保存模型的对话框，如图9-37所示，将这个已经创建好的模型保存即可，名称可以自由定义，方便查询即可；此时Group就创建完成了，当在"Find"选项卡中勾选"Groups"复选框时，就可以进行整体操作了。

图9-37　保存模型

9.6.8　Temp Group 功能

Temp Group，相当于临时创建的Group组，用于很多元素的选择，用于执行某项命令，如移动、复制等。执行完命令之后，Group组就打散了，不存在了。我们以移动命令为例，讲解如何使用Temp Group功能。

（1）选择"Edit"→"Move"菜单命令，在"Find"选项卡中选择需要移动的元素，如移动元器件与过孔，如图9-38所示。

图9-38　执行移动命令与元素选择示意图

（2）右击，选择"Temp Group"选项，临时选择Group组，可以进行多个元素的选择，框选或者单个单击都可以，如图9-39所示。

图9-39　"Temp Group"进行多项选择示意图

（3）选择完成以后，右击，选择"Complete"选项，完成多项选择，如图 9-40 所示。

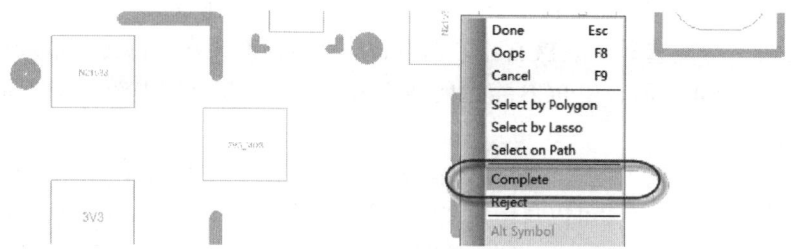

图 9-40　多项选择操作示意图

（4）移动整个临时 Group 组即可。移动命令结束之后，临时 Group 组也就打散了。

9.6.9　锁定与解锁命令

使用 Cadence Allegro 软件进行布局操作时，会有很多结构器件或者定位孔是固定的，为了防止后面发生误操作，一般会使用锁定命令将其锁定，具体操作步骤如下。

（1）单击 按钮，在"Find"选项卡中选择需要锁定的元素，如 Symbols（元器件）、Nets（网络）、Pins（元器件引脚）、Vias（过孔）、Clines（电气布线）、Lines（非电气布线）、Shapes（铜皮）、Cline segs（电气布线线段）等。

（2）选择好需要锁定的元素以后，单击即可。

单击 按钮，进行解锁。执行解锁命令之后，在"Find"选项卡中选择需要解锁的对象即可。

9.6.10　高亮与低亮功能

在 PCB 设计中，为了方便观察某一种网络的布线，常常会使用高亮功能。

高亮：Cadence Allegro 软件有两种方式：一种是分配网络颜色的 Assign Color 命令；另一种是将亮度进行增强的 Highlight 命令。

（1）选择"Display"→"Assign Color"菜单命令，在"Options"选项卡中进行颜色和样式的选择，如图 9-41 所示；同时，在"Find"选项卡中选择高亮的元素，灰色的不能被选择。

图 9-41　"Assign Color"命令

（2）选择"Display"→"Highlight"菜单命令，能够将网络的亮度增强，颜色不会发生改变，在"Options"选项卡中可以选择高亮的样式，如图 9-42 所示。

图 9-42　"Highlight"命令

低亮：用于取消高亮操作，选择"Display"→"Dehighlight"菜单命令，在"Dehighlight all"选区中选择取消高亮的元素。若是需要取消"Assign Color"命令的高亮，则需要先勾选"Retain object custom color"复选框，再进行操作，如图 9-43 所示。

图 9-43　"Dehighlight"命令

9.6.11　查询命令

选择"Display"→"Element"菜单命令，在"Find"选项卡中勾选需要查看的元素，单击元素，就会弹出显示该元素所有信息的窗口，如图 9-44 所示。

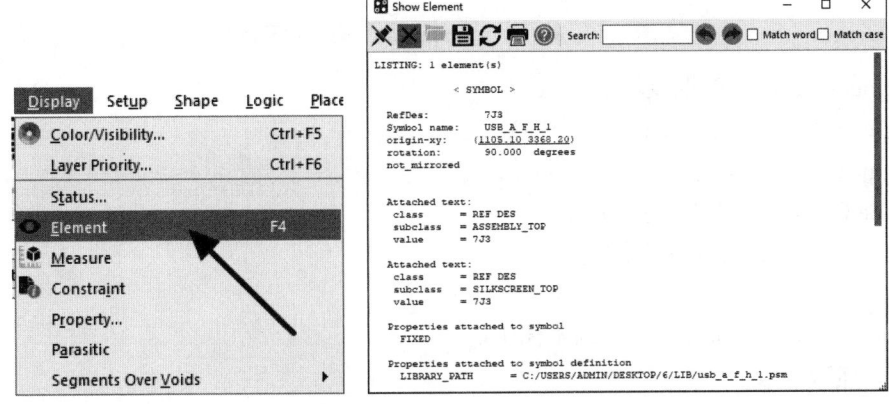

图 9-44　"Element"命令

9.6.12　测量命令

在 PCB 中测量某一段距离时，可以通过测量命令进行测量。

（1）选择"Display"→"Measure"菜单命令，单击需要测量的两个端点，就会弹出测量结果的窗口，如图 9-45 所示。

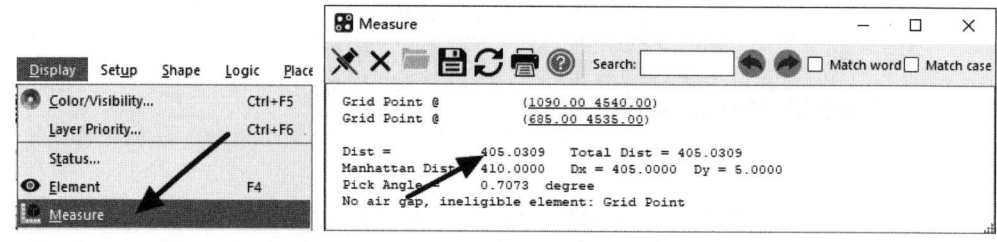

图 9-45　"Measure"命令

（2）该命令可以搭配"Snap pick to"抓取功能使用。在执行测量命令之后，右击并选择"Snap pick to"选项，如图 9-46 所示。从下拉菜单中可以看到，抓取的对象有很多，常用对象的含义如下。

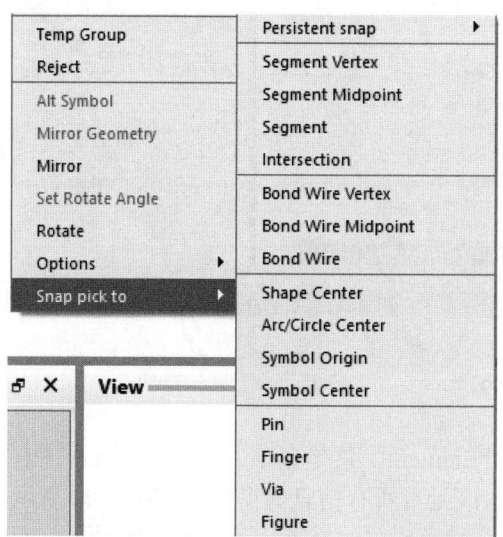

图 9-46　执行"Snap pick to"命令示意图

Segment Vertex：抓取线段的端点。

Segment Midpoint：抓取线段的中点。

Segment：抓取线段。

Shape Center：抓取铜皮的中心。

Arc/Circle Center：抓取圆弧或者圆心。

Symbol Origin：抓取元器件的原点。

Symbol Center：抓取元器件的本体中心。

Pin：抓取焊盘。

Via：抓取过孔。

9.6.13　查找功能

Cadence Allegro 软件查找元器件的方式：在"Find"选项卡的"Find By Name"选区中选择"Symbol(or Pin)"选项，输入器件位号，单击"More"按钮，如图 9-47 所示，查找的元器件被高亮显示，同时在右下角的导航栏出现一个方框，被查找的元器件就在框中的区域内，若单击该区域，则该区域被放大显示。也可以先在"Find By Name"选区中单击"More"按钮，然后在弹出的对话框中输入元器件名称进行查找。

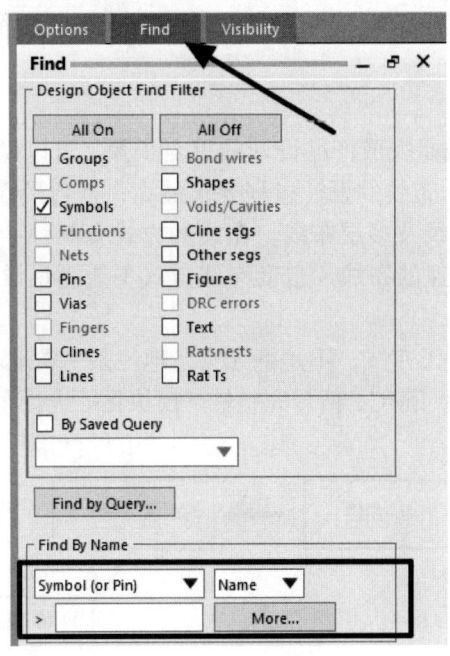

图 9-47　查找功能

9.7　本章小结

PCB 布局的好坏直接关系到板子的成败，根据基本原则并掌握快速布局的方法，有利于对整个产品的质量进行把控。

本章讲解了常见 PCB 布局约束原则、PCB 模块化布局思路、固定元器件的放置、原理图与 PCB 的交互设置、模块化布局、布局常用操作。

第 10 章

流程化设计——PCB 布线

在 PCB 设计中，布线是完成产品设计的重要步骤，可以说前面的工作都是为它而做的。在整个 PCB 设计中，布线的设计过程要求最高，技巧最细腻，工作量也最大。PCB 布线有单面布线、双面布线及多层布线。布线的方式有两种：自动布线和手工布线。对于一些比较敏感的线、高速的布线，自动布线方式不能满足设计要求，一般都需要采用手工布线方式。

采取高速 PCB 设计手工布线，不是毫无头绪地一条一条地对 PCB 布线，也不是常规简单的横竖布线，而是基于 EMC、信号完整性、模块化等进行布线。PCB 布线基本思路如图 10-1 所示。

图 10-1　PCB 布线基本思路

 学习目标

➤ 掌握常用类及规则的创建与应用。
➤ 掌握常用布线技巧及铜皮的处理方式。
➤ 掌握差分线的添加及应用。
➤ 熟悉蛇形线的走法及常见等长处理方式。

10.1 类与类的创建

10.1.1 类的简介

Net Class 即网络类，同一属性的网络或差分放置在一起构成一个类别，就是网络类，如 GND 网络和电源网络放置在一起构成电源网络类。属于 90Ω 的 USB 差分、HOST 差分、OTG 差分放置在一起，构成 90Ω 差分类。分类的目的在于可以对相同属性的类进行统一规则的约束或编辑管理。

在 Cadence Allegro 软件中，选择"Setup"→"Constraints"→"Constraint Manager"菜单命令，进入规则模型管理器，在管理器中进行类的创建，如图 10-2 和图 10-3 所示。

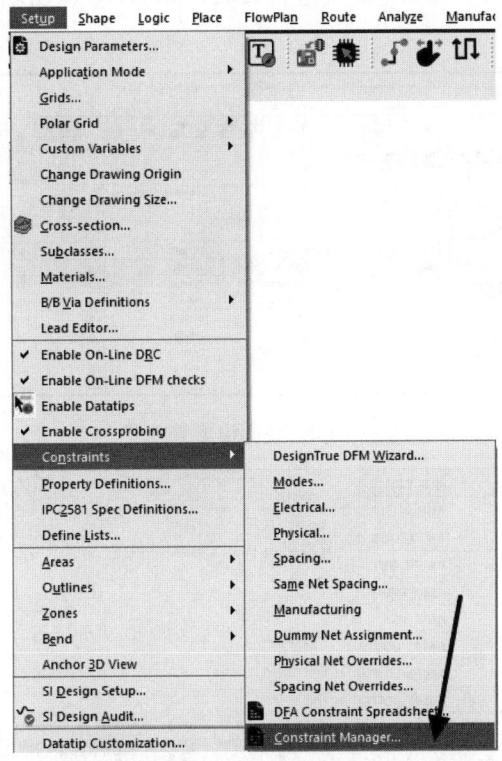

图 10-2 执行"Constraint Manager"命令

图 10-3 类的创建

10.1.2 Class 的创建

网络类就是按照模块总线的要求，把相应的网络汇总到一起，如 DDR 的数据线、TF 卡的数据线等，创建步骤如下。

（1）选择"Setup"→"Constraints"→"Constraint Manager"菜单命令，进入规则模型管理器。

（2）选择规则模型管理器中"Physical"选项下的"Net"选项，窗口显示 PCB 中的所有网络，如图 10-4 所示。

（3）利用"Ctrl+鼠标左键"或"Shift+鼠标左键"进行多选网络操作，右击，进行类的创建，如图 10-5 所示。

（4）在弹出的对话框中对创建的类进行命名，如图 10-6 所示，单击"OK"按钮，类的创建就完成了。

图 10-4　规则模型管理器

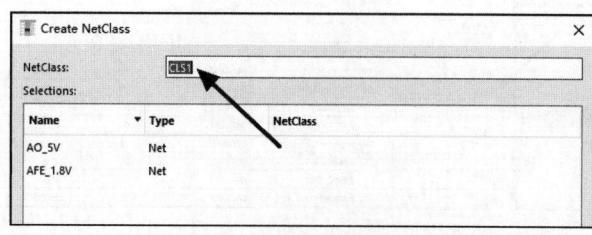

图 10-5　类的创建

图 10-6　命名类

10.1.3 Net Group 的创建

Net Group 是归纳某一类信号的集合，如 DDR 颗粒，同一组的 D0 ~ D7 数据线就可以创建为一组 Net Group，方法与类的创建相似，创建步骤如下。

（1）选择"Setup"→"Constraints"→"Constraint Manager"菜单命令，进入规则模型管理器。

（2）选择规则模型管理器中"Physical"选项下的"Net"选项。

（3）利用"Ctrl+鼠标左键"或"Shift+鼠标左键"进行多选网络操作，右击并选择"Net Group"选项进行创建，如图 10-7 所示。

图 10-7　Net Group 的创建

（4）在弹出的对话框中对创建的 Net Group 进行命名，如图 10-8 所示，单击"OK"按钮，Net Group 的创建就完成了。

图 10-8　命名 Net Group

10.1.4 Pin Pair 的创建

在 Cadence Allegro 软件中，无论是做绝对传输延迟还是做相对传输延迟，其本质都是从元器件的一个引脚连接到另一个引脚的长度，也就是所说的 Pin Pair 到 Pin Pair 的长度。创建等长集合，其实就是创建 Pin Pair 集合。Pin Pair 的创建步骤如下。

（1）选择"Setup"→"Constraints"→"Constraint Manager"菜单命令，进入规则模型管理器。

（2）进入规则模型管理器之后，在左侧选区中选择"Net"选项，在"Net"选项下选

择相对传输延迟 "Relative Propagation Delay" 选项，如图 10-9 所示。

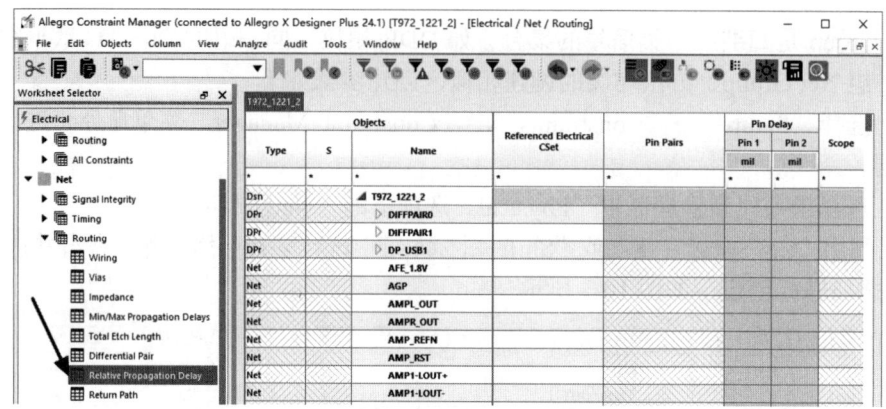

图 10-9　选择相对传输延迟示意图

（3）选择其中一根需要做等长的信号线，右击，选择 "Create" 选项，在下拉菜单中选择 "Pin Pair" 选项，如图 10-10 所示。

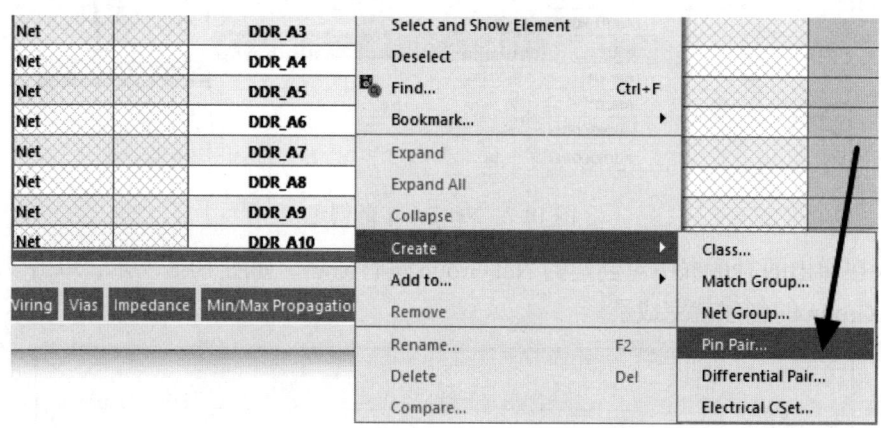

图 10-10　创建 Pin Pair 示意图

（4）执行上述命令之后，会弹出该网络连接的所有引脚，如图 10-11 所示，如果是点对点，则直接单击 "OK" 按钮；如果是多个连接点，则选择需要做等长的两个连接点，单击 "OK" 按钮。

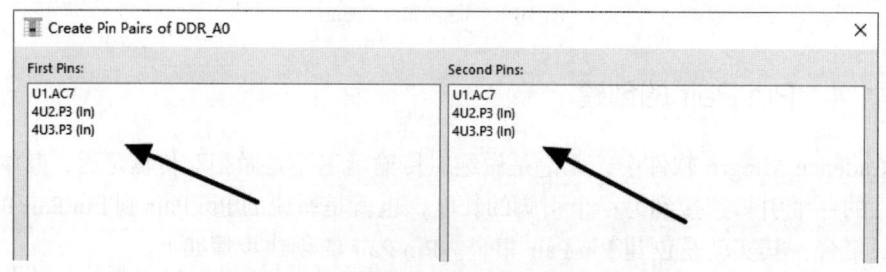

图 10-11　网络连接的所有引脚示意图

（5）把所有需要做等长的信号线都按照上述方法添加 Pin Pair，添加完成之后，选中所有的 Pin Pair，创建等长集合，一起做等长即可。

10.1.5 Xnet 的创建

Xnet 是指在无源器件的两端，两个看似不同的网络，本质上却是同一个网络的情况，如一个源端串联电阻或者串联电容两端的网络。在实际设计中，需要进行 Xnet 的创建，以方便进行时序等长的设计。一般信号传输都要求信号的传输总长度达到要求，而不是分段信号等长，这时采用 Xnet 就可以非常方便地实现这一功能，具体操作步骤如下。

（1）选择"Analyze"→"Model Assignment"菜单命令，进行模型的指定，如图 10-12 所示。

（2）单击指定模型之后，会弹出如图 10-13 所示的窗口，显示的是没有解决的问题。如果是电压的问题，那么系统会显示这是一个电源，但是并没有赋予电压值，因此会显示错误。通过添加 Xnet，可以忽略这些错误，直接单击"OK"按钮即可。

（3）在 PCB 界面中单击需要设置 Xnet 模型的元器件，右侧对应列表中会同步选中这些元器件，也可以将同一类型的元器件全部选中，如图 10-14 所示。

图 10-12 指定模型操作示意图

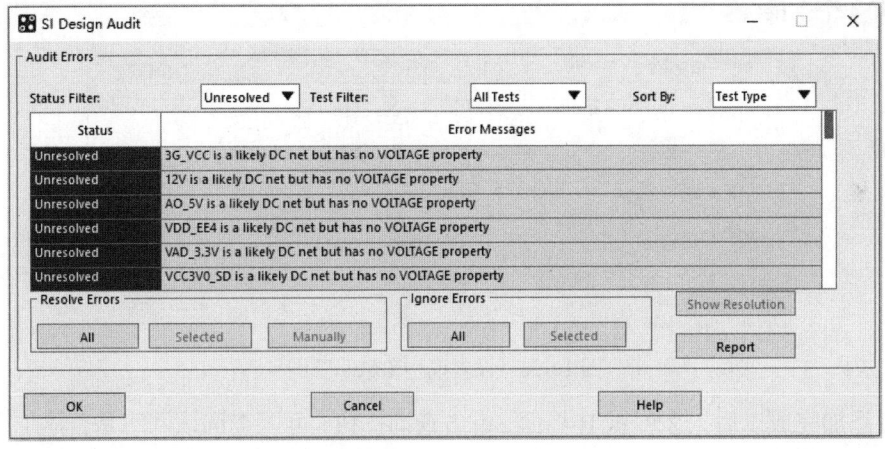

图 10-13 "SI Design Audit"窗口

图 10-14 给元器件创建模型示意图（1）

（4）选中需要创建模型的元器件之后，选择"Create Model"选项，进行模型的创建。在弹出的窗口中，按照默认选中"Create ESpiceDevice model"单选按钮，如图 10-15 所示。

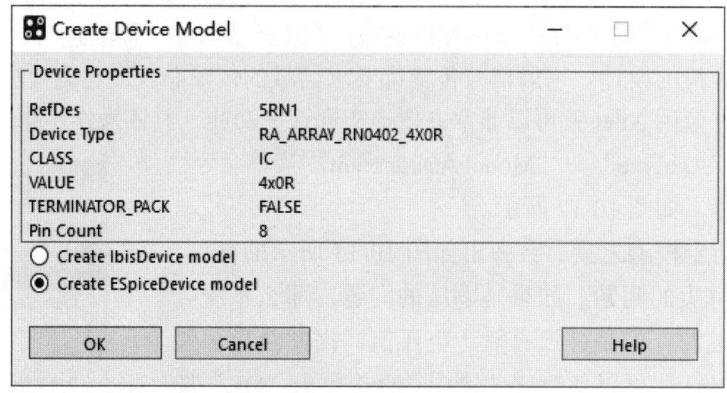

图 10-15　给元器件创建模型示意图（2）

（5）如图 10-16 所示，在弹出的窗口中，需要填写的项目："Value"按照实际值填写，仿真时会用到这个数据；"Single Pins"需要对应好电阻的关系，应与图 10-15 所示窗口中的内容一致，如 1 8 表示一个电阻，电阻两端的网络是同一个网络，以此类推，这里添加的排阻有 4 个 Xnet。

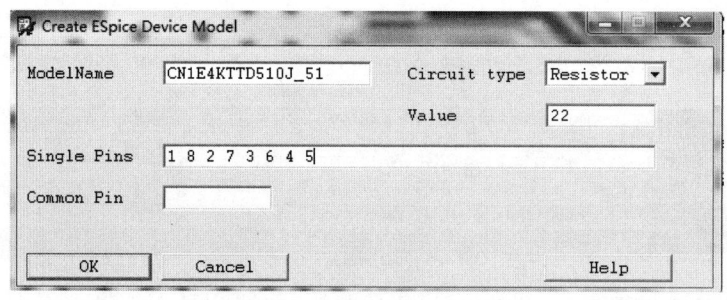

图 10-16　设置模型参数示意图

（6）添加完成以后，返回 PCB 界面，单击查询按钮，可以查询该网络是否添加了 Xnet，如图 10-17 所示。

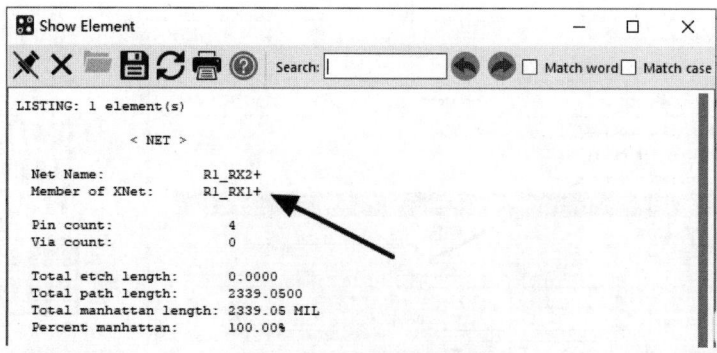

图 10-17　Xnet 显示示意图

10.2　常用 PCB 规则设置

规则设置是 PCB 设计中至关重要的一个环节，可以通过 PCB 规则设置，保证 PCB 符合电气要求和机械加工（精度）要求，为布局、布线提供依据，也为 DRC 提供依据。

对于 PCB 设计，这些设计规则包括电气、元器件放置、布线、元器件移动和信号完整性等。对于常规的电子设计，不需要用到全部的规则，为了使读者能直观、快速地上手，这里只对常用的规则设置进行说明。

10.2.1　规则设置界面

选择"Setup"→"Constraints"→"Constraint Manager"菜单命令，进入规则模型管理器，在"Worksheet Selector"选区中进行常用规则的设置，如图 10-18 所示。

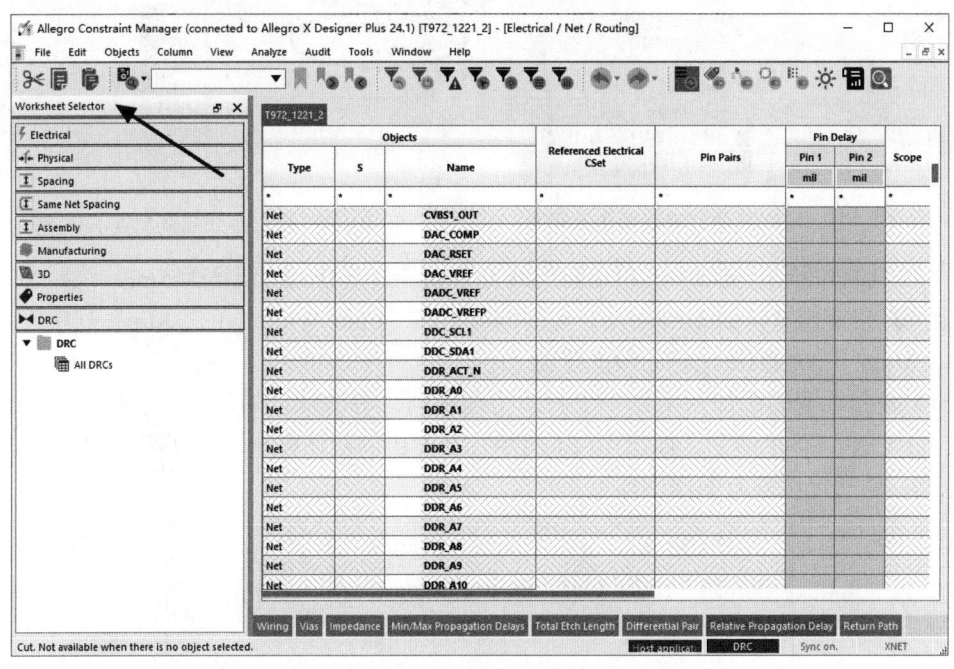

图 10-18　规则设置界面

10.2.2　线宽规则设置

在完成布局、计算好阻抗线宽之后，就要进行布线操作了。在布线之前，需要添加布线的规则，这样走出来的线宽才是阻抗线宽。添加线宽规则的操作步骤如下。

（1）选择"Setup"→"Constraints"→"Constraint Manager"菜单命令，进入规则模型管理器，如图 10-19 所示。

（2）单击"Worksheet Selector"选区中的"Physical"选项，进行物理规则设置，它主要管控信号布线的线宽及差分信号的线宽、线距，如图 10-20 所示。

图 10-19　进入规则模型管理器操作示意图　　　　图 10-20　物理布线线宽设置示意图

（3）添加布线的阻抗线宽，单端阻抗线宽为 6mil，差分阻抗线宽为 5mil，线距为 8mil。单端阻抗直接使用默认的 DEFAULT 规则添加，在"Line Width"的"Min"列中输入 6.0即可，"Max"表示 PCB 允许的最大线宽。

（4）差分线宽的添加。新建一个新的物理规则，右击默认的规则，选择"Create"→"Physical CSet"菜单命令，如图 10-21 所示，在弹出的对话框中输入物理规则的名称，如DIFF100，然后定义差分的规则即可。

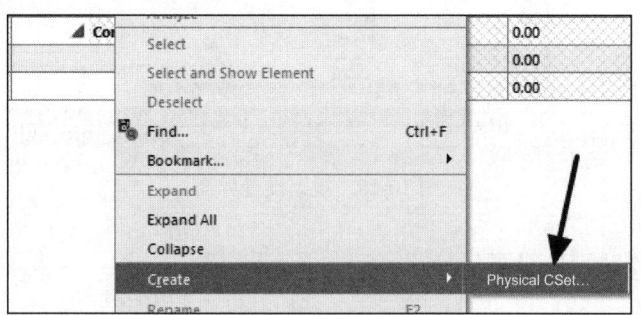

图 10-21　创建新的物理规则示意图

（5）差分规则的定义与单端的规则定义是一致的。在"Line Width"的"Min"列中输入 5.0，表示差分布线的线宽，在"Primary Gap"列中输入 8.0，表示差分布线的间距，如图 10-22 所示。

（6）在上述规则添加中，只是对布线规则进行了设定，但是软件系统并不知晓哪些网络需要走 50Ω 阻抗，哪些网络需要走 100Ω 阻抗，所以还需要对网络进行驱动。先在左侧选区中选择"Net"选项，然后在右侧会显示整个 PCB 的网络，根据布线的具体需求，在规则设置栏中选择对应的驱动规则即可，如图 10-23 所示。

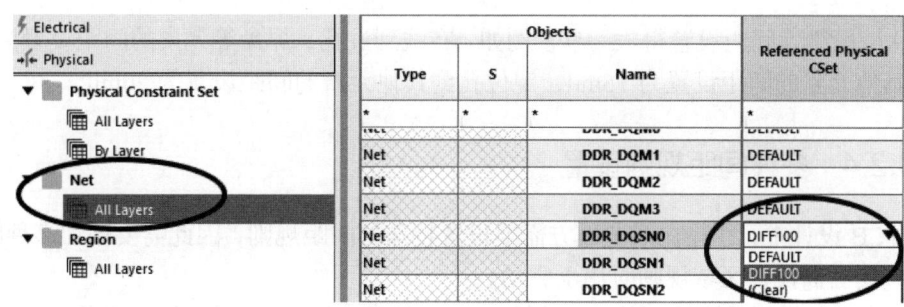

Objects		al	Line Width		Neck		Differential Pair	
Name			Min	Max	Min Width	Max Length	Min Line Spacing	Primary Gap
			mil	mil	mil	mil	mil	mil
*			*	*	*	*	*	*
◢ T972_1221_2			5.00	0.00	5.00	0.00	0.00	0.00
◢ DEFAULT			5.00	0.00	5.00	0.00	0.00	0.00
◢ Conductor			5.00	0.00	5.00	0.00	0.00	0.00
TOP			5.00	0.00	5.00	0.00	0.00	0.00
BOTTOM			5.00	0.00	5.00	0.00	0.00	0.00
◢ DIFF100			5.00	0.00	5.00	0.00	0.00	8.00
▷ Conductor			5.00	0.00	5.00	0.00	0.00	8.00

图 10-22 差分布线规则设置示意图

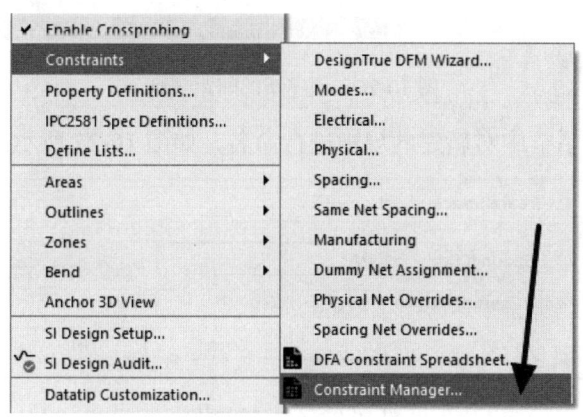

图 10-23 布线规则驱动示意图

10.2.3 间距规则设置

添加布线的阻抗线宽后，PCB 的信号就会按照所设置的物理布线线宽布线。除了添加布线的线宽，还需要添加间距规则，以便规范不同元素之间的间距，满足生产的需求。添加间距规则的操作步骤如下。

（1）选择"Setup"→"Constraints"→"Constraint Manager"菜单命令，进入规则模型管理器，如图 10-24 所示。

图 10-24 进入规则模型管理器操作示意图

（2）在左侧选区中选择"Spacing"选项，如图 10-25 所示，再选择"All Layers"选项，可以看到 PCB 上所有需要设置间距规则的元素，在元素的下方设置间距大小。

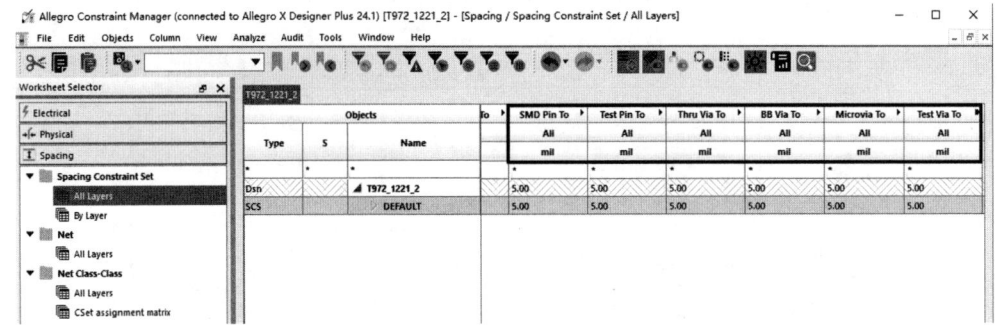

图 10-25　间距规则设置示意图

（3）一般推荐间距设置得大一些。例如，布线到过孔、焊盘等元素的间距设置为 6mil，铜皮到其他元素的间距设置为 15mil，定位孔到其他元素的间距设置为 20mil。

10.2.4　多种间距规则设置

在 PCB 设计中，往往在某些地方需要设置特殊的间距规则，因此需要添加多种间距规则，以方便后面设置区域规则时用于驱动。

（1）在间距规则设置界面的 SCS 栏处右击，创建一种新的间距规则，如图 10-26 所示。

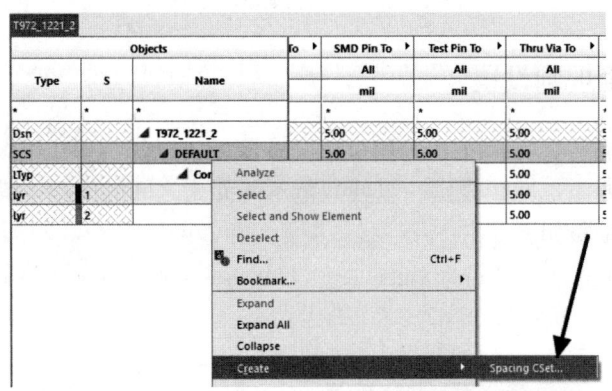

图 10-26　创建新的间距规则

（2）在弹出的对话框中对新建的规则进行命名，如图 10-27 所示。

图 10-27　命名新规则

（3）对新建的规则设置各种元素之间的间距大小，具体数值根据实际设计进行设置。

10.2.5　相同网络间距规则设置

Cadence Allegro 软件提供了相同网络的间距规则设置，以满足在 PCB 设计中的一些特殊情况。

（1）选择"Setup"→"Constraints"→"Constraint Manager"菜单命令，进入规则模型管理器。

（2）在左侧选区中选择"Same Net Spacing"选项，如图 10-28 所示，再选择"All Layers"选项，可以看到 PCB 上所有需要设置间距规则的元素，在元素的下方设置间距大小。

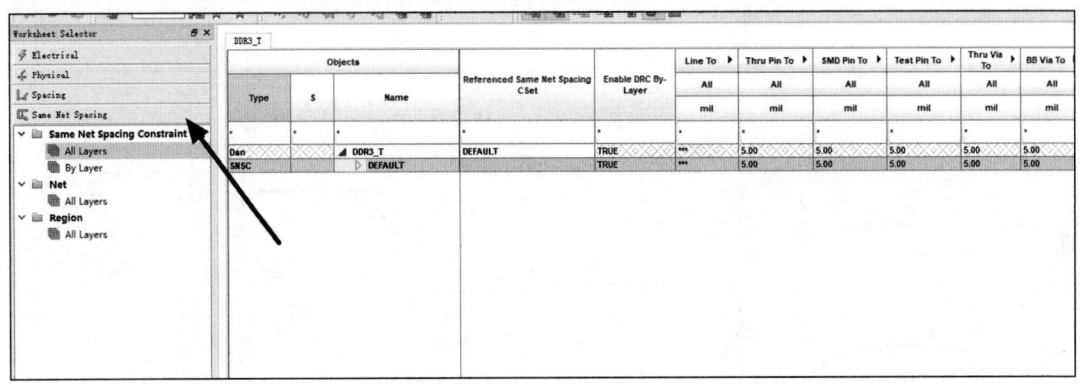

图 10-28　相同网络间距规则设置示意图

（3）设置完成之后，在"Net"选项中选择相应的网络进行规则驱动，如图 10-29 所示。

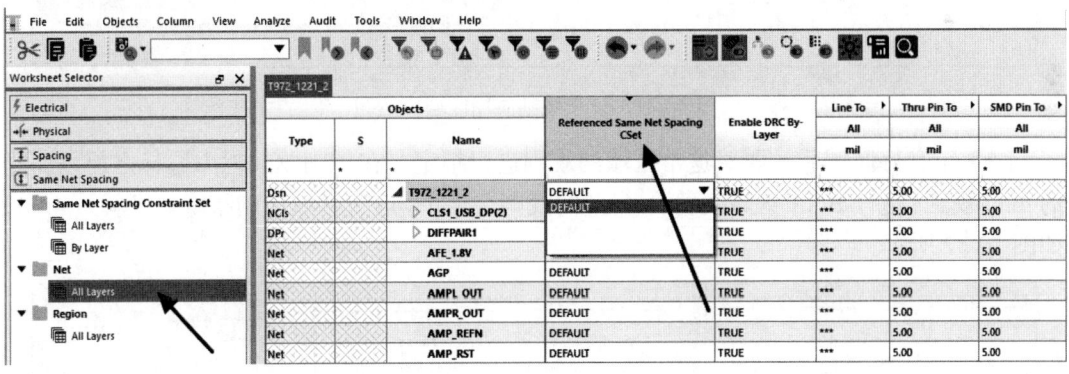

图 10-29　选择规则驱动网络示意图

10.2.6　区域规则设置

区域规则就是在整个 PCB 的规则内，有一块独立区域服从另一种规则。添加区域规则的操作步骤如下。

（1）需要设置区域规则的内容，物理布线与间距都可以添加区域规则。以布线为例，默认的布线宽度是 5mil，定义区域内的布线宽度为 4mil，右击新建一种物理规则，设置布线的宽度为 4mil，如图 10-30 所示。

（2）定义 4mil 宽度布线的物理规则后，还需要定义一个区域，在这个区域内满足的规则就是4mil，在左侧选区中选择"Region"下的"All Layers"选项，选中"example3"栏并右击，选择"Create"→"Region"菜单命令，如图10-31所示，然后在弹出的对话框中输入名称，如BGA，说明这是BGA区域所使用的规则。

图10-30　定义4mil宽度布线的物理规则示意图

图10-31　定义规则应用区域示意图

（3）定义好区域后，要对这个区域的规则进行指定。在规则驱动栏中选择之前添加好的4mil规则，这样BGA区域就符合4mil的规则要求了，这个区域内的布线宽度就是4mil，如图10-32所示。

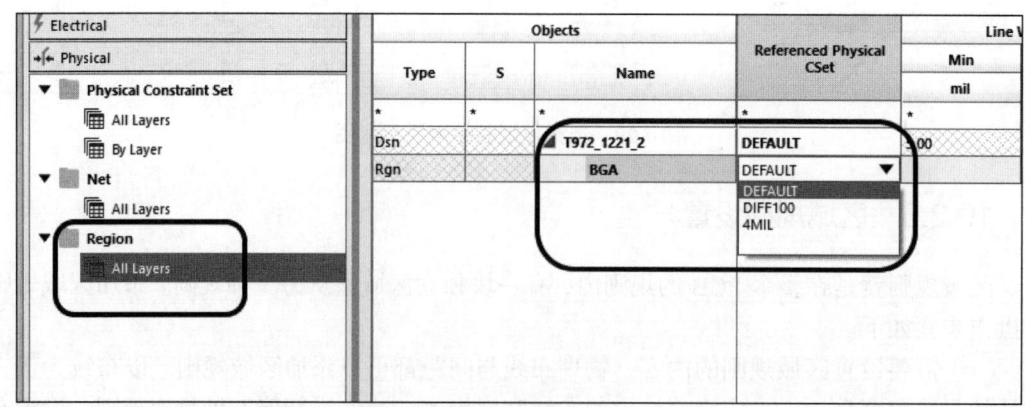

图10-32　规则驱动示意图

（4）区域规则设置完毕后，直接在PCB上添加区域框即可，在需要添加区域规则的地方放置铜皮。需要注意的是，绘制铜皮的层必须是 Constraint Region 层。Subclass 层应根据需要选择。如果在所有层生效，则选择"All"选项；如果只在对应的层生效，则选择对应的层即可，如图 10-33 所示。

（5）绘制完区域框之后，还需要指定名称。选中刚才绘制好的区域框，右击，选择"Assign Region"选项，在"Options"选项卡中选择在规则模型管理器中添加好的 BGA 即可。这样，所绘制的区域就满足 BGA 区域规则了。

图 10-33　绘制区域框示意图

10.2.7　差分动态和静态等长规则设置

差分对用来控制两根差分线之间对内长度的误差，有两个设置项：Static Phase（静态等长）和 Dynamic Phase（动态等长），如图 10-34 所示。

图 10-34　差分对设置项

因为差分接收端所接收的信号是两个信号的差值，必须保证相位的高度同步，所以它们的对内等长要求一般都是通用的。差分对内等长要求如下。

（1）差分对内整体控制等长≤5mil。

（2）如果有换层，则每一层的布线差分对内控制等长≤5mil（考虑不同层传输延时的差别）。

（3）大于 5Gbit/s 的高速串行总线，考虑实时等长，也就是当布线的偏差大于 25mil 时，必须在 600mil 以内补偿，可以用反向拐角来补偿，也可以按照 3W 规则小波浪绕线补偿。

（4）Break Out 区域，偏差可以放大到 30mil，不等长的范围可以增加到 800mil，如果换层，则每层布线之间的不等长偏差也可从≤5mil 加大到≤10mil。

（1）的要求可以直接通过 Static Phase 来实现，实际上平常所处理的差分对内等长设置都是静态规则，只要保证整体等长即可，至于是绕大波浪还是绕小波浪，在哪儿绕波浪，这些都是有讲究的。

（2）的要求无法通过约束设置相应的规则，但是可以在设置一个静态规则时有一个动态思维：因为动态等长就是所说的实时等长，它与静态等长不同的是差分对的两个信号无论在哪个位置都满足 5mil 的等长误差。在处理静态等长时需要有这种思维：两根线的长度在哪里引起的误差，就需要在哪里补偿，保证实时等长。

（3）、（4）的要求就是真正意义上的动态等长要求，当信号速率比较高时，必须设置 Dynamic Phase，通过这项约束来保证两根信号的实时等长。

差分等长规则设置操作步骤如下。

（1）选择"Setup"→"Constraints"→"Constraint Manager"菜单命令，进入规则模型管理器。

（2）在"Electrical"选项中先将"Static Phase"的精度设置为5mil，如图10-35所示。

	Objects			Static Phase				Dynamic Pl
Type	S	Name	Margin mil	Tolerance mil	Actual	Margin	Max Length mil	Tolerance mil
*	*	*	*	*	*	*	*	*
Dsn		◢ T972_1221_2						
DPr		◢ DIFFPAIR0						
Net		N27993168						
Net		N27993170						
DPr		◢ DIFFPAIR1						5 mil
Net		LVDS_ACLK_N						5 mil
Net		LVDS_ACLK_P						5 mil
DPr		◢ DP_USB1						5 mil
Net		USB1_DM1						5 mil
Net		USB1_DP1						5 mil

图 10-35　静态等长规则设置

（3）当布线的偏差大于25mil时，必须在600mil以内补偿，用 Dynamic Phase 进行约束，如图10-36所示。

10.2.8　点到点源同步信号相对延迟等长规则设置

对相对传输延迟设置一个相对误差，组内线以某一根目标线为基准，正负偏差在设置的误差范围内即可，不用满足最大、最小的限制。这种规则经常用于源同步信号的时序总线，好处在于长度是动态的，如果设计过程中基准线的长度发生了变化，则只需要更改其他信号的信号线长度即可。

点到点源同步信号，就是一根网络只有两个端点，中间没有添加负载。点到点源同步信号相对延迟等长规则设置操作步骤如下。

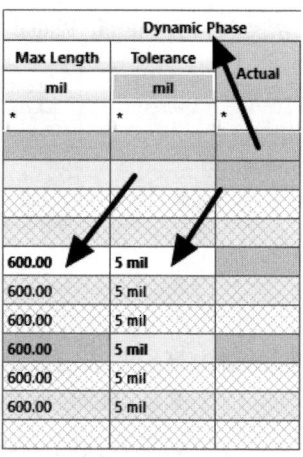

Dynamic Phase		
Max Length mil	Tolerance mil	Actual
*	*	*
600.00	5 mil	
600.00	5 mil	
600.00	5 mil	
600.00	5 mil	
600.00	5 mil	
600.00	5 mil	

图 10-36　动态等长规则设置

（1）选择"Setup"→"Constraints"→"Constraint Manager"菜单命令，进入规则模型管理器。

（2）在左侧选区选择"Electrical"→"Net"→"Routing"→"Relative Propagation Delay"选项，选择需要等长的网络，右击创建一个"Match Group"等长组，如图10-37所示。

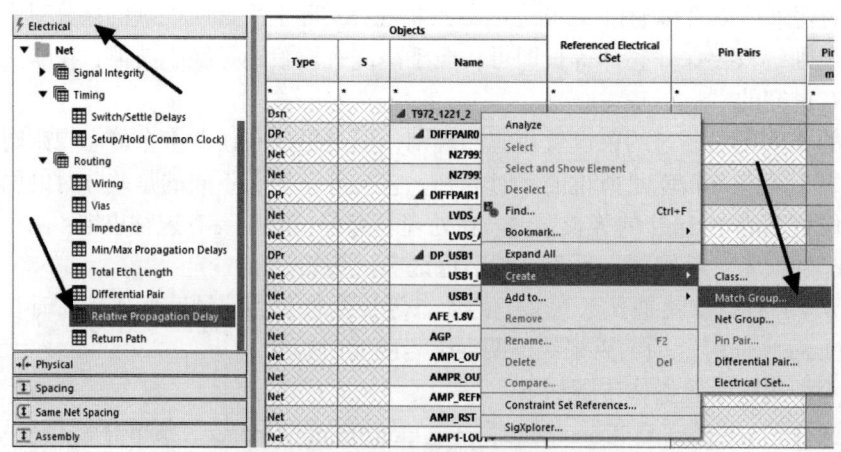

图 10-37　"Match Group"的创建

（3）在弹出的对话框中，输入需要创建的等长集合的名称，如"MG_DDR_D"。单击"确定"按钮，等长的集合就创建完毕了。创建好之后，在误差（Tolerance）列选中最上面的根目录，右击，选择"Change"选项，对所设置的等长集合的误差进行修改，如图 10-38 所示。

图 10-38　误差修改示意图

（4）设置好误差之后，单击"OK"按钮，则这组需要做等长信号线的规则就添加好了，如图 10-39 所示。

图 10-39　等长示意图

（5）等长添加好以后，选择一根合适的信号线，右击，选择"Set as target"选项，设置为目标线，则所有的信号线就以这根线为基准，在误差范围内进行等长，如图 10-40 所示。

图 10-40　设置目标线示意图

上述操作完成之后，就可在 PCB 中根据长度进行蛇形等长操作了。

10.2.9 多负载源同步信号相对延迟等长规则设置

多负载源同步信号指将具有相同网络的多个器件进行连接，即一根网络具有多个端点，规则设置操作步骤如下。

（1）选择"Setup"→"Constraints"→"Constraint Manager"菜单命令，进入规则模型管理器。

（2）在左侧选区选择"Net"→"Routing"→"Relative Propagation Delay"选项，选择需要等长的网络，右击创建一个"Pin Pair"，可以在弹出的对话框中进行首尾端点的选择，即 DDR2_DQM0 信号从器件 U15 到器件 U22 进行等长，且对要等长的一组网络依次进行"Pin Pair"的创建，如图 10-41 所示。

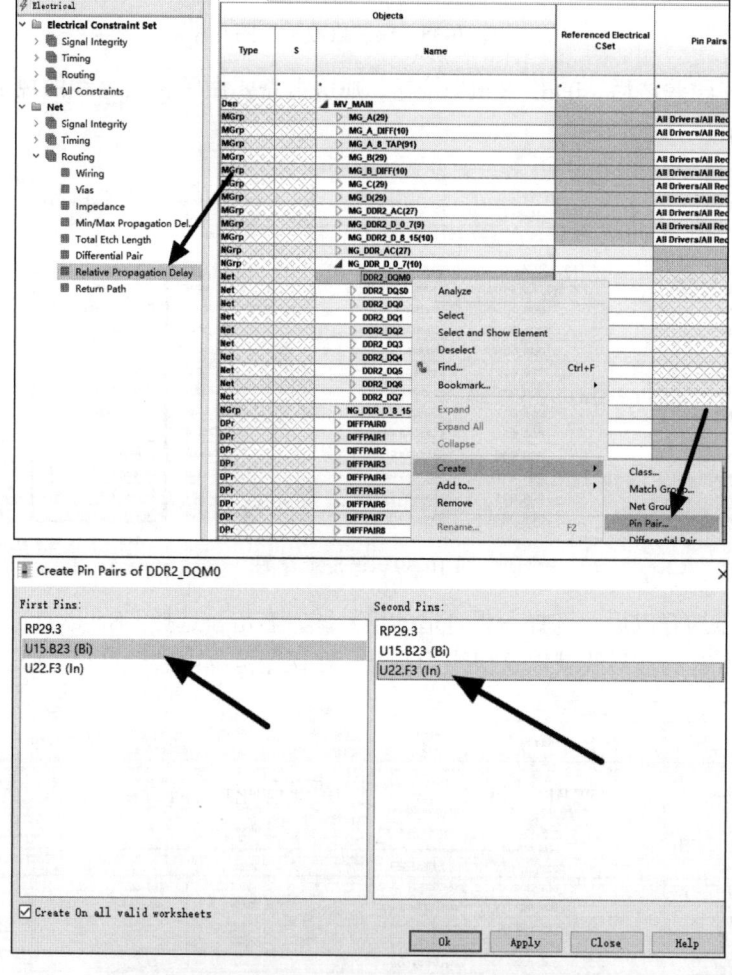

图 10-41　"Pin Pair"的创建

（3）选中该组网络所有创建好的"Pin Pair"，创建等长组"Match Group"，且对创建的"Match Group"命名，如图 10-42 所示。

（4）如图 10-43 所示，设置好误差之后，单击"OK"按钮，则这一组需要做等长信号线的规则就添加好了。

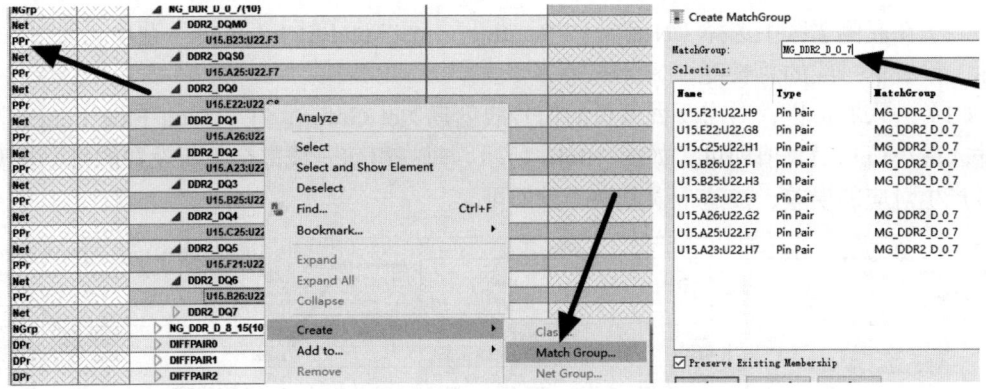

图 10-42 "Match Group"的创建

图 10-43 等长误差设置示意图

（5）规则添加好后，选择一根合适的信号线，右击，选择"Set as target"选项，如图 10-44 所示设置为目标线，则所有的信号线就以这条线为基准，在误差范围内进行等长。

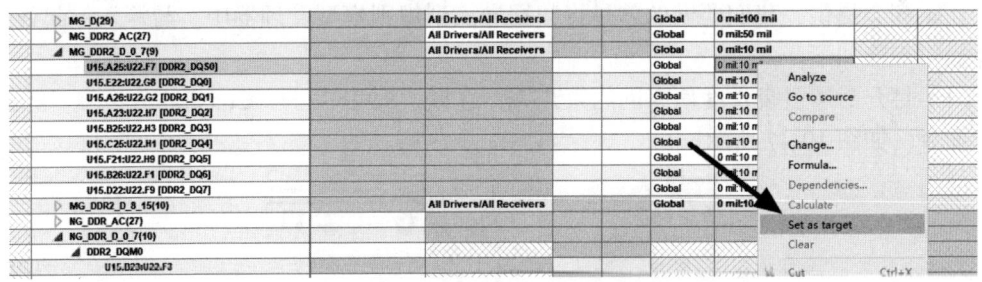

图 10-44 设置目标线示意图

上述操作完成之后，就可在 PCB 中根据长度进行蛇形等长操作了。

10.2.10 绝对延迟等长规则设置

在 PCB 设计中，信号传输都有一个规定的布线长度，通过设置信号布线长度的最大值与最小值来实现等长的方法，称为绝对传输延迟。一般情况下，如果信号是从一点传输到另一点，中间没有任何的串阻、串容，则这种方法是非常有效的。在 PCB 中设置绝对延迟等长规则的操作方法如下。

（1）选择"Setup"→"Constraints"→"Constraint Manager"菜单命令，进入规则模型管理器。

（2）在左侧选区中选择"Net"→"Routing"→"Total Etch Length"选项，如图 10-45 所示，设置信号线的总长度。

（3）进入右边栏，对需要做等长的信号线创建 Net Group，在"Total Etch Length"列中输入最小值、最大值即可，如图 10-46 所示，每一组信号线都会与所设置的目标长度对比并产生对应的误差，按这个误差做等长即可。

Type	S	Name	Referenced Electrical CSet	Total Etch Length			Total Etch Length		
				Min	Actual	Margin	Max	Actual	Margin
				mil	mil	mil	mil	mil	mil
*	*	*	*	*	*	*	*	*	*
Dsn		T972_1221_2							
NGrp		NG_DDR_D_0_7(11)		800.00			830.00		
Net		DDR_DQM0		800.00			830.00		
Net		DDR_DQSN0		800.00			830.00		
Net		DDR_DQSP0		800.00			830.00		
Net		DDR_DQ0		800.00			830.00		
Net		DDR_DQ1		800.00			830.00		
Net		DDR_DQ2		800.00			830.00		
Net		DDR_DQ3		800.00			830.00		
Net		DDR_DQ4		800.00			830.00		
Net		DDR_DQ5		800.00			830.00		
Net		DDR_DQ6		800.00			830.00		
Net		DDR_DQ7		800.00			830.00		

图 10-45　设置总长度示意图　　　　图 10-46　设置绝对长度的最大值、最小值示意图

上述操作完成之后，就可在 PCB 中根据长度进行蛇形等长操作了。

10.2.11　元器件引脚长度导入规则设置

在时序等长时，除考虑信号线布线的长度外，在高速设计领域还需要考虑封装本身的引脚长度。所谓封装引脚长度，指的就是元器件封装内部的引脚长度。这个长度，一般的芯片厂家都会提供，我们要做的就是将数据导入到规则模型管理器中，与等长一起处理，具体操作步骤如下。

（1）打开封装引脚长度信息的约束开关，选择"Setup"→"Constraints"→"Modes"菜单命令，如图 10-47 所示。

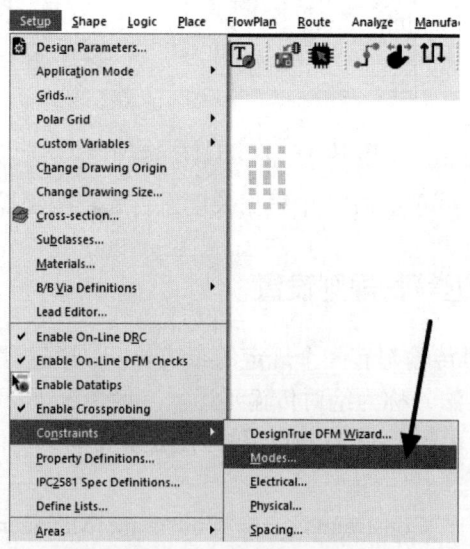

图 10-47　打开约束开关操作示意图

（2）进入约束开关管理器对话框后，在左侧选区选择"Electrical"选项，在右侧选区勾选"Pin Delay"选区中的复选框，如图 10-48 所示，这样在等长约束规则中"Pin Delay"数据行会被激活，才会被应用到等长列表当中。

图 10-48　激活"Pin Delay"数据行示意图

（3）设置完上述的参数后，回到规则模型管理器，在加好的等长规则中，会发现"Pin Delay"已变为可以编辑的状态，如图 10-49 所示。在"Pin Delay"列，有"Pin1"和"Pin2"两个列，表示该信号连接的两个 IC。如果两个 IC 都有引脚长度，则分别输入。这些数据可以手动输入，不过工作量比较大，也容易出错。这里我们通过导入 Excel 表格来进行。

Objects			Referenced Electrical CSet	Pin Pairs	Pin Delay		Scope	Relative Delay
Type	S	Name			Pin 1	Pin 2		Delta:Tolerance
					mil	mil		mil
*	*	*	*	*	*	*	*	*
Dsn		◢ T972_1221_2						
MGrp		◢ MG_DDR_D(11)		All Drivers/All Receivers			Global	0 mil:10 mil
Net		DDR_DQM0		All Drivers/All Receivers			Global	0 mil:10 mil
Net		DDR_DQSN0		All Drivers/All Receivers			Global	0 mil:10 mil
Net		DDR_DQSP0		All Drivers/All Receivers			Global	0 mil:10 mil
Net		DDR_DQ0		All Drivers/All Receivers			Global	0 mil:10 mil
Net		DDR_DQ1		All Drivers/All Receivers			Global	0 mil:10 mil
Net		DDR_DQ2		All Drivers/All Receivers			Global	0 mil:10 mil
Net		DDR_DQ3		All Drivers/All Receivers			Global	0 mil:10 mil
Net		DDR_DQ4		All Drivers/All Receivers			Global	0 mil:10 mil
Net		DDR_DQ5		All Drivers/All Receivers			Global	0 mil:10 mil
Net		DDR_DQ6		All Drivers/All Receivers			Global	0 mil:10 mil
Net		DDR_DQ7		All Drivers/All Receivers			Global	0 mil:10 mil

图 10-49　"Pin Delay"输入列示意图

（4）根据芯片厂家提供的参数，先将"Pin Delay"的数据输入 Excel 表格，格式如图 10-50 所示，一列是芯片的引脚列表，另一列是芯片引脚长度信息，然后保存为后缀为.csv 的文件，这样 Cadence Allegro 软件才能识别。

（5）设置"Pin Delay"的格式后，选择"File"→"Import"→"Pin delay"菜单命令，如图 10-51 所示。

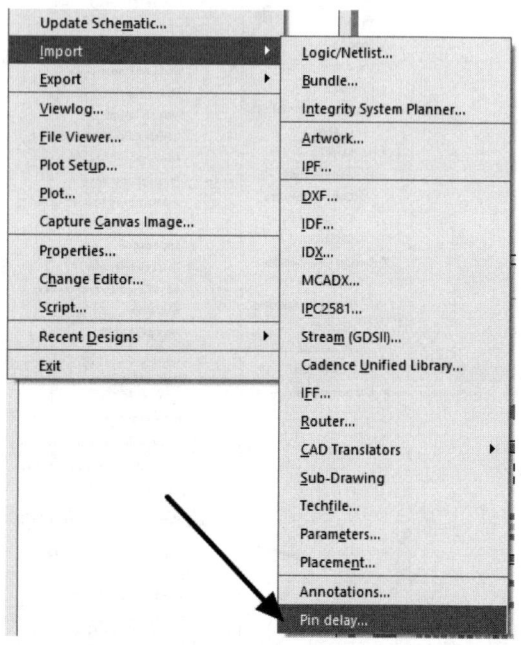

图 10-50　"Pin Delay"格式示意图　　　　图 10-51　导入"Pin Delay"操作示意图

（6）进入导入界面，选择刚刚处理好的 csv 文件后，选择需要导入芯片封装引脚长度的元器件，进行导入即可。

（7）导入成功后，在"Pin Delay"列就会出现相应的数据。这样可以大大提高效率，减少出现错误的可能。

10.2.12　规则的导入与导出

使用 Cadence Allegro 软件进行 PCB 设计时，其中的 PCB 布局、布线可以进行复用，那么它所设置的规则，如物理规则、间距规则，是否也可以进行复用呢？当然是可以的，具体操作步骤如下。

（1）打开已经设置好规则的 PCB 文件，选择"Setup"→"Constraints"→"Constraint Manager"菜单命令，进入规则模型管理器。

（2）选择"File"→"Export"→"Constraints"菜单命令，导出规则，如图 10-52 所示，在弹出的保存对话框的左下角，可以进行需要导出的规则及属性的选择。

（3）保存导出的文件，保存的文件类型是 dcf 文件，如图 10-53 所示。

（4）打开需要复用规则的 PCB 文件，选择"Setup"→"Constraints"→"Constraint Manager"菜单命令，进入规则模型管理器。

图 10-52　导出规则示意图

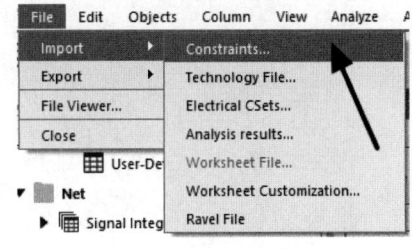

图 10-53　保存导出的文件示意图

（5）选择"File" → "Import" → "Constraints"
菜单命令，导入规则，如图 10-54 所示。

（6）在弹出的对话框中，选择刚导出的 dcf 文件，
在左下角可以对导入的模型规则进行选择，一般选择
"Overwrite（Update all information）"，导入所有的规则，
如图 10-55 所示，单击"打开"按钮，对规则进行导入
即可。

图 10-54　导入规则操作示意图

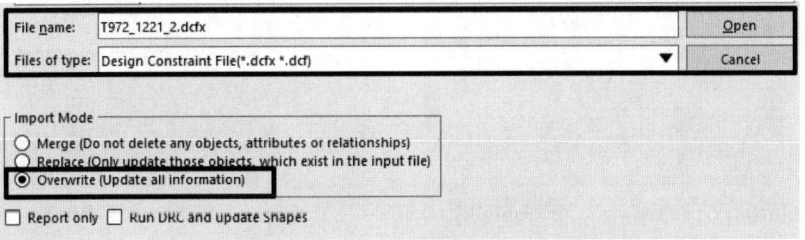

图 10-55　导入规则设置示意图

10.3　阻抗计算

10.3.1　阻抗计算的必要性

当电压、电流在传输线中传播时，特性阻抗不一致会造成信号反射现象。在信号完整
性领域中，反射、串扰、电源平面切割等问题都可以归为阻抗不连续问题，因此匹配的重
要性在此展现出来。

10.3.2 常见的阻抗模型

一般利用 Polar SI9000 阻抗计算工具进行阻抗计算。在计算之前需要认识常见的阻抗模型。常见的阻抗模型有特性阻抗模型、差分阻抗模型、共面性阻抗模型等。常见的阻抗模型如图 10-56 所示。

图 10-56 常见的阻抗模型

10.3.3 阻抗计算详解

1. 阻抗计算的必要条件

阻抗计算的必要条件有板厚、层数（信号层数、电源层数）、板材、表面工艺、阻抗值、阻抗公差、铜厚等。

2. 影响阻抗的因素

影响阻抗的因素有介质厚度、介电常数、铜厚、线宽、线距、阻焊厚度等，如图 10-57 所示。

图 10-57　影响阻抗的因素

在图 10-57 中，H1 为介质厚度（PP 片或者板材，不包括铜厚）；Er1 为 PP 片或者板材的介电常数，多种 PP 片或者板材压合在一起时取平均值；W1 为阻抗线下线宽；W2 为阻抗线上线宽；T1 为成品铜厚；CEr 为绿油的介电常数（3.3）；C1 为基材的绿油厚度（一般为 0.8mil）；C2 为铜皮或者布线上的绿油厚度（一般为 0.5mil）。上、下线宽关系表如表 10-1 所示。

表 10-1　上、下线宽关系表

基　铜　厚	上线宽/mil	下线宽/mil	线距/mil
内层 18μm	W0−0.1	W0	S0
内层 35μm	W0−0.4	W0	S0
内层 70μm	W0−1.2	W0	S0
负片 42μm	W0−0.4	W0+0.4	S0−0.4
负片 48μm	W0−0.5	W0+0.5	S0−0.5
负片 65μm	W0−0.8	W0+0.8	S0−0.8
外层 12μm	W0−0.6	W0+0.6	S0−0.6
外层 18μm	W0−0.6	W0+0.7	S0−0.7
外层 35μm	W0−0.9	W0+0.9	S0−0.9
外层 12μm（全板镀金工艺）	W0−1.2	W0	S0
外层 18μm（全板镀金工艺）	W0−1.2	W0	S0
外层 35μm（全板镀金工艺）	W0−2.0	W0	S0

注：W0 为设计线宽；S0 为设计线距。

3. 阻抗计算方法

下面通过一个实例来演示阻抗计算的方法及步骤。

普通的 FR-4 板材，一般有生益、建滔、联茂等板材供应商。生益 FR-4 及同等材料芯板可以根据板厚来划分。表 10-2 列出了常见生益 FR-4 芯板厚度参数及介电常数。

表 10-2 常见生益 FR-4 芯板厚度参数及介电常数

类　别		0.051	0.075	0.102	0.11	0.13	0.15	0.18	0.21	0.25	0.36	0.51	0.71	≥0.8
	芯板厚度/mm													
	芯板厚度/mil	2	3.0	4	4.33	5.1	5.9	7.0	8.27	10	14.5	20	28	≥31.5
T_g≤170	介电常数	3.6	3.65	3.95	无	3.95	3.65	4.2	3.95	3.95	4.2	4.1	4.2	4.2
IT180A S1000-2	介电常数	3.9	3.95	4.25	4	4.25	3.95	4.5	4.25	4.25	4.5	4.4	4.5	4.5

半固化片（即 PP 片）一般包括 106、1080、3313、2116、7628 等。表 10-3 列出了常见 PP 片厚度参数及介电常数。

表 10-3 常见 PP 片厚度参数及介电常数

类　别	半固化片类型	106	1080	3313	2116	7628
T_g≤170	理论厚度/mm	0.0513	0.0773	0.1034	0.1185	0.1951
	介电常数	3.6	3.65	3.85	3.95	4.2
IT180A S1000-2B	理论厚度/mm	0.0511	0.07727	0.0987	0.1174	0.1933
	介电常数	3.9	3.95	4.15	4.25	4.5

对于 Rogers 板材，Rogers4350 0.1mm 板材的介电常数为 3.36，其他 Rogers4350 板材的介电常数为 3.48；Rogers4003 板材的介电常数为 3.38；Rogers4403 PP 片的介电常数为 3.17。

我们知道，每个多层板都是由芯板和 PP 片通过压合而成的。当计算叠层结构时，通常需要把芯板和 PP 片叠在一起，组成板子的厚度。例如，1 块芯板和 2 张 PP 片叠加，如"芯板+ 106+2116"，那么它的理论厚度就是 0.25mm+0.0513mm+0.1185mm=0.4198mm。但需注意以下几点。

（1）一般不允许 4 张或 4 张以上 PP 片叠放在一起，因为压合时容易产生滑板现象。

（2）7628 的 PP 片一般不允许放在外层，因为 7628 的 PP 片表面比较粗糙，会影响板子的外观。

（3）3 张 1080 不允许放在外层，因为压合时容易产生滑板现象。

（4）芯板一般选择大于 0.11mm 的，6 层的一般采用 2 块芯板，8 层的一般采用 3 块芯板。

由于铜厚（图中阴影部分）的原因，理论厚度与实测厚度有一定的差额，具体可以参考图 10-58。

图 10-58　理论厚度与实测厚度

从图 10-58 中可以看出，理论厚度和实测厚度存在铜厚差，可以总结出如下公式：

$$实测厚度=理论厚度-铜厚1(1-X_1)-铜厚2(1-X_2)$$

式中，X_1、X_2 表示残铜率，表层取 1，光板取 0；电源地平面残铜率一般取值为 70%，信号层残铜率一般取值为 23%。

小助手提示

残铜率是指板平面上有铜的面积和整板面积之比。例如，没有加工的原材料残铜率就是 100%，蚀刻成光板时就是 0%。

"OZ"表示铜厚单位"盎司"，1OZ=0.035mm。

10.3.4　阻抗计算实例

（1）叠层要求：板厚为 1.2mm，板材为 FR-4，层数为 6 层，内层铜厚为 1OZ，表层铜厚为 0.5OZ。

（2）根据芯板和 PP 片常见厚度参数组合，并根据叠层厚度要求，可以堆叠出如图 10-59 所示的 6 层叠层结构。

Finished Thickness(mm):1.2±0.12				
AccountThickness(mm):1.15				
LAYER STACKING				
TOP			0.5OZ +Plating	positive
	PP(3313)	3.65		
GND02			1OZ	negative
	Core	5.10		
ART03			1OZ	positive
	PP(7628×3)	20.92		
ART04			1OZ	positive
	Core	5.10		
PWR05			1OZ	negative
	PP(3313)	3.65		
BOTTOM			0.5OZ +Plating	positive

图 10-59　6 层叠层结构

图 10-59 中标出的 PP 片厚度为实测厚度，计算公式如下：

PP（3313）[实测值]=0.1034mm[理论值]-0.035/2mm×（1-1）[表层铜厚为 0.5OZ，残铜率取 1]-0.035mm×（1-0.7）[内层铜厚为 1OZ，残铜率取 70%]=0.0929mm=3.65mil

PP（7628×3）[实测值]=0.1951mm×3[理论值]-0.035mm×（1-0.23）[内层铜厚为 1OZ，相邻信号层残铜率取 0.23%]-0.035mm×（1-0.23）[内层铜厚为 1OZ，相邻信号层残铜率取 0.23%]=0.5314mm=20.92mil

板子总厚度=0.5OZ+3.65mil+1OZ+5.1mil+1OZ+20.92mil+1OZ+5.1mil+1OZ+3.65mil+0.5OZ=44.02 mil ≈ 1.15mm

（3）打开 Polar SI9000 软件，选择需要计算阻抗的阻抗模型，计算表层 50Ω 单线阻抗线宽。如图 10-60 所示，根据压合叠层数据，填入相关已知参数，计算得出布线线宽 W0=6.8mil。这个是计算出的比较粗的布线，有时候会基于布线难度允许阻抗存在一定的误差，所以可以根据计算得出的布线线宽来稍微调整。例如，调整计算参数布线线宽 5.5mil 时，计算阻抗 Zo=54.82，如图 10-61 所示。

图 10-60　根据阻抗计算线宽

图 10-61　根据线宽微调阻抗值

（4）需计算内层（以第 3 层为例）90Ω 差分阻抗布线线宽与间距，如图 10-62 所示，选择内层差分阻抗模型，根据压合叠层数据，填入已知参数，然后可以根据阻抗要求，调整线宽和间距，分别计算，考虑到板卡设计难度可以微调阻抗在允许范围内即可。

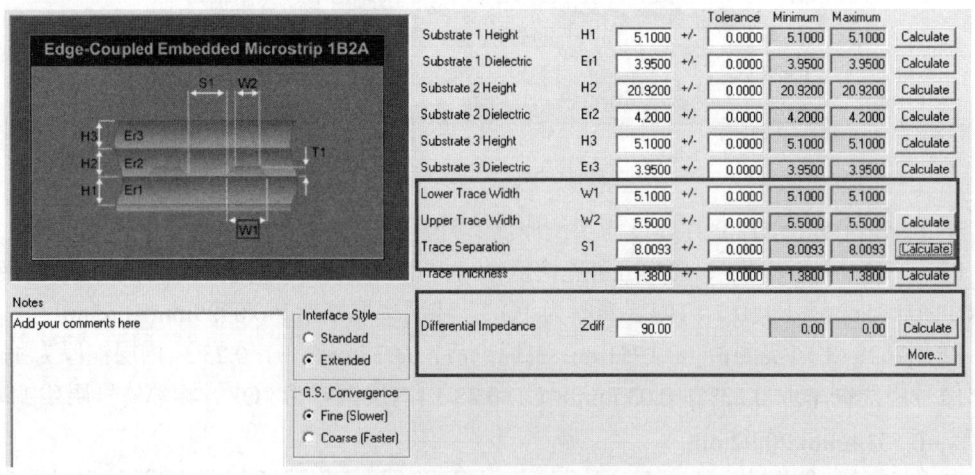

图 10-62　90Ω 差分阻抗计算结果

（5）阻抗计算结果如表 10-4 所示。

表 10-4　阻抗计算结果

单端布线阻抗控制				
层	线宽/mil	阻抗/Ω	精度	参考层
L1/L6	5.5	50	±10%	L2/L5
L3/L4	6.5	50	±10%	L2/L5
差分布线阻抗控制				
层	线宽/mil	阻抗/Ω	精度	参考层
L1/L6	4.5/5.0	100	±10%	L2/L5
L3/L4	4.5/8.0	100	±10%	L2/L5
L1/L6	8.0/8.0	90	±10%	L2/L5
L3/L4	5.5/8.5	90	±10%	L2/L5

10.4　PCB 扇孔

在 PCB 设计中，过孔的扇出很重要。扇孔的方式会影响信号完整性、平面完整性、布线的难度，以至于影响生产的成本。

从扇孔的直观目的来讲，主要有以下两个。

（1）缩短回流路径。比如 GND 孔，就近扇孔可以达到缩短路径的目的。

（2）打孔占位。预先打孔是为了防止在布线很密集时无法打孔导致绕很大距离才连接一条线，这样会形成很长的回流路径。这种情况在进行高速 PCB 设计及多层 PCB 设计时会经常遇到。预先打孔在后面删除很方便，反之，等布线完了想加一个过孔却很难。这时通常的想法就是随便找条线连上便是，而不考虑信号完整性，这种做法不符合规范。

10.4.1　扇孔推荐的做法

从图 10-63 中可以看出，推荐的做法是可以在内层两孔之间过线，参考平面也不会被割裂；反之，不推荐的做法（平面被割裂的做法）增加了布线难度，参考平面也被割裂，破坏了平面的完整性。

图 10-63　常规 CHIP 元器件扇出方式对比

同样，这样的元器件扇孔方式也适用于打孔换层的情景，如图 10-64 所示。

图 10-64　打孔换层的情景

10.4.2　PCB 过孔添加与设置

在进行 PCB 设计时，都会用过孔来对布线进行换层处理。在布线打过孔之前，必须先添加过孔，这样在 PCB 布线时才可以使用过孔，具体操作步骤如下。

（1）需要使用 pad designer 工具制作过孔，这个在前面的 PCB 封装库中已经详细讲述过，这里不再赘述。在 PCB 中常用的过孔有以下几种，如图 10-65 所示。

常规开阻焊过孔	过孔简单描述（单位：mil）孔径／环径／阻焊直径／Flash直径	常规塞孔过孔	过孔简单描述（单位：mil）孔径／环径／Flash直径
1		VIA6_F	6／14／00
2　VIA8	8／16／20／25	VIA8_F	8／16／25
3　VIA10	10／22／27／32	VIA10_F	10／22／32
4　VIA12	12／24／29／36	VIA12_F	12／24／36
6　VIA16	16／30／35／48	VIA16_F	16／30／48
7　VIA18	18／34／39／54	VIA18_F	18／34／54
8　VIA20	20／35／40／50	VIA20_F	20／35／50
9　VIA24	24／40／45／60	VIA24_F	24／40／60
10　VIA28	28／50／55／70	VIA28_F	28／50／70

图 10-65　常用过孔类型示意图

过孔制作完成之后，在 PCB 中将制作好的过孔的路径指定在封装库路径下，这样才可以在后面调用已经制作好的过孔。

（2）选择"Setup"→"Constraints"→"Constraints Manager"菜单命令，进入规则模型管理器，在左侧选区中选择"Physical"选项，再选择"All Layers"选项，然后在右侧"Vias"列中双击空白处，如图 10-66 所示。

		Objects		Differential Pair				Vias
Type	S	Name		Primary Gap mil	Neck Gap mil	(+)Tolerance mil	(-)Tolerance mil	
*	*	*		*	*	*	*	*
Dsn		▲ T972_1221_2		0.00	0.00	0.00	0.00	VIA8_F
NCIs		▷ CLS1_USB_DP(2)		0.00	0.00	0.00	0.00	VIA8_F
DPr		▲ DIFFPAIR1		0.00	0.00	0.00	0.00	VIA8_F
Net		LVDS_ACLK_N		0.00	0.00	0.00	0.00	VIA8_F
Net		LVDS_ACLK_P		0.00	0.00	0.00	0.00	VIA8_F
Net		AFE_1.8V		0.00	0.00	0.00	0.00	VIA8_F
Net		AGP		0.00	0.00	0.00	0.00	VIA8_F
Net		AMPL_OUT		0.00	0.00	0.00	0.00	VIA8_F
Net		AMPR_OUT		0.00	0.00	0.00	0.00	VIA8_F
Net		AMP_REFN		0.00	0.00	0.00	0.00	VIA8_F
Net		AMP_RST		0.00	0.00	0.00	0.00	VIA8_F
Net		AMP1-LOUT+		0.00	0.00	0.00	0.00	VIA8_F

图 10-66　添加过孔示意图

（3）在弹出的过孔列表中，选择过孔到过孔列表中，双击左侧的过孔就可以添加到右侧的过孔列表中了，如图 10-67 所示，单击"OK"按钮，过孔就添加成功了。

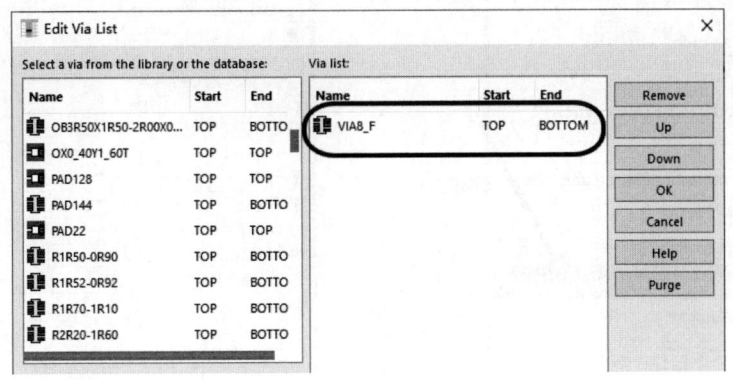

图 10-67　添加过孔示意图

（4）回到规则模型管理器中，在"Vias"列中可以看到刚才选择的过孔已经成功添加了，这样在 PCB 布线中双击鼠标左键就可以打孔换层了。

10.4.3　BGA 类器件扇孔

对于 BGA 扇孔，过孔同样不宜打在焊盘上，推荐打在两个焊盘的中间位置。很多工程师为了出线方便，随意挪动 BGA 中过孔的位置，甚至打孔在焊盘上面，如图 10-68 所示，从而造成 BGA 区域过孔不规则，易造成后期虚焊的问题，同时可能破坏平面完整性。

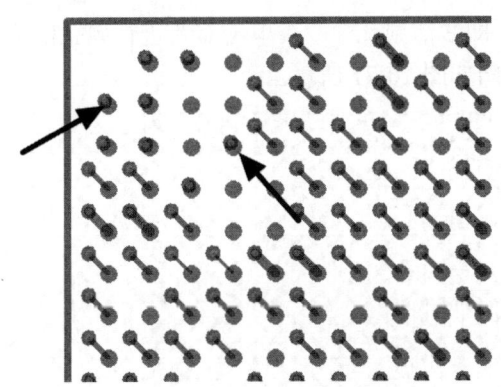

图 10-68　焊盘中的过孔示例

对于 BGA 扇孔，Cadence Allegro 软件提供了快捷的自动扇出功能。

（1）对 BGA 扇孔之前，根据 BGA 的 Pitch 间距（BGA 两个焊盘的中心间距）和 10.2 节内容对整体的间距规则、网络线宽规则及过孔规则进行设置。

（2）选择"Route"→"Create Fanout"菜单命令，对其扇出控制规则进行设置，如图 10-69 和图 10-70 所示。

选择好需要配置的选项，各选项释义如下。

Include Unassigned Pins：扇出时，将没有网络的引脚也扇出，一般不用勾选，空网络的引脚不用扇出。

图 10-69 设置扇出控制规则（1）

图 10-70 设置扇出控制规则（2）

Include All Same Net Pins：当单独对某一个引脚进行扇出时，将与这个引脚网络一致的引脚也扇出，一般不用勾选。

Via：选择扇出所需要用到的过孔，过孔首先需要在物理规则里面添加好，不然这里没有可以选择的过孔。

Via Direction：过孔的朝向，一般选择 BGA 类型的风格，给 BGA 器件留出十字通道，方便散热。

Pin-Via Space：过孔到焊盘的间距，一般选择中心间距，将过孔扇出在周围四个焊盘的中心处。

（3）设置完成之后，即激活扇孔命令，单击需要进行扇孔的 BGA 器件，软件会自动完成扇孔，BGA 扇孔示意图如图 10-71 所示。

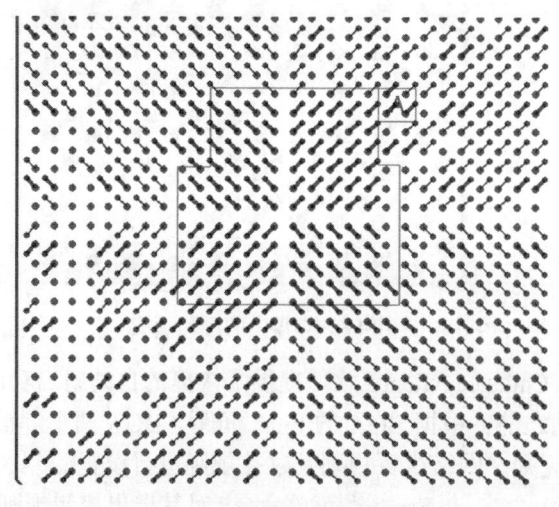

图 10-71 BGA 扇孔示意图

10.4.4 QFN 类器件扇孔

QFN 封装（方形扁平无引脚封装）如图 10-72 所示，具有良好的电和热性能，体积小，质量小，其应用正在快速增加。采用微型引线框架的 QFN 封装称为 MLF 封装（微引线框架）。QFN 封装和 CSP 封装（芯片尺寸封装）有些相似，但器件底部没有焊球，与 PCB 的电气和机械连接是通过 PCB 焊盘上印刷焊膏、过回流焊形成的焊点来实现的。

对于 QFN 类的封装，通常需要手动扇孔。

（1）根据 10.2 节内容对整体的间距规则、网络线宽规则及过孔规则进行设置。

（2）选择"Route"→"Connect"菜单命令，如图 10-73 所示，进行布线，然后在布线命令下双击鼠标左键进行打孔。

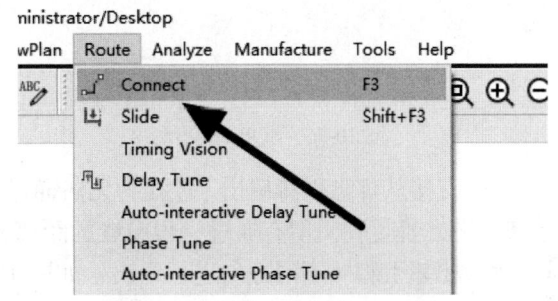

图 10-72　QFN 封装　　　　　　　　　图 10-73　布线命令示意图

（3）QFN 封装扇孔示意图如图 10-74 所示。在相邻两个引脚间扇出的过孔之间需要留出能通过一根布线的间距，从而使其他层的布线能从过孔间穿过进行连接。

过孔间距需要能通过一根走线

图 10-74　QFN 封装扇孔示意图

10.4.5　SOP 类器件扇孔

SOP 封装是一种元器件封装形式，如图 10-75 所示，常见的封装材料有塑料、陶瓷、玻璃、金属等，现在基本采用塑料封装，主要用在各种 IC 中。SOP 封装的应用范围很广，而且逐渐派生出 SOJ 封装（J 型引脚小外形封装）、TSOP 封装（薄小外形封装）、VSOP 封装（甚小外形封装）、SSOP 封装（缩小型 SOP 封装）、TSSOP 封装（薄的缩小型 SOP 封装）、SOT 封装（小外形晶体管封装）、SOIC 封装（小外形集成电路封装）等，在 IC 中都起到了举足轻重的作用。这种类型的元器件的扇孔方式与 QFN 类器件的扇孔方式类似。

（1）根据 10.2 节内容对整体的间距规则、网络线宽规则及过孔规则进行设置。

（2）选择"Route"→"Connect"菜单命令，进行布线，然后在布线命令下双击鼠标左键进行打孔。

（3）根据引脚之间的间距，会有两种扇孔的方式。

① 直接从焊盘引脚扇出，且过孔之间能通过一根布线不引起 DRC 报错，如图 10-76 所示。

图 10-75　SOP 封装　　　　　　　　图 10-76　SOP 封装扇孔示意图（1）

② 直接从焊盘引脚扇出，过孔间无法通过一根布线，需要相邻两个引脚的孔扇出在同一条线上，且过孔间留有通过一根布线的距离，如图 10-77 所示。

③ 相邻引脚从不同方向进行扇出，如图 10-78 所示。

图 10-77　SOP 封装扇孔示意图（2）　　　　图 10-78　SOP 封装扇孔示意图（3）

10.4.6　扇孔的拉线

因为扇孔不仅要打孔，还要进行短线的拉线处理，所以有必要对扇孔拉线的一些要求进行说明。

（1）为满足国内制板厂的生产工艺能力要求，常规扇孔拉线线宽大于或等于 4mil（0.1016mm）（特殊情况可用 3.5mil，即 0.0889mm）。

（2）不能出现任意角度布线，推荐 45°或 135°布线，任意角度布线和 135°布线如图 10-79 所示。

图 10-79　任意角度布线和 135°布线

（3）如图 10-80 所示，同一网络不宜出现直角或锐角布线。直角或锐角布线一般是 PCB 布线中要尽量避免的情况，这也几乎成为衡量布线好坏的标准之一。直角布线会使传输线的线宽发生变化，造成阻抗不连续，引起信号的反射，尖端还会产生 EMI，影响线路。

图 10-80　不宜出现直角或锐角布线

（4）设计的焊盘的形状一般都是规则的，如 BGA 的焊盘是圆形、QFP 的焊盘是椭圆形、CHIP 元器件的焊盘是矩形等。但实际做出的 PCB 的焊盘却不规则，可以说是奇形怪状。以 0402R 电阻封装的焊盘为例，如图 10-81 所示，由于生产时存在工艺偏差，设计的焊盘出线之后，实际的焊盘是在原矩形焊盘的基础上加一个小矩形焊盘组成的，不规则，出现了异形焊盘。

如果在 0402R 电阻封装的两个焊盘对角分别布线，加上 PCB 生产精度造成的阻焊偏差（阻焊窗单边比焊盘大 0.1mm），就会形成如图 10-82（a）所示的焊盘。在这种情况下，电阻焊接时由于焊锡表面张力的作用，因此会出现如图 10-82（b）所示的不良旋转。

（a）设计的焊盘　　　　　　　　　　（b）出线之后实际的焊盘

图 10-81　设计的焊盘和出线之后实际的焊盘

（a）　　　　　　　　　　　　　　　（b）

图 10-82　不良出线造成元器件容易旋转

（5）采用合理的布线方式，焊盘连线采用长轴对称的扇孔方式，这样可以有效地减小 CHIP 元器件贴装后的不良旋转；如果焊盘扇孔的线短轴对称，那么还可以减小 CHIP 元器件贴装后的漂移，如图 10-83 所示。

图 10-83　元器件的出线

（6）相邻焊盘是同网络的，不能直接连接，需要先连接外焊盘之后再进行连接，如图 10-84 所示，直接连接容易在手工焊接时造成连焊。

（7）连接器引脚拉线需要先从焊盘中心拉出后再往外走，不可出现其他的角度，避免在连接器拔插的时候把线撕裂，如图 10-85 所示。

图 10-84　相邻同网络焊盘的连接方式　　　　图 10-85　连接器的出线

10.5　布线常用操作

10.5.1　飞线的打开与关闭

飞线又叫鼠线，指两点间表示连接关系的线。飞线有利于厘清信号的流向，有逻辑地进行布线操作。在进行 PCB 布线时，可以选择性地对某类网络或某个网络的飞线进行打开与关闭。

首先，选择"Display"→"Show Rats"菜单命令，显示飞线，如图 10-86 所示，在下拉菜单中有多个选项，常用命令如下。

All：显示所有的飞线，整个 PCB 图纸的飞线都显示，打开这个功能之后，整板 PCB 飞线显示示意图如图 10-87 所示。

Components：显示所选择的元器件的飞线，例如，若只想显示 DDR 颗粒飞线，则可以选择"Components"选项，然后单击 DDR 颗粒这个器件，显示元器件飞线示意图如图 10-88 所示。

Net：显示所选择的网络飞线，这个命令在实际设计中用得非常多，若只想显示某一个网络的飞线，则单击那个网络即可。

选择"Display"→"Blank Rats"菜单命令，关闭飞线，如图 10-89 所示，在下拉菜单中有多个选项，常用命令如下。

图 10-86　显示飞线操作示意图

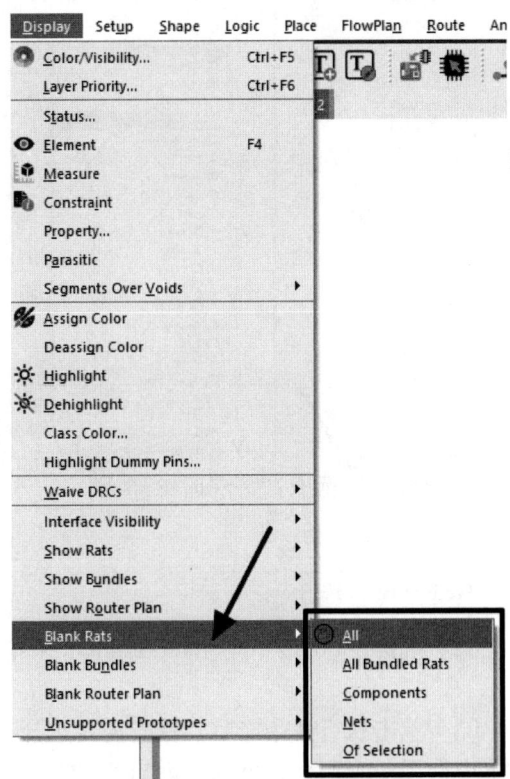

图 10-87　整板 PCB 飞线显示示意图

图 10-88　显示元器件飞线示意图

图 10-89　关闭飞线操作示意图

All：关闭整板的所有飞线。

Components：关闭所选择元器件的飞线。

Nets：关闭所选择的网络飞线。

10.5.2　PCB 网络的管理与添加

很多老工程师习惯在 PCB 上直接添加元器件，如增加滤波电容或串阻等元器件，这样直接在 PCB 中添加的元器件是不带网络的，因此需要给元器件的引脚赋予网络，具体操作步骤如下。

（1）选择"Setup"→"User Preferences"菜单命令，如图 10-90 所示，进入用户参数设置对话框，选择"Logic"选项，勾选"logic_edit_enabled"复选框，如图 10-91 所示。

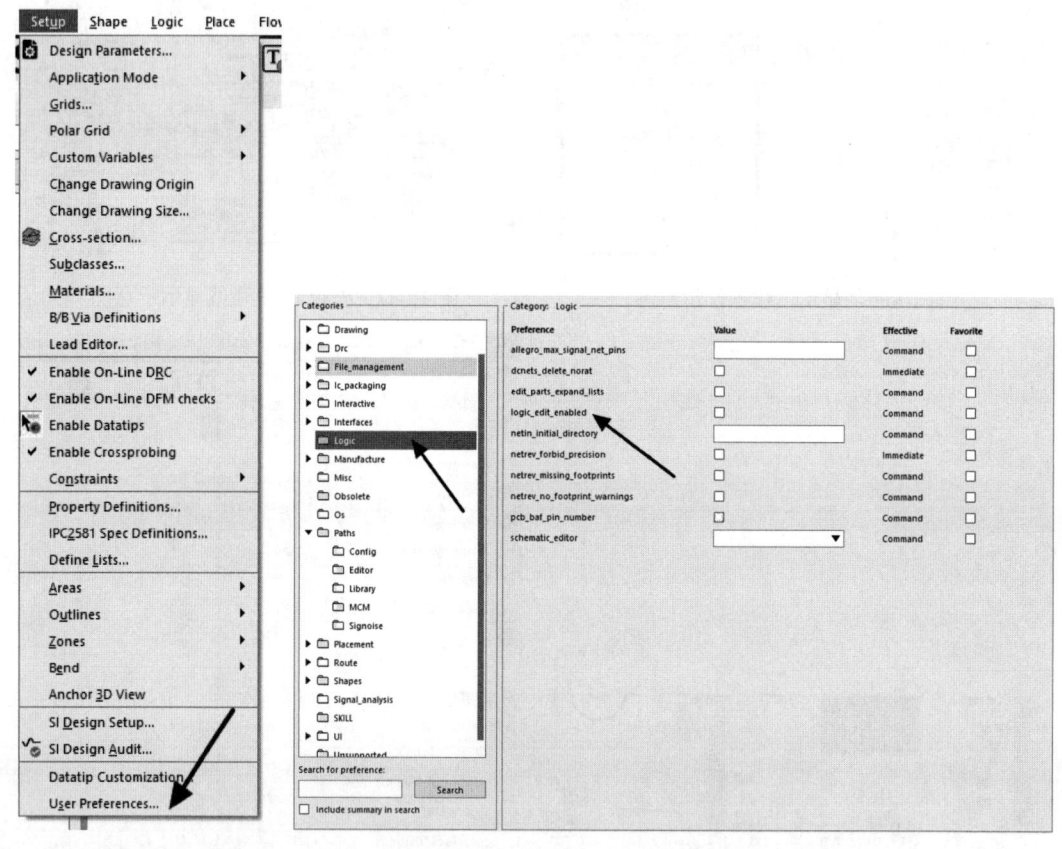

图 10-90　选择"User
Preferences"选项

图 10-91　用户参数设置示意图

（2）选择"Logic"→"Net Logic"菜单命令，进行 PCB 中网络的指定，如图 10-92 所示。

（3）单击执行命令之后，首先需要选择一个网络，如图 10-93 所示，在"Options"选项卡中选择一个网络，可以选择当前 PCB 中或其他已存在的网络，单击"Create"按钮，新建一个网络。选择好需要指定的网络之后，选择指定需要赋予该网络的引脚，单击一下，则这个引脚就被赋予了选定的网络。

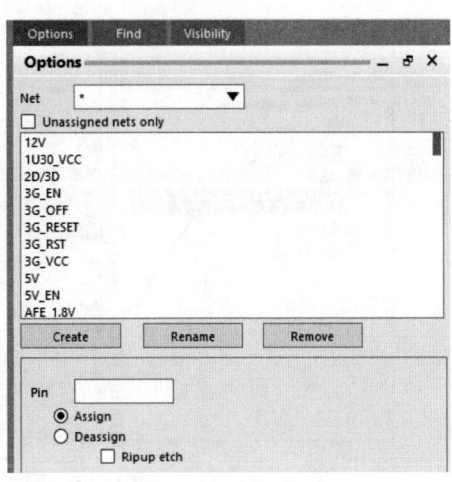

图 10-92　指定 PCB 中的网络操作示意图　　　　图 10-93　选择需要指定的网络示意图

10.5.3　网络及网络类的颜色管理

在进行 PCB 设计时，为了设计方便，常常会对某一单独的网络或者某一类网络进行颜色的分配，具体操作步骤如下。

（1）给某一单独的网络进行颜色分配。

选择"Display"→"Assign Color"菜单命令，在"Find"选项卡中勾选"Nets"复选框，在"Options"选项卡中选择分配的颜色，如图 10-94 所示，单击一下分配颜色的网络，操作就完成了。

图 10-94　选择网络和颜色示意图

（2）给某一类网络进行颜色分配。

① 选择"Display"→"Assign Color"菜单命令，在"Options"选项卡中选择好需要分配的颜色。

② 选择"Setup"→"Constraints"→"Constraint Manager"菜单命令，进入规则模型管理器。

③ 在"Physical"选项下选择一个网络类并右击，选择"Select"选项即可，该网络类的颜色分配就完成了，如图 10-95 所示。

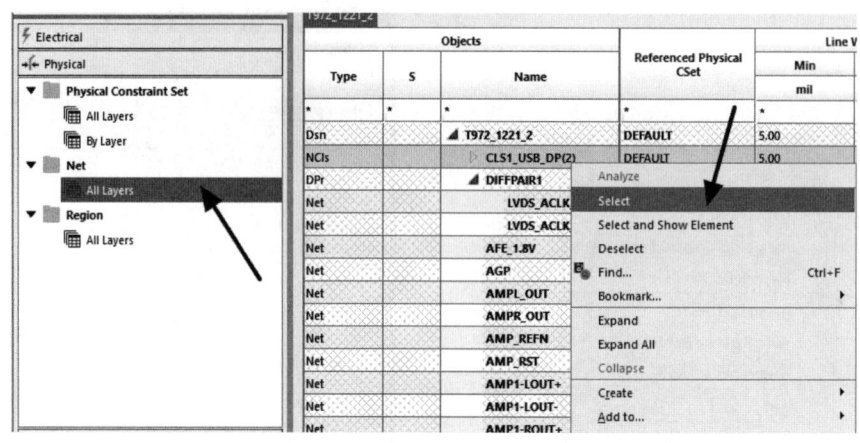

图 10-95　网络类的颜色分配示意图

10.5.4　层的管理

1. 层的打开与关闭

在做多层板时经常需要单独用到某层或者多层的情况，这种情况就要用到层的打开与关闭功能。

在"Visibility"选项卡中，通过每个层后面的"All"复选框可以对层进行打开与关闭，如图 10-96 所示。

2. 层的颜色设置

为了设计时方便识别层属性，可以对不同层的线路默认颜色进行设置。选择"Display"→"Color/Visibility"菜单命令，打开颜色管理器，通过箭头所指颜色选区对层属性颜色进行分配，如图 10-97 和图 10-98 所示。

图 10-96　层的打开与关闭示意图

图 10-97　打开颜色管理器操作

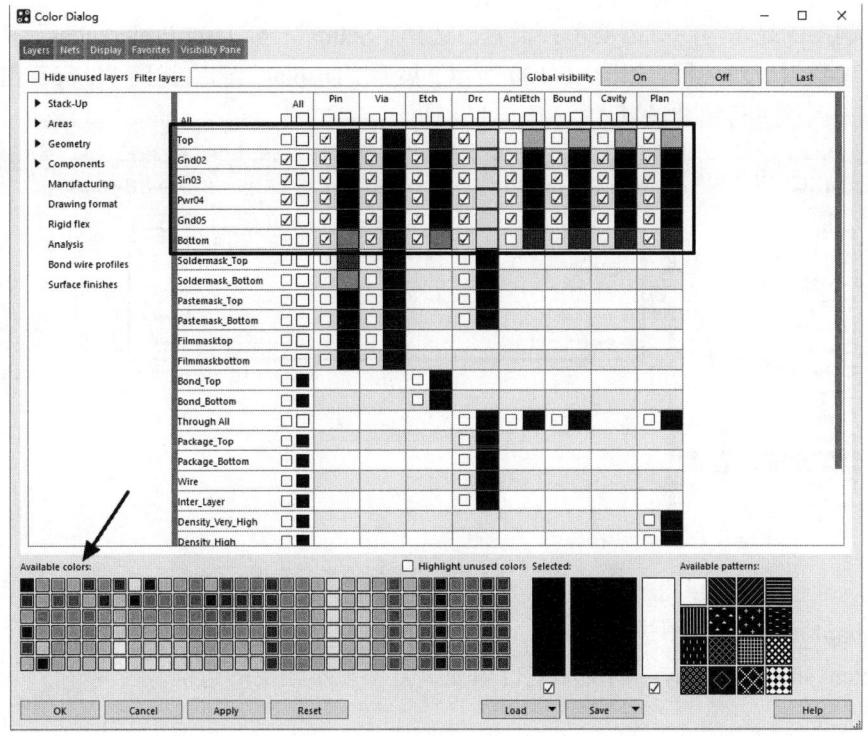

图 10-98　层颜色设置示意图

10.5.5　元素的显示与隐藏

在设计时，为了很好地识别和引用，有时会执行关闭布线、显示过孔或隐藏铜皮等操作，从而可以更好地对其中单独一个元素进行分析处理。

（1）在"Visibility"选项卡中，可以对布线、过孔、焊盘、DRC 等进行显示与隐藏，如图 10-99 所示。

图 10-99　元素的显示与隐藏设置示意图

（2）铜皮的显示与隐藏需要单独设置，选择"Setup"→"User Preferences"菜单命令，进入用户参数设置对话框，如图 10-100 所示，展开"Display"选项找到"Shape_fill"选项，对铜皮填充属性进行填充设置。

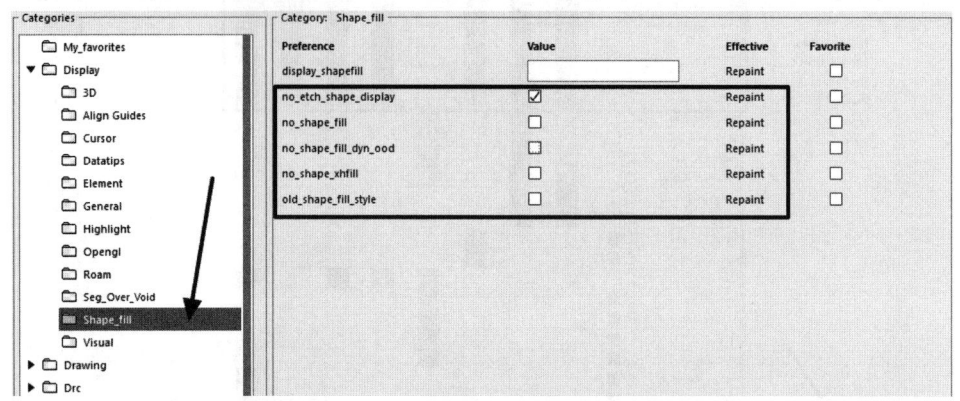

图 10-100　铜皮填充属性设置示意图

no_shape_fill：铜皮不进行填充。

no_etch_shape_display：铜皮不进行填充，且不显示铜皮的边框。

10.5.6　布线线宽设置与修改

在布线时线宽并不是一成不变的，而是根据实际情况变化的。如模拟信号，由于容易受到干扰，因此会对其布线线宽进行加粗处理。对布线线宽的设置与修改操作步骤如下。

（1）布线时设置线宽：选择"Route"→"Connect"菜单命令，在"Options"选项卡中对"Line width"进行修改，修改后对网络进行布线就可以了，如图 10-101 和图 10-102 所示。

图 10-101　设置线宽操作

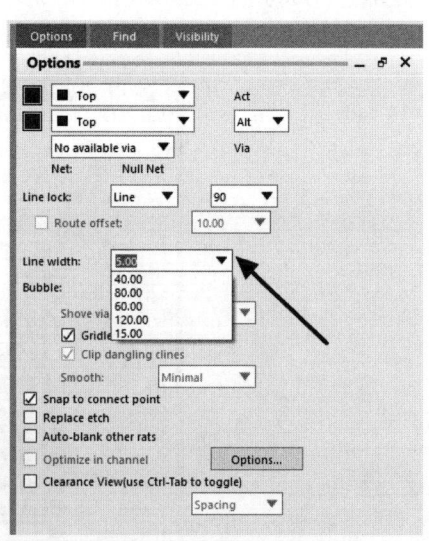

图 10-102　设置线宽示意图

（2）线宽的修改：选择"Edit"→"Change"菜单命令，在"Options"选项卡中对"Line

width"进行修改,修改后对需要修改线宽的布线进行框选就可以了,如图 10-103 和图 10-104 所示。

图 10-103　修改线宽操作

图 10-104　修改线宽示意图

10.5.7　圆弧布线与设置

在软板或某些特殊情况下,常常会用到圆弧布线,下面介绍 Cadence Allegro 软件中圆弧布线的实现。

选择"Route"→"Connect"菜单命令,在"Options"选项卡中将"Line lock"改为"Arc"(圆弧布线),角度可以根据需要选择 45°或 90°,选择圆弧角度如图 10-105 所示,圆弧布线示意图如图 10-106 所示。

图 10-105　选择圆弧角度

图 10-106　圆弧布线示意图

10.5.8　10°布线与设置

在高速电路上,使用 10°左右布线可以有效降低由于玻璃纤维问题引起的基板介电常数不均的影响,从而有效保证高速路径上有效介电常数的一致性,保证信号的完整。10°布线一般用于商业级产品,具体操作步骤如下。

选择"Route"→"Unsupported Prototypes"→"Fiber Weave Effect"→"Add ZigZag Pattern"
菜单命令，"Options"选项卡中的"Angle offset"用于设置角度，"Max length"用于设置
角度线长度，这里将"Angle offset"设置为"10"即可，如图 10-107 和图 10-108 所示。

图 10-107　10°布线操作　　　　　　　　图 10-108　10°布线设置示意图

10.5.9　布线角度更改与设置

在 PCB 布线中，可以对布线的角度进行更改与设置，常规布线通常采用 45°布线，下
面介绍如何更改与设置布线角度。

选择"Route"→"Connect"菜单命令，"Options"选项卡中的"Line lock"用于角度
设置，"Off"为任意角度布线，"45"为 45°布线，"90"为直角布线，如图 10-109 和图 10-110
所示，设置完成后对网络进行布线即可。

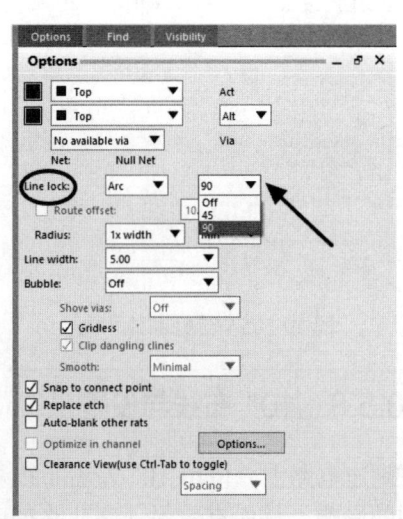

图 10-109　布线角度更改与设置操作　　　　图 10-110　布线角度更改与设置示意图

10.5.10 自动布线

对于一些简单的、空间比较充足的 PCB，Cadence Allegro 软件可以进行自动布线设计。

（1）将布线的线宽、间距规则设置好。选择"Route"→"PCB Router"→"Route Automatic"菜单命令，如图 10-111 所示。

（2）在"Router Setup"选项卡中勾选"Protect existing routes"复选框，勾选后 PCB 中已经布好的信号线会保存下来，不会被重新自动布置，如图 10-112 所示。

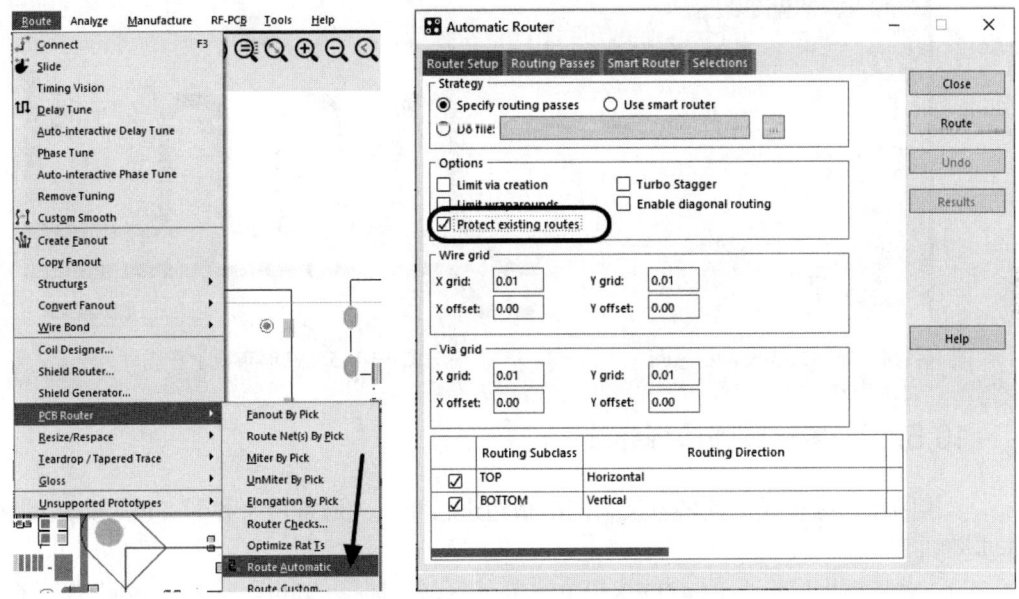

图 10-111　设置布线的线宽、间距规则操作　　　　图 10-112　　"Router Setup"选项卡

在"Routing Passes"选项卡中勾选"Miter corners"复选框，保证布线是 45°布线。设置好后单击"Route"按钮，即可实现自动布线功能，如图 10-113 所示。

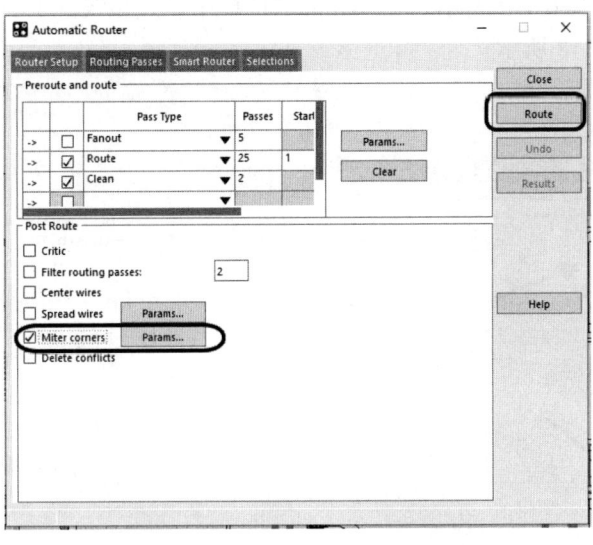

图 10-113　　"Routing Passes"选项卡

10.5.11 蛇形布线

在 PCB 设计中做等长时，常常会用到蛇形布线，下面介绍如何进行蛇形布线及相关设置。

选择"Route"→"Delay Tune"菜单命令，在"Options"选项卡中进行相关设置，其中，"Style"选区中是蛇形布线的样式，"Gap"一般设置为 3 倍线宽，"Corners"一般设置为 45°，最小的拐角长度"Miter size"一般设置为 1 倍线宽，如图 10-114 所示

设置完成之后对已经布好的线进行蛇形布线就可以了，如图 10-115 所示。

图 10-114　蛇形布线设置示意图

图 10-115　蛇形布线示意图

10.5.12　紧挨圆弧边缘布线

紧挨圆弧边缘布线，顾名思义，即沿板边进行布线（通常用于异形 FPC 板），具体操作步骤如下。

（1）对板框生成一个 ROUTE KEEPIN 布线区域，选择"Edit"→"Z-Copy"菜单命令，在"Options"选项卡中选择"ROUTE KEEPIN"，在"Offset"文本框中设置从板框内缩的尺寸，如图 10-116 所示，然后对板框框选一下就可以了。

（2）选择"Route"→"Connect"菜单命令，选择需要沿板边的布线右击并选择"Contour Options"选项，如图 10-117 所示，在弹出的对话框中设置布线到 ROUTE KEEPIN 布线区域的间距，如图 10-118 所示。

图 10-116　"ROUTE KEEPIN"设置示意图

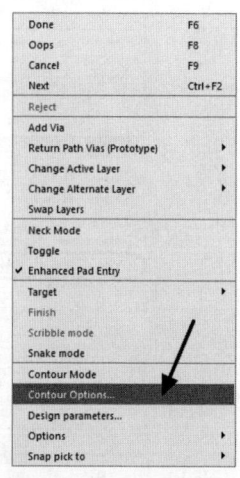

图 10-117　布线命令

（3）对需要沿板边的网络进行布线，软件会自动控制与板边的间距进行布线，即可实现沿板边布线，如图 10-119 所示。这里为了观察明显，设置的间距比较大。

图 10-118　"Contour Space" 设置示意图

图 10-119　沿板边布线示意图

10.5.13　推挤布线与过孔

选择"Route"→"Slide"菜单命令，如图 10-120 所示，在"Options"选项卡中对相关参数进行设置，如图 10-121 所示，在"Find"选项卡中勾选上所有可以勾选的复选框。

图 10-120　推挤布线与过孔操作

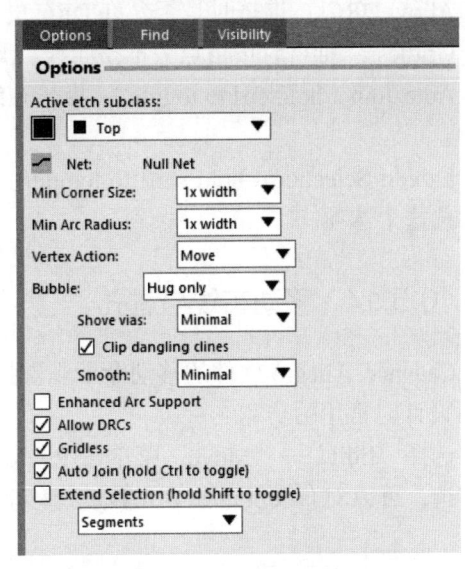

图 10-121　相关参数设置示意图

具体参数如下。

Active etch subclass：当前可以操作的层面，一般随推挤命令所选择的布线而变化。

Min Corner Size：在推挤布线过程中拐角的最小长度，一般按照默认选择一倍线宽即可。

Min Arc Radius：在推挤圆弧布线过程中拐角的最小半径，一般按照默认选择一倍线宽即可。

Vertex Action：推挤布线时端点所做的处理，有以下几个选项可以选择。

- Line corner：推挤布线的拐角。
- Arc corner：推挤圆弧拐角。
- Move：推挤整条线。
- None：不推挤拐角。

Bubble：推挤布线的模式选择，一般有以下四种模式可供选择。

- Off：纯手工按照鼠标指引的方向进行推挤布线，不受约束规则的限制，一般推荐命令时使用这个模式。
- Hug only：仅以避让的方式去推挤，满足规则模型管理器中的所有约束，极限地去靠近障碍推挤，不影响已经布好的线路。
- Hug preferred：跟 Hug only 模式类似，采用完全避让的方式去推挤，极限地去靠近障碍推挤，不影响已经布好的线路。
- Shove preferred：选择推挤模式进行推挤，为了使当前布线能够实现，推挤开已经处理好的线路。

Shove vias：选择 Hug 模式推挤或者 Shove 模式推挤才有的选项，推挤过孔的方式。选择"Off"是不推挤过孔，选择"Minimal"是小范围地推挤过孔，选择"Full"是全方位地推挤并尽量优化。

Smooth：选择 Hug 模式推挤或者 Shove 模式推挤才有的选项，与 Shove vias 类似，这个命令是布线时推挤布线的优化程度，Off-super 是不优化到最大优化的一个程度选择。

Allow DRCs：推挤时是否允许 DRC 的产生，默认勾选此选项。

Gridless：推挤时按格点去推挤布线，默认勾选此选项。

Auto Join（hold ctrl to toggle）：推挤布线时是否改变拐角的长度，按住"Ctrl"键时才有效。

Extend Selection（hold shift to toggle）：推挤布线时是否改变所选线段的长度，一般不用勾选这个选项。

10.5.14　移动布线与过孔

Cadence Allegro 软件的移动命令非常强大，配合不同的选项，具有多种移动方式，是 PCB 设计时常用的功能之一。

选择"Edit"→"Move"菜单命令，如图 10-122 所示，在"Find"选项卡中对元素进行勾选，可以对布线及过孔等元素进行移动，如图 10-123 所示。

图 10-122　移动布线与过孔操作

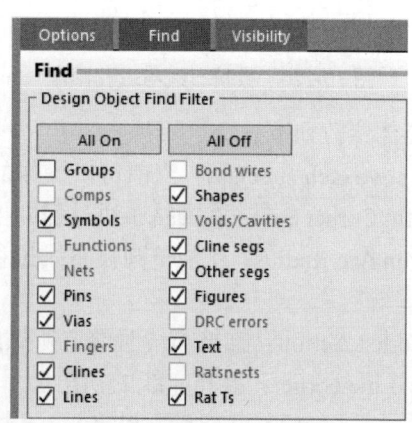

图 10-123　"Find"选项卡

在"Options"选项卡中可以对其参数进行设置，如图 10-124 所示。

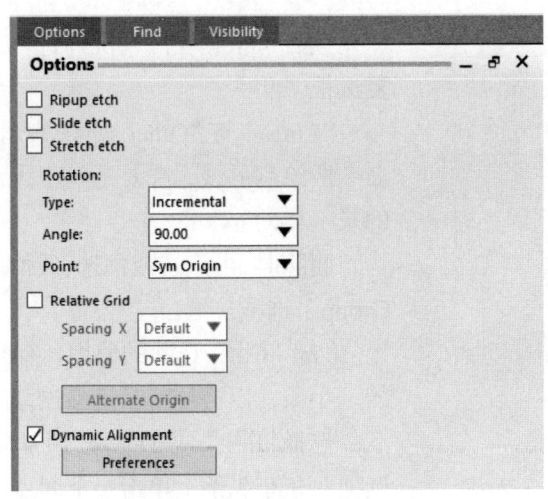

图 10-124 "Options"选项卡

具体参数释义如下。

Ripup etch：移动对象时去除所连布线、过孔。

Slide etch：移动对象时保留所连布线、过孔，布线随着对象平滑移动。

Stretch etch：移动对象时保留所连布线、过孔，布线随着对象以任意角度移动。

当三项都不勾选时，表示仅移动对象，不能影响其他布线、过孔。

Type：以相对坐标或绝对坐标的方式旋转，一般选相对坐标。

Angle：旋转的角度设置，根据实际需要选择，一般选 90°。

Point：设置旋转时的基准点，有以下几种方式，可根据实际情况灵活选择。

• Sym Origin：以元器件封装原点为基准点，软件默认该选项。

• Body Center：以元器件 place_bound 几何中心为基准，常用于元器件原地旋转。

• User Pick：以鼠标单击选择点为基准，常用于多个元器件的整体旋转。

• Sym Pin#：以元器件引脚编号为基准点，常用于元器件结构定位。

Sym Origin 和 Body Center 与封装建立是否规范直接相关。

移动命令可移动的对象较多，"Find"选项卡中未变灰的对象均可被选择移动。

10.5.15 删除布线与过孔

当布线效果不理想时，一根一根地调整布线状态比较费时，可以采用删除命令，将不需要的布线删除，重新布线。

（1）选择"Edit"→"Delete"菜单命令，建议根据实际需要，仅勾选"Find"选项卡中需要处理的对象，无关对象取消勾选，防止误删除，如图 10-125 所示。面板中几个特殊对象的说明如下。

Clines：删除整层的某根线。

Cline segs：删除线上的某段，当不勾选"Clines"复选框时，此选项才有效。

Nets：删除网络的所有布线、过孔，需与"Options"选项卡中的参数配合使用，建议谨慎使用。

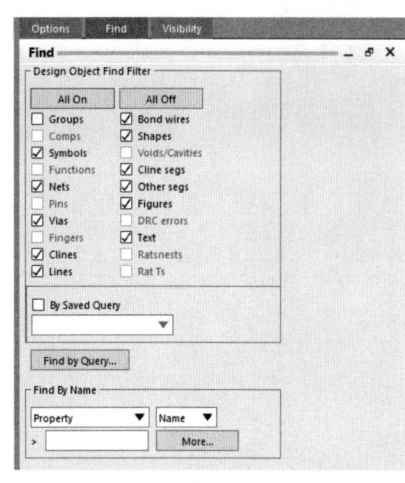

图 10-125　选择对象示意图

读者可根据实际情况勾选"Clines"和"Clines segs"复选框。

"Lines"与"Other segs"表示删除"Add"→"Line"命令所绘制的线，主要是丝印线，作用对象与"Clines"的是一样的。

删除时，可点选或框选，或使用右键菜单中的"Temp Group"选项多选。

（2）"Cut"选项的使用。有时需要删除信号线中间的一小段，以方便重新连接网络。

选择"Edit"→"Delete"菜单命令，右击并选择"Cut"选项，在布线条上单击一下起点，再单击一下终点，两点之间的线自动被删除。

10.5.16　差分布线与扇孔

差分信号是用一个数值来表示两个物理量之间的差异。差分传输在两根线上都传输信号，这两个信号的振幅相同，相位相反。在两根线上传输的信号就是差分信号。差分线是PCB布线中很关键的一部分。差分布线具体操作步骤如下。

（1）创建差分对，选择"Setup"→"Constraints"→"Constraint Manager"菜单命令，进入规则模型管理器，选中需要创建差分对的两根网络并右击，选择"Create"→"Differential Pair"菜单命令，在弹出的窗口中创建差分对，如图 10-126 所示。

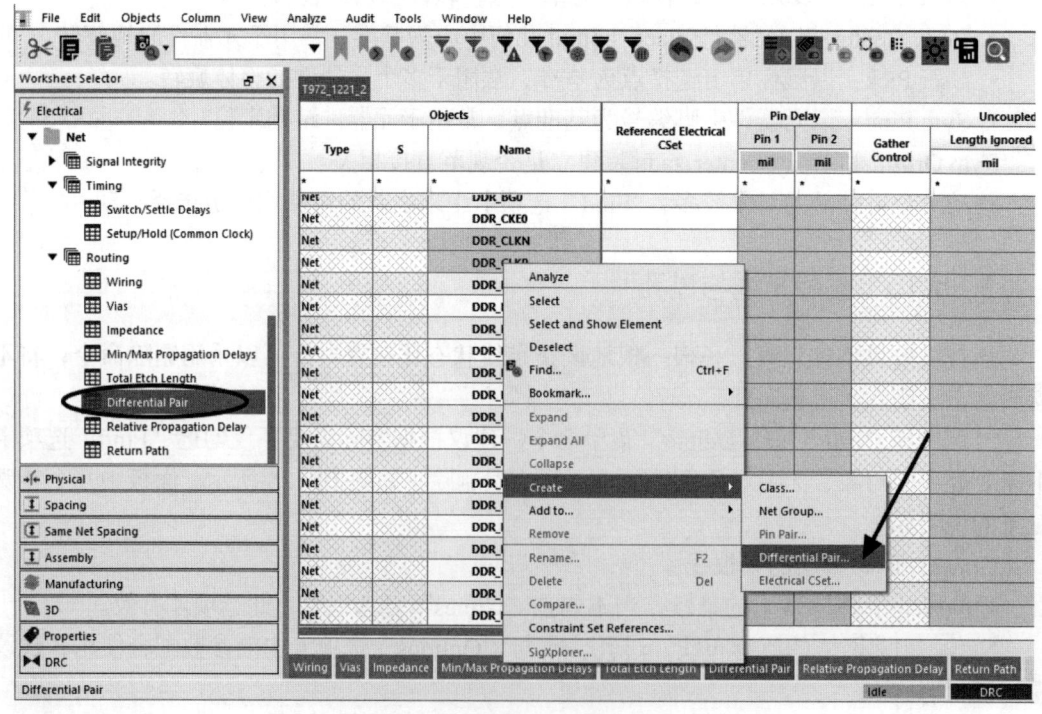

图 10-126　差分对的创建示意图

（2）在"Physical"选区中对差分网络进行差分规则的驱动，如图 10-127 所示。

图 10-127　差分规则的驱动示意图

（3）差分布线。选择"Route"→"Connect"菜单命令，对差分网络进行布线，此时这对差分网络线会耦合且同时布线，如图 10-128 所示。

图 10-128　差分布线示意图

（4）差分线扇孔。在差分布线的命令下双击即可对差分线进行扇孔；同时，在布线命令中右击，通过"Via Pattern"选项对过孔样式进行选择，通过"Spacing"选项可以对过孔间距进行自主设置，如图 10-129 所示。

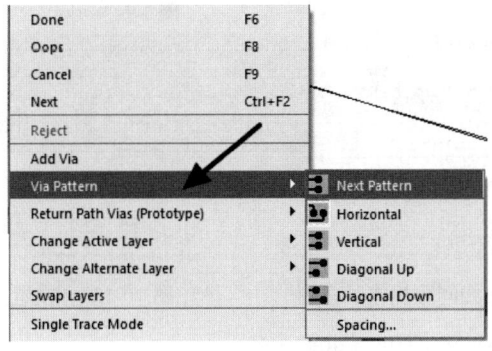

图 10-129　差分线扇孔示意图

10.5.17　多根布线

在 PCB 布线中，当遇到一把一把的总线时，一根一根地布线很费时，这时可以利用

Cadence Allegro 软件中的多根布线功能，具体的操作步骤如下。

（1）进行多根布线时，先将一组线从不同的区域扇出。比如 BGA 区域，先一根一根地将布线扇出，拉到一个位置，如图 10-130 所示，为多根布线做准备。

（2）选择"Route"→"Connect"菜单命令，进行布线，框选需要多根布线的线头位置，全部选中，然后布线，这样就可以实现多根布线，如图 10-131 所示。

图 10-130　多根布线前所有布线扇出示意图　　　　图 10-131　多根布线示意图

（3）多根布线以后，如果需要调整这一组布线的间距，则可以在多根布线过程中右击，在弹出的下拉菜单中选择"Route Spacing"选项，如图 10-132 所示。

执行上述菜单命令之后，在弹出的对话框中可以选择间距，如图 10-133 所示，具体的含义如下。

图 10-132　调整多根布线间距操作示意图　　　　图 10-133　设置多根布线间距示意图

Current Space：按照当前扇出的间距布线。

Minimum DRC：在满足 DRC 要求的情况下，按最小间距布线。

User-defined：按照用户自定义的间距进行布线，在下方的"Space"数值框中输入间距值，布线就会按照设置的间距进行布线。

10.5.18　布线居中设置

（1）选择"Route"→"Resize/Respace"→"Spread Between Voids"菜单命令，如图 10-134 所示。

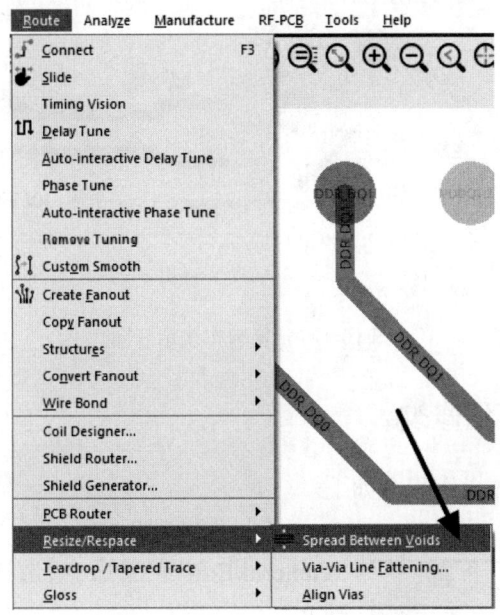

图 10-134　布线居中操作示意图

（2）在"Options"选项卡中勾选"Pins"或"Vias"复选框，然后单击布线两侧的两个焊盘或过孔即可（依次单击），布线即居中到两个焊盘或过孔中间。

10.5.19　布线复制与粘贴

复制命令可用于布线、过孔等的复制，在放置相同元素时采用复制命令可以节省时间。

选择"Edit"→"Copy"菜单命令，在"Find"选项卡中勾选需要复制的元素，如图 10-135 所示。

在"Options"选项卡中可以选择复制的基准点，如图 10-136 所示。

图 10-135　复制元素选择示意图

图 10-136　基准点的选择示意图

Symbol：元器件。

Body Center：元器件中心。

User Pick：用户任意选取一个参考点。

Sym Pin：元器件的焊盘。

复制布线示意图如图 10-137 所示。

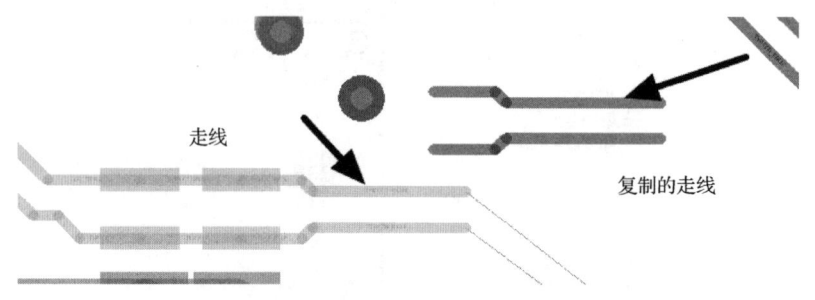

走线

复制的走线

图 10-137　复制布线示意图

10.5.20　过孔网络修改

修改过孔网络的具体操作步骤如下。

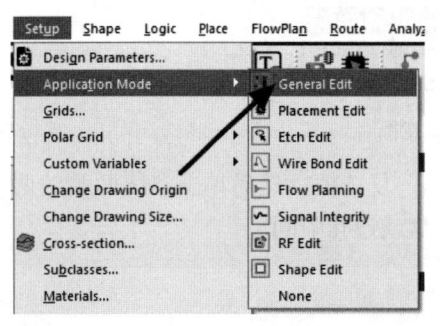

（1）选择"Setup"→"Application Mode"→"General Edit"菜单命令，选择一般模式，如图 10-138 所示。

（2）在"Find"选项卡中勾选过孔元素，如图 10-139 所示。

（3）选择需要修改网络的过孔，右击，选择"Assign net to via"选项，如图 10-140 所示。

（4）在"Options"选项卡中选择网络进行修改，如图 10-141 所示，选择需要修改的过孔网络后，单击"OK"按钮，过孔网络就修改完毕了。

图 10-138　一般模式的选择示意图

图 10-139　过孔元素选择示意图

图 10-140　修改过孔网络操作示意图

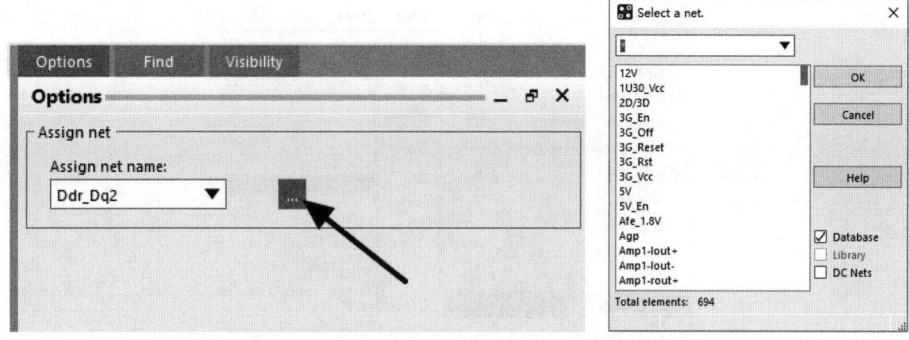

图 10-141　修改过孔网络示意图

10.5.21　高亮与低亮网络

（1）网络高亮。选择"Display"→"Highlight"菜单命令，在"Find"选项卡中勾选"Nets"复选框，如图 10-142 所示，单击需要高亮的网络即可。

（2）低亮网络。选择"Display"→"Dehighlight"菜单命令，在"Options"选项卡中单击"Nets"按钮，如图 10-143 所示，单击需要低亮的网络即可。

图 10-142　高亮网络示意图　　　　图 10-143　低亮网络示意图

10.5.22　Sub-Drawing 功能介绍

Sub-Drawing 功能就是从别的 PCB 文件复制元器件或者布线到当前的 PCB 文件中，而 Copy 命令也是复制功能，但它只能应用于同一个 PCB 文件。Sub-Drawing 功能的具体操作步骤如下。

（1）在已经处理好的 PCB 中导出需要复制的布线，做成 Sub-Drawing 文件。选择"File"→"Export"→"Sub-Drawing"菜单命令，如图 10-144 所示。

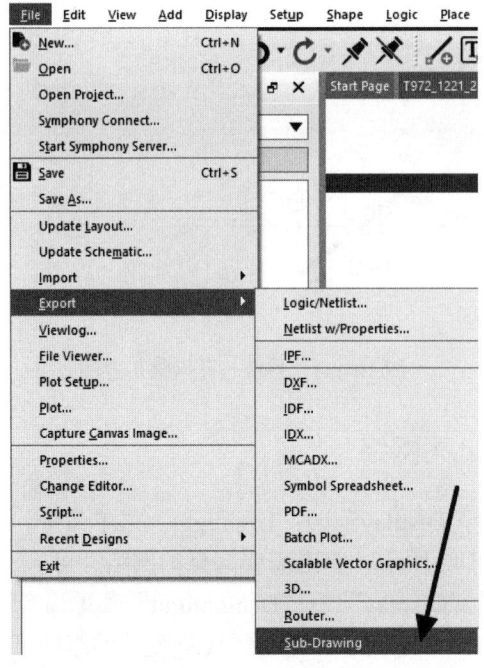

图 10-144　导出 Sub-Drawing 文件操作示意图

（2）在 PCB 文件中选取对象，在"Find"选项卡中选择需要复制的对象，如只复制布线与过孔，就只要选择"Cline"与"Vias"即可。在 PCB 中进行选择时，可以右击并选择"Team Group"选项，进行多项的选取，选取后右击，选择"Complete"选项即可。

（3）将需要复制的对象选择完成之后，需要选择一个基准点去定位，两个 PCB 文件在进行对接时，就是通过这个定位点来进行的。一般推荐选择原点。在"Command"文本框中输入"x 0 0"，然后按回车键，会弹出对话框用于设置保存 Sub-drawing 文件的路径，如图 10-145 所示，默认的文件名称是 standard。保存路径需要注意，一定要保存在之后需要复制的 PCB 文件路径的下面，不然后面导入文件时会提示找不到文件路径。

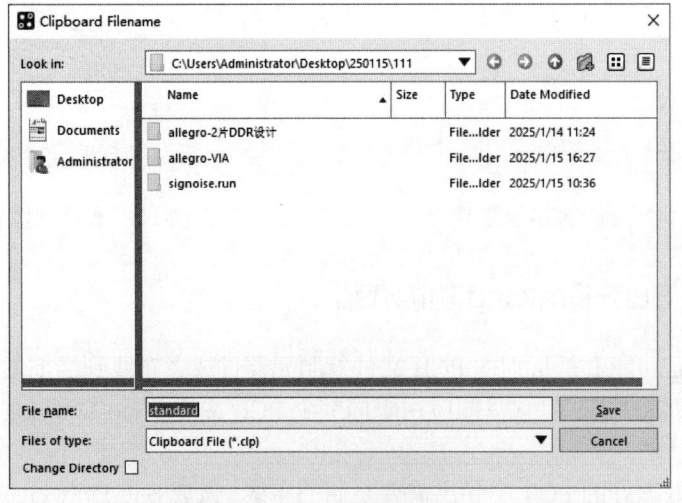

图 10-145　Sub-drawing 文件保存路径示意图

（4）打开需要导入 Sub-drawing 的 PCB 文件，首先需要确定两个 PCB 文件的原点坐标是一致的，这样导入的坐标才不会出现坐标偏移；原点设置为一致之后，选择"File"→"Import"→"Sub-Drawing"菜单命令，如图 10-146 所示，在弹出的对话框中选择上述制作好的 Sub-drawing 文件，如图 10-147 所示，单击"OK"按钮，然后在"Command"文本框中输入"x 0 0"，输入的是同样的基准点，就导入成功了。

图 10-146　"Sub-Drawing"命令

图 10-147　导入 Sub-drawing 文件示意图

10.5.23　查询布线信息

选择"Display"→"Status"菜单命令，可以在弹出的窗口中查看布线进度，如图 10-148 所示，"Unrouted nets"是未布线的网络，"Unrouted connections"是未连接的布线。

如需查看未布线的位置信息，可以单击前面的黄色框进行查看，如图 10-149 所示。

图 10-148　查看布线进度示意图

图 10-149　查看未布线的位置信息示意图

10.5.24　45° 布线与圆弧布线转换

在处理 PCB 布线时，一般都是 45° 布线。当遇到高速信号时，为了满足阻抗的一致性要求，可以设置成圆弧布线。在 Cadence Allegro 16.6 版本以后，可以将 45° 布线自动转换为圆弧布线，具体操作步骤如下。

（1）选择 "Route" → "Unsupported Prototypes" → "Auto-interactive Convert Corner" 菜单命令，如图 10-150 所示，执行 AiCC 功能。

（2）执行上述命令后，在 "Options" 选项卡中设置参数，如图 10-151 所示，一般选择默认设置即可。

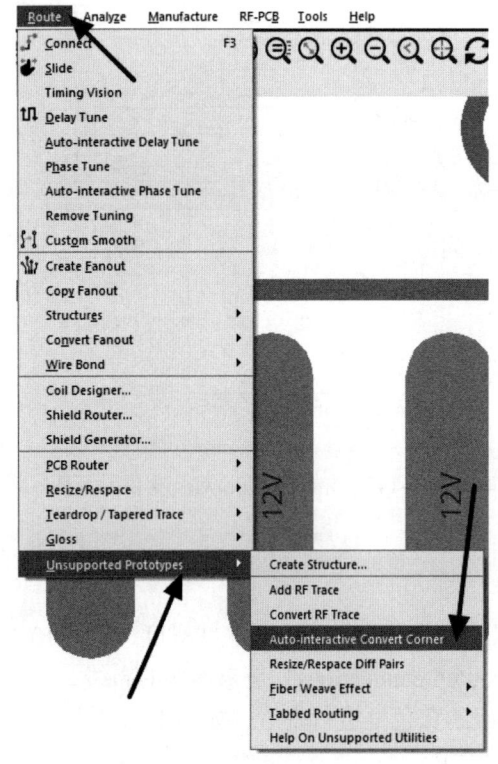

图 10-150　执行 AiCC 功能操作示意图

图 10-151　参数设置示意图

在 "Find" 选项卡中勾选 "Cline" 复选框，框选需要转换成圆弧的布线，软件会进行自动转换，将 45° 的拐角修改成圆弧，如图 10-152 所示。

图 10-152　自动转换为圆弧示意图

10.5.25 泪滴的作用与添加

在 PCB 布线完成后，一般会对布线添加泪滴，目的是增加线与过孔和焊盘的连接强度，提高可制造性。在 Cadence Allegro 软件中对布线添加泪滴的操作步骤如下。

（1）选择"Route"→"Gloss"→"Parameters"菜单命令，如图 10-153 所示。

（2）只需要在弹出的窗口中勾选"Fillet and tapered trace"复选框，如图 10-154 所示。单击前面的按钮，弹出参数窗口，如图 10-155 所示，进行参数设置，一般按照默认的设置即可，在"Min line width"处根据 PCB 中实际的布线线宽设置即可。

（3）设置好参数后，单击"OK"按钮，然后单击"Gloss"按钮进行泪滴添加，这样就对整个 PCB 文件的线路进行了泪滴添加。

（4）如果需要单独对网络、焊盘、布线等对象添加泪滴，则选择"Route"→"Gloss"→"Add Fillet"菜单命令，在"Find"选项卡中选择需要添加泪滴的对象，添加泪滴即可。

图 10-153 添加泪滴操作示意图

图 10-154 "Glossing Controller"窗口

图 10-155 参数设置示意图

10.6 铺铜操作

10.6.1 动态铜皮参数设置

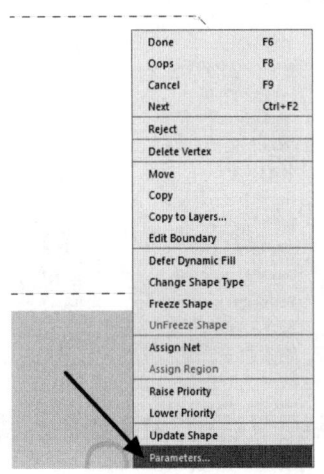

图 10-156 打开参数设置窗口操作示意图

动态铜皮（Dynamic Shape）能自动避让元器件或者过孔，而静态铜皮（Static Shape）则需要手动避让，下面介绍动态铜皮的参数设置。

选择"Shape"→"Select Shape or Void/Cavity"菜单命令，选中动态铜皮，右击，在弹出的下拉菜单中选择"Parameters"选项，如图 10-156 所示。

在弹出的窗口中进行动态铜皮参数设置，具体设置步骤如下。

（1）铜皮填充："Solid"为实心铺铜，"xhatch"为网格铺铜，如图 10-157 所示。

（2）光绘格式要与光绘文件的格式一致，否则会报错，国内一般选"Gerber RS274X"，如图 10-158 所示。

图 10-157 动态铜皮填充设置

图 10-158 光绘格式设置

（3）DRC 间距设置如图 10-159 所示。

图 10-159　DRC 间距设置

（4）铜皮连接方式设置如图 10-160 所示，"Orthogonal"为十字连接，"Full contact"为全连接。

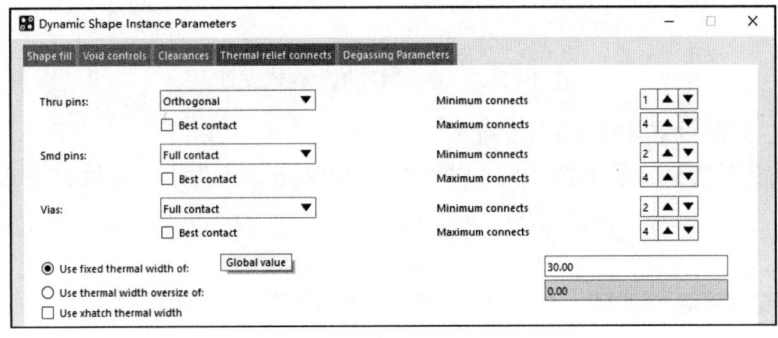

图 10-160　铜皮连接方式设置

10.6.2　静态铜皮参数设置

与动态铜皮参数的设置方法类似，静态铜皮参数设置步骤如下。

（1）选择"Shape"→"Select Shape or Void/Cavity"菜单命令，选中静态铜皮，右击，在弹出的下拉菜单中选择"Parameters"选项，如图 10-161 所示。

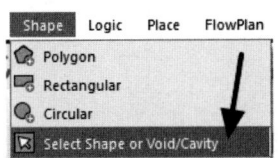

图 10-161　打开参数设置窗口操作示意图

（2）铺铜样式设置："Solid"为实心铺铜，其余为网格铺铜，如图 10-162 所示，同样可以在该窗口中设置线宽及间距。

图 10-162　静态铜皮填充样式设置

（3）DRC 间距设置如图 10-163 所示。

（4）铜皮连接方式设置如图 10-164 所示，"Orthogonal"为十字连接，"Full contact"为全连接。

图 10-163　DRC 间距设置　　　　　　　　　　图 10-164　铜皮连接方式设置

10.6.3　铺铜

所谓铺铜，就是将 PCB 上闲置的空间先作为基准面，然后用固体铜填充，这些铜区又称为灌铜。铺铜的意义如下。

（1）增加载流面积，提高载流能力。

（2）减小地线阻抗，提高抗干扰能力。

（3）降低压降，提高电源效率。

（4）与地线相连，减小环路面积。

（5）多层板对称铺铜可以起到平衡作用。

打开"Shape"下拉菜单，铺铜命令分别为 Polygon（绘制多边形，包括圆弧）、Rectangular（绘制矩形）、Circular（绘制圆），如图 10-165 所示。

执行铺铜命令后，可以在"Options"选项卡中对其相关参数进行设置，如图 10-166 所示。

图 10-165　铺铜命令示意图

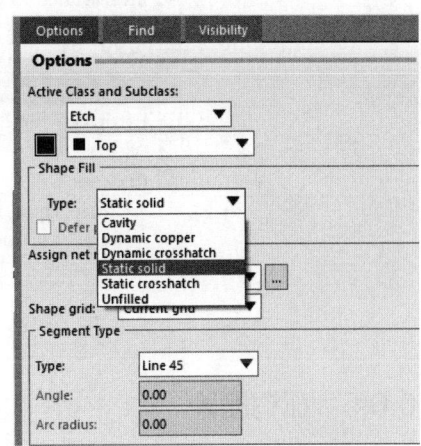

图 10-166　相关参数设置

参数的具体释义如下。

Class：因为是进行同批区域的设置，所以必须设置为 Etch。

Subclass：需要进行铺铜的布线层。

Type：选择需要铺铜的类型。

- Dynamic copper：动态铺铜。
- Static solid：静态实铜。
- Static crosshatch：静态网格状铺铜。
- Unfilled：不填充，适用于绘制 board outline、package geometry、room 等，不能用于 Etch。

Assign net name：铜皮所属网络。单击右边的按钮，可以从下拉列表中选取。一般将铜皮连到电源或地网络。

Shape grid：栅格设置。一般来说，铺铜用的栅格可以比布线用的栅格粗糙。

10.6.4　挖铜

有时在铺铜之后还需要删除一些碎铜或尖岬铜皮，挖铜的功能就是将多余部分的铺铜移除，此功能只对铺铜有效。

选择"Shape"→"Manual Void/Cavity"菜单命令，如图 10-167 所示，挖铜命令如下。

Polygon：在一个完整的铜皮中挖一个任意形状的洞。

Rectangular：在一个完整的铜皮中挖一个矩形的洞。

Circular：在一个完整的铜皮中挖一个圆形的洞。

Delete：将已经避让的铜皮恢复，或者将用 Manual void/ Polygon 挖掉的铜皮恢复。

Element：避让命令，如果铜皮的网络和孔的网络一样，则用该命令避让。

Move：将避让后的 Shape 的轮廓移到其他地方避让，原来避让的 Shape 即恢复。

Copy：将避让后的 Shape 的轮廓复制。

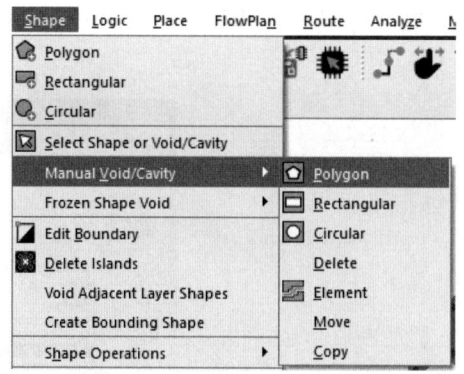

图 10-167　挖铜操作示意图

10.6.5　孤铜删除

孤铜是指在 PCB 中孤立无连接的铜皮，一般都是在铺铜时产生的，对于孤铜的处理一般是将其删除。

（1）选择"Display"→"Status"菜单命令，查看 PCB 中是否有孤铜，如图 10-168 所示。

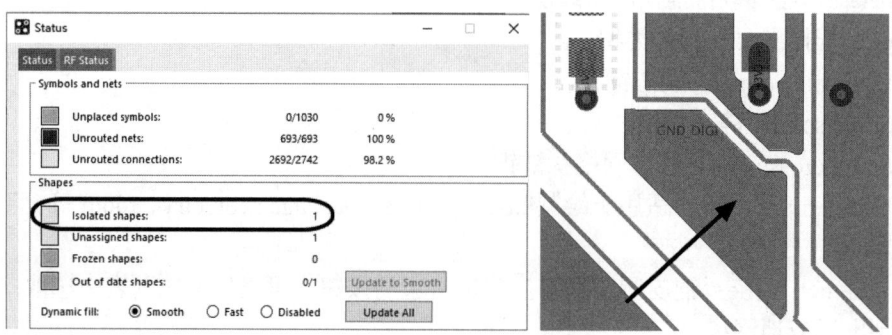

图 10-168　孤铜示意图

（2）选择"Shape"→"Delete Island"菜单命令，在"Options"选项卡中单击"Delete all on layer"按钮，则该层的孤铜将被全部删除，如图 10-169 所示。

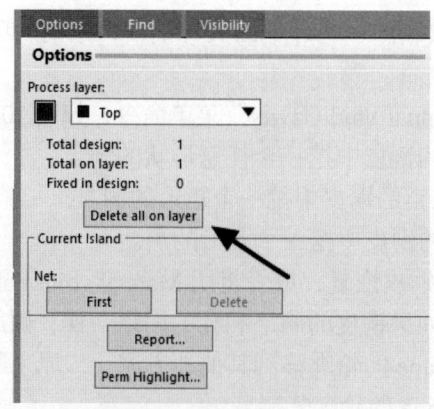

图 10-169　孤铜删除设置示意图

10.6.6　铜皮网络修改

铜皮网络修改的操作步骤如下。

（1）选择"Shape"→"Select Shape or Void/Cavity"菜单命令，选择需要分配或修改网络的铜皮，如图 10-170 所示。

图 10-170　选择铜皮示意图

（2）右击，选择"Assign Net"选项，然后在"Options"选项卡中进行网络选择分配，如图 10-171 所示。

图 10-171　网络选择分配示意图

10.6.7　静态铜皮与动态铜皮转换

在前面的内容中，讲述了静态铜皮与动态铜皮的区别，为了更方便地进行设计，我们可以对两种属性的铜皮进行转换，具体的操作步骤如下。

（1）选中需要转换属性的铜皮。选择"Shape"→"Select Shape or Void/Cavity"菜单

命令，如图 10-172 所示，如果是一块铜皮，则单击该铜皮即可；如果是多块铜皮，则用鼠标左键进行框选。

图 10-172　选中铜皮操作示意图

（2）选中铜皮以后，右击，选择"Change Shape Type"选项，修改铜皮的属性，如图 10-173 所示。

（3）执行操作之后，动态铜皮会变成静态铜皮，静态铜皮会变成动态铜皮，之前铜皮上的属性保持不变。

（4）除了上述方法，还可以选择"Shape"→"Change Shape Type"菜单命令，如图 10-174 所示，然后单击需要更改属性的铜皮，效果是一样的。

图 10-173　修改铜皮属性操作示意图

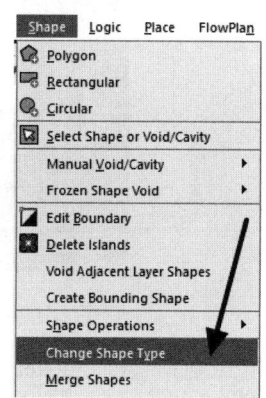

图 10-174　修改铜皮属性的另一种操作示意图

10.6.8　铜皮合并

铜皮合并是指将两个相同网络的铜皮合并，或将一块无网络的铜皮和一块有网络的铜皮合并。

选择"Shape"→"Merge Shapes"菜单命令，如图 10-175 所示，分别单击重叠的两块铜皮，就能实现铜皮合并了，如图 10-176 所示。

图 10-175　铜皮合并操作示意图　　　　图 10-176　铜皮合并示意图

10.6.9 铜皮优先级设置

在 PCB 设计中，如果在同一层进行铺铜处理，当出现两个或者两个以上的铜皮重叠的情况时，如图 10-177 所示，A 铜皮的优先级要高于 B 铜皮，那么 A 铜皮保持原来的形状，而 B 铜皮会自动避让一块。

（1）默认的优先级。在 Cadence Allegro 软件中，先绘制的铜皮的优先级要高于后绘制的铜皮。要将 B 铜皮的优先级提高，可选择"Shape"→"Select Shape or Void/Cavity"菜单命令，如图 10-178 所示。

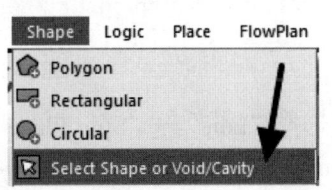

图 10-177　铜皮重叠示意图　　　　　　　图 10-178　选中铜皮操作示意图

（2）单击 B 铜皮选中铜皮，右击，在下拉菜单中选择"Raise Priority"选项，提高铜皮的优先级，如图 10-179 所示。

（3）执行上述命令后，如图 10-180 所示，B 铜皮的优先级就高于 A 铜皮了，B 铜皮保持原样，A 铜皮进行避让。

图 10-179　提高铜皮优先级操作示意图　　　图 10-180　铜皮优先级设置后示意图

从图 10-179 可以看出，在下拉菜单中既可以选择"Raise Priority"选项，也可以选择"Lower Priority"选项，两者功能相反。

10.6.10 灌铜操作

（1）选择"Edit"→"Split Plane"→"Parameters"菜单命令，设置灌铜的样式，一般

选择"Solid"（实心铜），如图 10-181 所示。

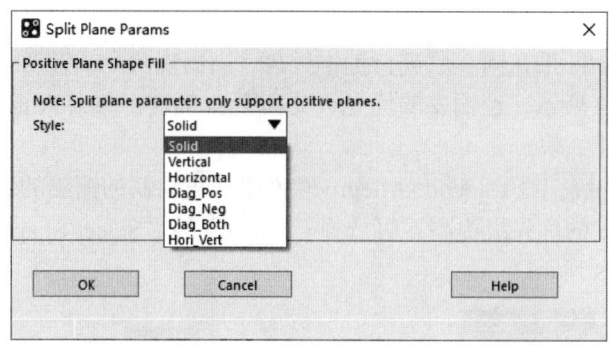

图 10-181　灌铜样式设置示意图

（2）选择"Edit"→"Split Plane"→"Create"菜单命令，选择需要灌铜的平面层，单击"Create"按钮进行创建，如图 10-182 所示。

（3）在弹出的对话框中进行网络的选择，选择完毕后单击"OK"按钮，该层的灌铜操作就完成了，如图 10-183 所示。

图 10-182　选择灌铜平面层示意图

图 10-183　灌铜网络选择示意图

10.7　蛇形布线

10.7.1　单端蛇形线

在 PCB 设计中，蛇形等长布线主要是针对一些高速的并行总线来讲的。由于这类并行总线往往有多条数据信号基于同一个时钟采样，每个时钟周期可能要采样两次（DDR SDRAM），甚至 4 次，而随着芯片运行频率的提高，信号传输延迟对时序影响的比重越来越大。为了保证在数据采样点（时钟的上升沿或者下降沿）能正确采集所有信号的值，就必须对信号传输延迟进行控制。等长布线的目的就是尽可能地减小所有相关信号在 PCB 上传输延迟的差异，保证时序的匹配。

（1）在 Cadence Allegro 软件中，等长绕线之前建议完成 PCB 的连通性，并且建立相对应的总线网络组，因为等长是在既有的布线上进行绕线的，不是一开始就走成蛇形线的，等长时也是基于一组中最长的那条线进行的。

（2）选择"Route"→"Delay Tune"菜单命令，激活等长命令，在"Options"选项卡中设置等长参数，如图 10-184 所示。

① Style：提供 3 种蛇形布线的样式。

② Gap：两条蛇形圆弧线之间的间距，一般需要满足 $3W$（3 倍线宽间距）规则。

③ Corners：拐角的角度，一般选择 45°。

④ Miter size：最小的拐角宽度，一般设置为 1 倍线宽。

⑤ Allow DRCs：等长时允许 DRC 的产生，这项不建议勾选。

图 10-184　等长参数设置

10.7.2　差分蛇形线

USB、SATA、PCIE 等串行信号，并没有上述并行总线的时钟概念，其时钟是隐含在串行数据中的。数据发送方将时钟包含在数据中发出，数据接收方通过接收到的数据恢复出时钟信号。这类串行总线没有上述并行总线等长布线的概念，但因为这些串行信号都采用差分信号，为了保证差分信号的质量，对差分信号对的布线一般会要求等长且按总线规范的要求进行阻抗匹配的控制。

（1）差分蛇形线类似于单端蛇形线，也是先进行差分布线，再选择"Route"→"Delay Tune"菜单命令，激活等长命令，在"Options"选项卡中设置相关参数，设置方法与单端蛇形布线的相同，如图 10-185 所示。

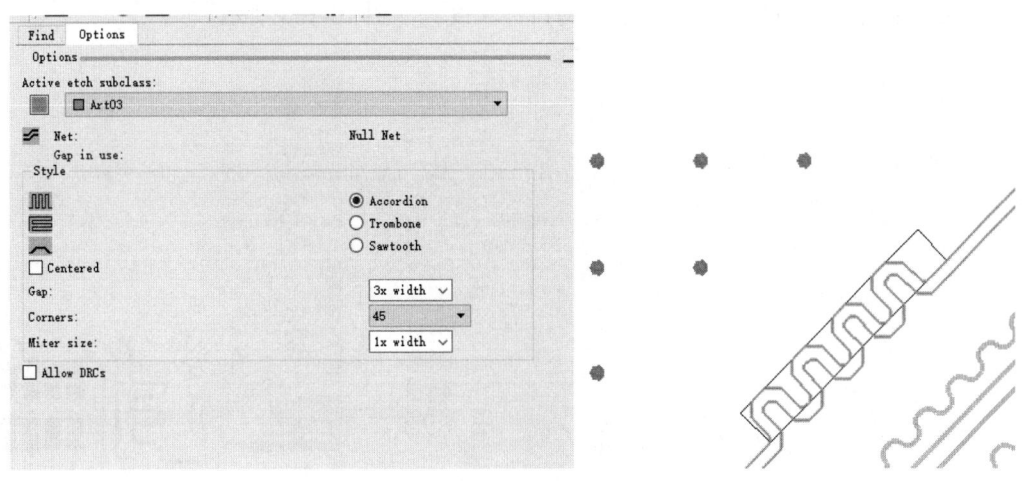

图 10-185　差分蛇形线参数设置

（2）单击需要等长的差分布线，并滑动鼠标，即开始差分蛇形布线。

（3）为了满足差分对内的时序匹配，一般差分对内也需要进行等长，误差一般要求在 5mil 以内。这种等长方式一般不再以差分布线来等长了，而是在执行等长命令后右击并选择"Single trace mode"选项，如图 10-186 所示，对差分布线的其中一根进行绕线。常见差分对内等长方式如图 10-187 所示。

图 10-186　差分线单根等长命令　　　　图 10-187　常见差分对内等长方式

10.8　多拓扑的等长处理

10.8.1　点到点绕线

点到点绕线简单来说就是从一个器件到另一个器件进行等长，然后创建 Match Group 等长组将需要等长的网络一条一条地绕到目标长度，如图 10-188 所示。

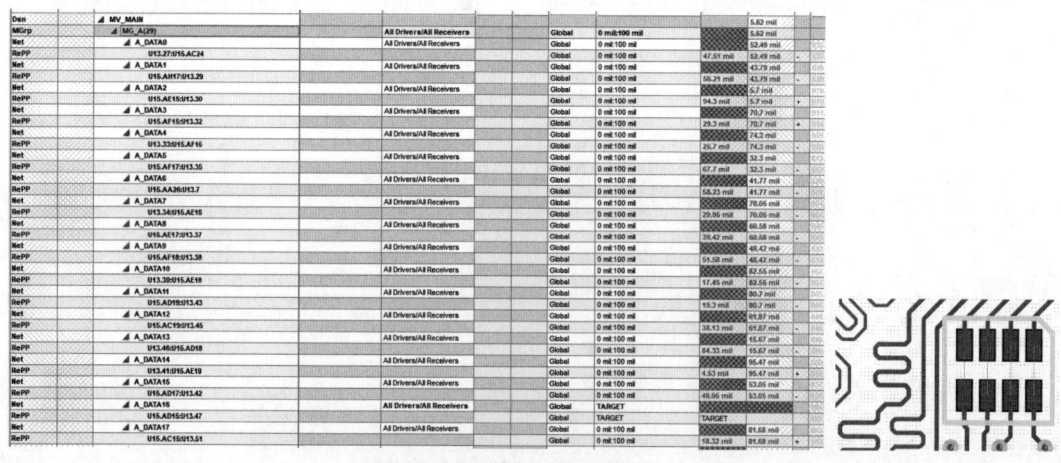

图 10-188　点到点绕线

若主干道上串联有电阻，则可以创建 Xnet 模型，让串联电阻两端的网络一样，再通过创建 Pin Pair 的方法进行点到点绕线即可。

10.8.2　菊花链结构

在 PCB 设计中，信号布线通过 U1 出发途经 U2，再由 U2 到达 U3 的信号结构称为菊花链结构，如图 10-189 所示。在这种连接方法中，不会形成网状的拓扑结构，只有相邻的元器件之间才能直接通信。

图 10-189　菊花链结构

两片 DDR 菊花链结构示意图如图 10-190 所示，这是两片 DDR 采用菊花链结构的布线方式，先由 CPU 连至第一片 DDR，再由第一片 DDR 连至第二片 DDR。对于菊花链等长网络，应先分别创建两个 Pin Pair，再创建两个等长组，分别进行等长；先从 CPU 到第一片 DDR 进行一次点到点绕线等长，再从第一片 DDR 到第二片 DDR 进行一次点到点的绕线等长。菊花链等长规则设置示意图如图 10-191 所示。

图 10-190　两片 DDR 菊花链结构示意图

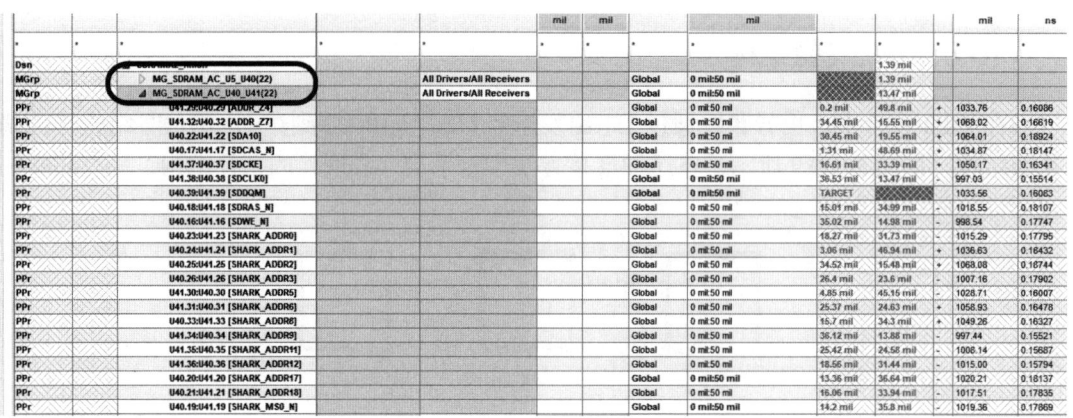

				mil	mil	mil				mil	ns
Dsn										1.39 mil	
MGrp	▷ MG_SDRAM_AC_U5_U40(22)		All Drivers/All Receivers			Global	0 mil:50 mil			1.39 mil	
MGrp	◢ MG_SDRAM_AC_U40_U41(22)		All Drivers/All Receivers			Global	0 mil:50 mil			13.47 mil	
PPr	U41.29:U40.29 [ADDR_Z4]					Global	0 mil:50 mil	0.2 mil	49.8 mil	1033.76	0.16086
PPr	U41.32:U40.32 [ADDR_Z7]					Global	0 mil:50 mil	34.45 mil	15.55 mil	1069.02	0.16619
PPr	U40.22:U41.22 [SDA10]					Global	0 mil:50 mil	30.45 mil	19.55 mil	1064.01	0.18924
PPr	U40.17:U41.17 [SDCAS_N]					Global	0 mil:50 mil	1.31 mil	48.69 mil	1034.87	0.18147
PPr	U41.37:U40.37 [SDCKE]					Global	0 mil:50 mil	16.61 mil	33.39 mil	1050.17	0.16341
PPr	U41.38:U40.38 [SDCLK0]					Global	0 mil:50 mil	36.53 mil	13.47 mil	997.03	0.15514
PPr	U40.39:U41.39 [SDDQM]					Global	0 mil:50 mil	TARGET		1033.56	0.16083
PPr	U40.18:U41.18 [SDRAS_N]					Global	0 mil:50 mil	15.01 mil	34.09 mil	1018.55	0.18107
PPr	U40.16:U41.16 [SDWE_N]					Global	0 mil:50 mil	35.02 mil	14.98 mil	998.54	0.17747
PPr	U40.24:U41.24 [SHARK_ADDR0]					Global	0 mil:50 mil	18.27 mil	31.73 mil	1015.29	0.17795
PPr	U40.25:U41.25 [SHARK_ADDR2]					Global	0 mil:50 mil	3.06 mil	46.94 mil	1036.63	0.16432
PPr	U40.26:U41.26 [SHARK_ADDR3]					Global	0 mil:50 mil	34.52 mil	15.48 mil	1068.08	0.16744
PPr	U41.30:U40.30 [SHARK_ADDR5]					Global	0 mil:50 mil	26.4 mil	23.6 mil	1007.16	0.17902
PPr	U41.31:U40.31 [SHARK_ADDR6]					Global	0 mil:50 mil	4.85 mil	45.15 mil	1028.71	0.16007
PPr	U40.33:U41.33 [SHARK_ADDR8]					Global	0 mil:50 mil	25.37 mil	24.63 mil	1050.93	0.16478
PPr	U41.34:U40.34 [SHARK_ADDR9]					Global	0 mil:50 mil	16.7 mil	34.3 mil	1049.28	0.16323
PPr	U41.35:U40.35 [SHARK_ADDR11]					Global	0 mil:50 mil	36.12 mil	13.88 mil	997.44	0.15521
PPr	U41.36:U40.36 [SHARK_ADDR12]					Global	0 mil:50 mil	25.42 mil	24.58 mil	1008.14	0.15687
PPr	U40.20:U41.20 [SHARK_ADDR17]					Global	0 mil:50 mil	18.56 mil	31.44 mil	1015.00	0.15794
PPr	U40.21:U41.21 [SHARK_ADDR18]					Global	0 mil:50 mil	13.36 mil	36.64 mil	1020.21	0.18137
PPr	U40.19:U41.19 [SHARK_MS0_N]					Global	0 mil:50 mil	16.06 mil	33.94 mil	1017.51	0.17835
								14.2 mil	35.8 mil	1019.36	0.17869

图 10-191　菊花链等长规则设置示意图

10.8.3　T 形结构

T 形结构如图 10-192 所示,星形网络型结构常被称为 T 形结构。DDR2 相比之前的 DDR 规范没有延时补偿功能,因此时钟线与数据选通信号的时序裕量相对比较紧张。为了不使每片 DDR 芯片的时钟线与数据选通信号的长度误差太大,一般采用 T 形结构,T 形结构的分支应尽量短,长度也应相等。

图 10-192　T 形结构

10.8.4　T 形结构分支等长法

这种方法类似于菊花链操作方法,主要是利用节点和多版本的操作,把等长转换为点对点等长法,实现 $L+L'=L+L''=L_1+L_1'=L_2+L_2'$,即 CPU 焊盘到每一片 DDR 焊盘的布线长度等长,如图 10-193 所示。

图 10-193　T 形结构分支等长法

10.8.5　Xnet 等长法

Xnet 等长法有两种：第一种是创建 Pin Pair 进行等长；第二种是利用模型进行等长。Pin Pair 等长法在前面已经介绍过了，这里重点介绍模型等长法。

（1）对有串组的网络进行 Xnet 模型的创建，具体方法可以参考 10.1.5 节。

（2）选择"Setup"→"Constraints"→"Constraint Manager"菜单命令，打开规则模型管理器，在电气规则中对 SDRAM 低八位数据线设置模型并进行等长，选中 DMA 网络打开其模型，如图 10-194 所示。

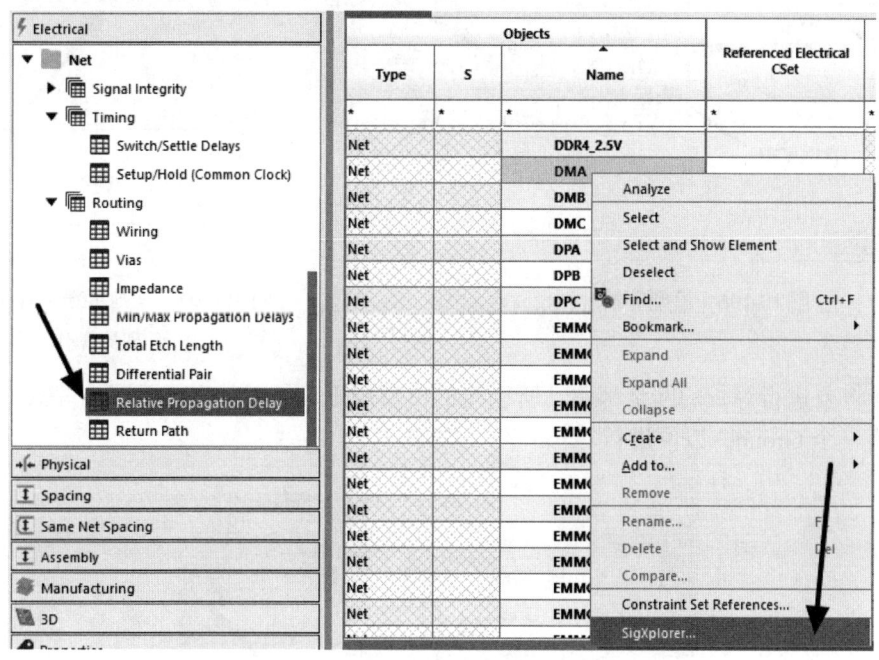

图 10-194　打开网络模型

（3）图 10-195 所示模型就是网络 ED0 的模型，其从 U12 到达 U6，再从 U6 到达 U4。这里介绍从 U12 到 U4 进行等长。

图 10-195　网络模型示意图

（4）在模型界面，选择"Set"→"Constrains"菜单命令，设置好模型等长规则，如图 10-196 所示，单击"Add"按钮进行添加，添加完成后单击"OK"按钮。

（5）将创建好的模型规则更新至规则模型管理器中，选择"File"→"Update Constraint Manager"菜单命令，如图 10-197 所示。

图 10-196　模型等长规则设置示意图　　　　图 10-197　规则更新至规则模型
　　　　　　　　　　　　　　　　　　　　　　　　　管理器操作

（6）将要进行等长的网络都驱动所创建的模型规则，如图 10-198 所示，驱动之后会自动添加为一个 Group，以便进行等长。

Net	◢ ED0	ED0
PPr	U12.B24:U4.13	
Net	ED1	
Net	◢ ED2	ED0
PPr	U4.10:U12.B23	
Net	◢ ED3	ED0
PPr	U4.8:U12.B22	
Net	◢ ED4	ED0
PPr	U4.7:U12.C22	
Net	◢ ED5	ED0
PPr	U4.5:U12.A23	
Net	◢ ED6	ED0
PPr	U4.4:U12.C21	
Net	◢ ED7	ED0
PPr	U4.2:U12.B21	

图 10-198　驱动模型规则示意图

（7）利用蛇形布线的命令进行等长，将该网络组的长度调至等长误差内，显示绿色即可，如图 10-199 所示。

MGrp		▲ MG_ED0_7(7)								12.07 mil		
PPr		U12.B24:U4.13 [ED0]				Global	0 mil:50 mil		24.23 mil	25.77 mil	-	1212.21
PPr		U4.10:U12.B23 [ED2]				Global	0 mil:50 mil		19.44 mil	30.56 mil	+	1255.87
PPr		U4.8:U12.B22 [ED3]				Global	0 mil:50 mil		22.8 mil	27.2 mil	-	1213.63
PPr		U4.7:U12.C22 [ED4]				Global	0 mil:50 mil		37.93 mil	12.07 mil	-	1198.50
PPr		U4.5:U12.A23 [ED6]				Global	0 mil:50 mil		11.02 mil	38.98 mil	-	1225.42
PPr		U4.4:U12.C21 [ED6]				Global	0 mil:50 mil		8.81 mil	41.19 mil	-	1227.63
PPr		U4.2:U12.B21 [ED7]				Global	0 mil:50 mil		TARGET			1236.44

图 10-199　网络等长示意图

10.9　本章小结

PCB 布线是 PCB 设计中占比较大的一个部分，是重点中的重点，读者只有掌握设计当中的各类技巧，才能有效地缩短设计周期，同时提高设计的质量。

第11章

PCB 的 DRC 与生产输出

前期为了满足各项设计要求，会设置很多约束规则，当一个 PCB 设计完成之后，通常要进行 DRC（Design Rule Check）。DRC 就是检查设计是否满足设置的规则。一个完整的 PCB 设计必须经过各项电气规则检查，常见的检查包括间距、开路及短路等的检查，更加严格的还有差分对、阻抗线等的检查。

 学习目标

➢ 掌握功能性 DRC。
➢ 掌握 PDF 文件的输出方式。
➢ 掌握 Gerber 文件的输出步骤并灵活运用。

11.1 功能性 DRC

11.1.1 查看状态

当 PCB 设计完成之后，可以查看一下 PCB 的状态，确保设计的正确性。

（1）选择 "Display" → "Status" 菜单命令，如图 11-1 所示。弹出的 "Status" 窗口中显示了该 PCB 目前的状态，如图 11-2 所示。

相关参数如下。

Unplaced symbols：在后台未放置到 PCB 中的元器件。

Unrouted nets：未连接的网络。

Unrouted connections：未连接的布线。

Isolated shapes：孤铜。

Unassigned shapes：未分配网络的铜皮。

Out of date shapes：需要进行更新的铜皮。

DRC errors：DRC 错误。

Waived DRC errors：允许存在的 DRC 错误。

（2）当需要查看错误位置时，可以通过单击错误前面的小方框，如图 11-3 所示；通过单击坐标可以在 PCB 中定位到错误位置，如图 11-4 所示。

图 11-1 "Status"选项

图 11-2 PCB 目前的状态示意图

图 11-3 单击小方框

图 11-4 错误位置示意图

11.1.2 电气性能检查

电气性能检查包括间距检查、短路检查及开路检查。

（1）选择"Setup"→"Constraints"→"Modes"菜单命令，如图 11-5 所示，打开规则模型管理器，如图 11-6 所示。

图 11-5 打开规则模型管理器操作

图 11-6　规则模型管理器示意图

（2）打开"Spacing"中所有的间距规则模型，如图 11-7 所示。

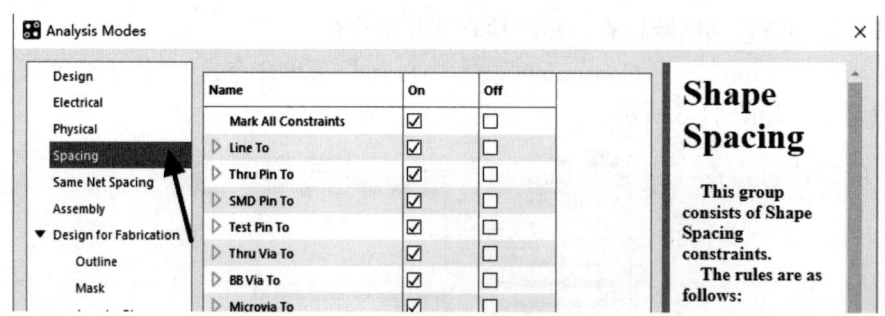

图 11-7　打开间距规则模型示意图

（3）选择"Display"→"Status"菜单命令，打开状态窗口，可以对当前开路、短路及间距报错进行查看，如图 11-8 所示。

Unrouted connections：开路报错。

Shorting errors：短路报错。

间距报错可以单击"DRC errors"前面的小方框进行查看。

图 11-8　电气性能报错示意图

11.1.3　布线检查

选择"Setup"→"Constraints"→"Modes"菜单命令，如图 11-9 所示，布线检查包含阻抗线检查、过孔检查、差分线检查、等长线检查，当设置的线宽、过孔大小及差分线宽不满足规则约束要求时就会提示 DRC 报错，提醒设计者注意，如图 11-10 所示。

图 11-9　布线检查操作

小助手提示

一般在设计中，过孔的类型不要超过两种，这样在生产中可以少用钻头类型，提高生产效率。

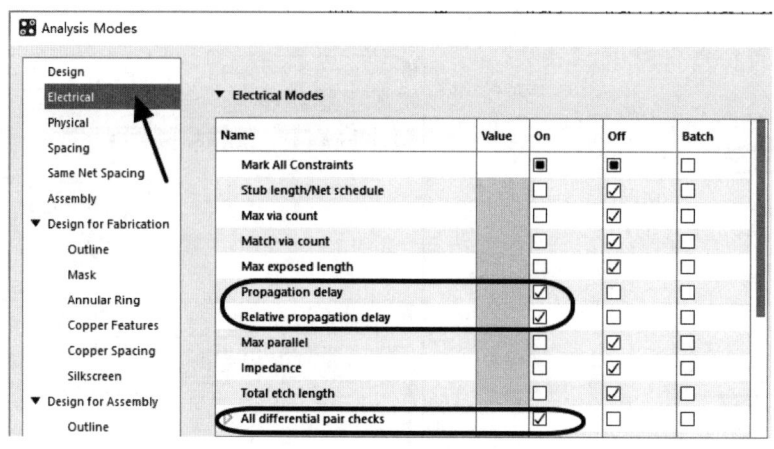

图 11-10　布线检查示意图

11.1.4　铺铜检查

当铺铜完成之后，选择"Display"→"Status"菜单命令，如图 11-11 所示。铺铜检查主要是对孤铜、未分配网络的铜皮及未更新的铜皮进行检查，如图 11-12 所示。

图 11-11　"Status"选项　　　　　　图 11-12　铺铜检查示意图

11.1.5　阻焊间距检查

阻焊的作用就是防止焊接时的焊料流动，避免短路，因此阻焊之间应有一个最小间距，称为阻焊桥。在 PCB 中可以对阻焊间距进行检查，选择"Setup"→"Constraints"→"Modes"菜单命令，设置间距"Value"值，勾选阻焊到阻焊的间距检查复选框，如图 11-13 所示。

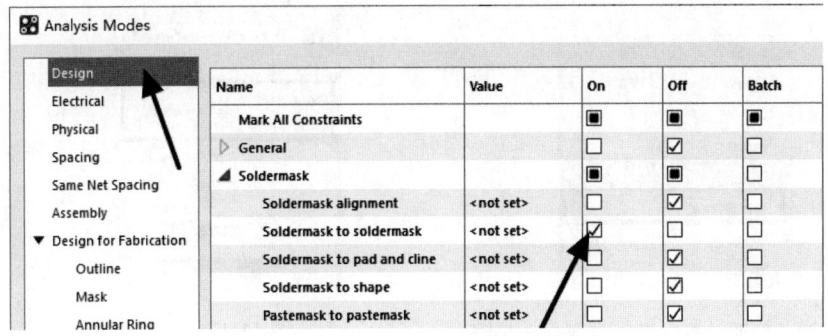

图 11-13　阻焊间距检查示意图

11.1.6　元器件高度检查

如果要对高度设定规则，则需要元器件封装中的 Place Bound 这一层有高度信息。

（1）选择"Display"→"Color"菜单命令，打开显示面板进行显示层选择，如图 11-14 所示。

（2）选择"Setup"→"Areas"→"Package Height"菜单命令，如图 11-15 所示；右击，添加设置高度区域的铜皮，如图 11-16 所示。

图 11-14　高度显示层示意图

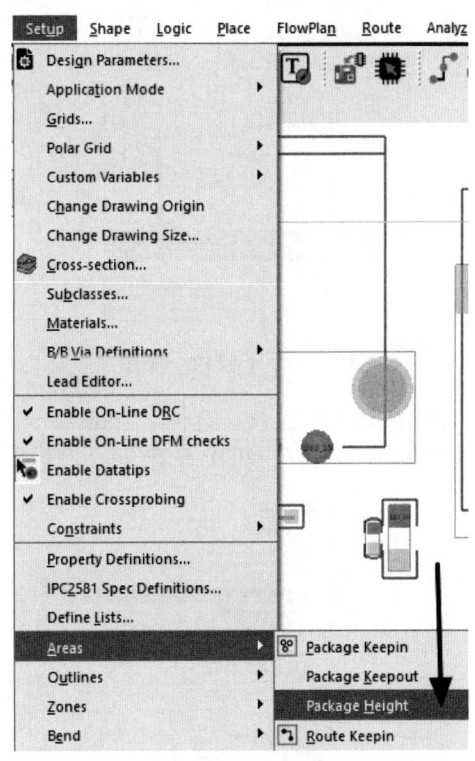

图 11-15　"Package Height"选项

（3）在"Options"选项卡中进行最大、最小高度设置，如图 11-17 所示。

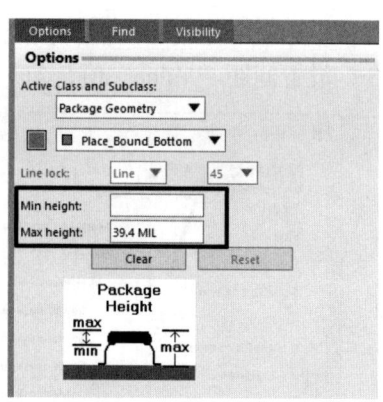

图 11-16　添加设置高度区域铜皮示意图　　　　图 11-17　高度设置示意图

11.1.7　板层设置检查

在输出光绘之前需要对板层设置进行相应的检查。

（1）对叠层进行检查：选择"Setup"→"Cross-section"菜单命令，如图 11-18 所示；检查叠层设置是否有问题，如图 11-19 所示。

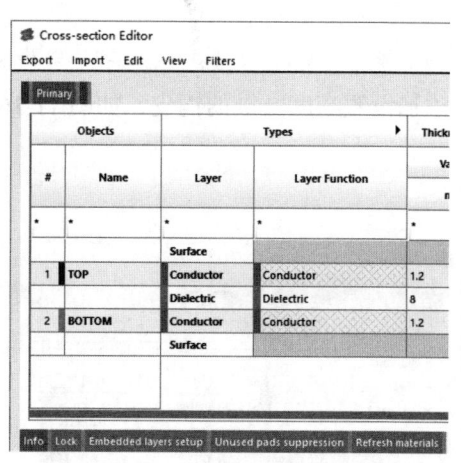

图 11-18　叠层检查操作　　　　　　　　　图 11-19　叠层检查设置示意图

（2）进行 DB 检查：选择"Tools"→"Database Check"菜单命令，如图 11-20 所示；单击"Check"按钮，再次查看 Status 状态，如图 11-21 所示。

图 11-20　DB 检查操作　　　　　　　　　图 11-21　DB 检查设置示意图

11.2 尺寸标注

为了使设计者或生产者更方便地知晓 PCB 尺寸及相关信息，在设计时通常要考虑给设计好的 PCB 添加尺寸标注。尺寸标注有线性标注、圆弧半径标注、角度标注等形式，下面对常用的线性标注及圆弧半径标注进行说明。

11.2.1 线性标注

在进行标注之前，先打开需要标注的层显示。选择"Display"→"Color"菜单命令，勾选"Dimension"复选框，如图 11-22 所示。

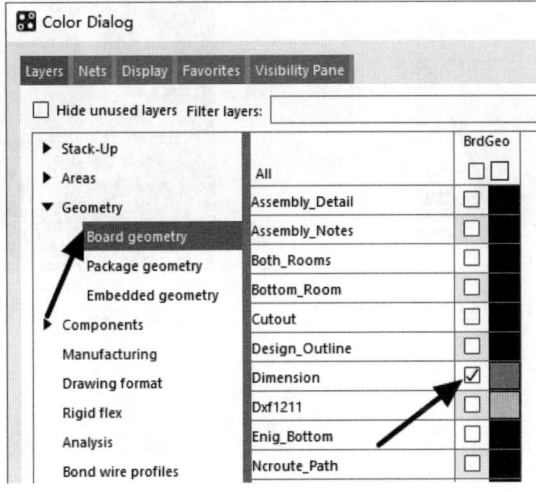

图 11-22　标注层显示示意图

选择"Manufacture"→"Dimension Environment"菜单命令，如图 11-23 所示，进入标注环境，右击，选择线性标注，如图 11-24 所示。

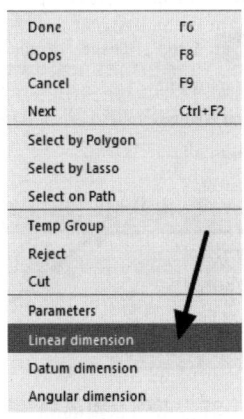

图 11-23　进入标注环境操作　　　　图 11-24　选择线性标注示意图

分别单击需要测量的两个端点便可以进行线性标注了。

11.2.2　圆弧半径标注

选择"Manufacture"→"Dimension Environment"菜单命令，进入标注环境，右击，选择圆弧半径标注，如图 11-25 所示。

选择需要标注的圆或者圆弧即可进行半径标注，如图 11-26 所示。

图 11-25　选择圆弧半径标注示意图

图 11-26　圆弧半径标注示意图

11.3　距离测量

11.3.1　点到点距离的测量

这种测量主要用于对某两个对象之间大概距离的一个评估。选择"Display"→"Measure"菜单命令，如图 11-27 所示；在"Find"选项卡中勾选相应元素，如图 11-28 所示。

图 11-27　点到点距离测量操作

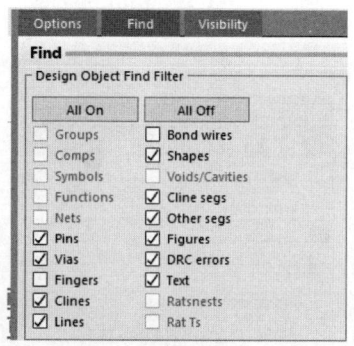

图 11-28　勾选相应元素示意图

单击两个元素，系统测量之后会弹出一个标出 X 轴与 Y 轴长度的报告，如图 11-29 所示。

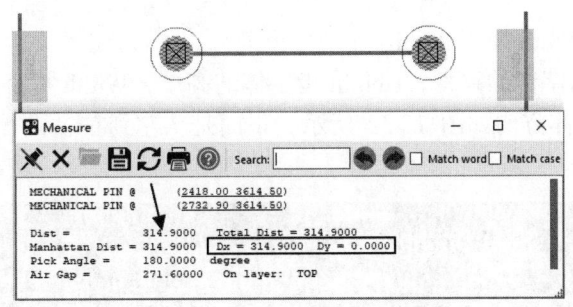

图 11-29　点到点距离测量报告示意图

11.3.2　边缘间距的测量

这种测量是两个对象边缘和边缘之间的间距测量，需要用到抓取命令。选择 "Display" → "Measure" 菜单命令，将鼠标移至需要测量边缘间距的元素上，右击选择 "Snap pick to" 选项，进行端点的抓取，如图 11-30 所示。

边缘间距测量报告示意图如图 11-31 所示。

图 11-30　抓取命令使用示意图

图 11-31　边缘间距测量报告示意图

11.4　丝印位号的调整

针对后期元器件装配，特别是手工装配元器件，一般都要输出 PCB 的装配图，用于元器件放料定位，这时丝印位号就显示出其必要性了。

11.4.1　丝印位号调整的原则及常规推荐尺寸

在 PCB 设计完成之后，往往需要对元器件的编号进行调整，以便在 PCB 生产时印刷在 PCB 上，方便调试。为了使印刷的字符清晰可见，推荐使用的字体大小如下。

- 单板 PCB 文件比较宽松时，推荐使用字号的大小：Photo Width 采用 6mil，Height 采用 45mil，Width 采用 35mil。
- 一般常规的 PCB 设计，推荐使用字号的大小：Photo Width 采用 5mil，Height 采用 35mil，Width 采用 30mil。
- 单板 PCB 文件比较密集时，推荐使用字号的大小：Photo Width 采用 4mil，Height

采用 25mil，Width 采用 20mil。

- Photo Width 指字体的宽度，Height 指字体的高度，Width 指字体的宽度。
- 一般推荐的字体方向如图 11-32 所示，正面是从左到右、从下到上，背面是从右到左、从下到上。

图 11-32　一般推荐的字体方向

11.4.2　丝印位号的调整方法

Cadence Allegro 软件提供了一个快速调整丝印位号的方法，可以快捷地调整丝印位号的位置。

（1）选择"File"→"Change Editor"菜单命令，如图 11-33 所示，打开模式选取对话框，选择"Allegro X Venture"选项，如图 11-34 所示。

图 11-33　打开模式选取对话框操作

图 11-34　选取示意图

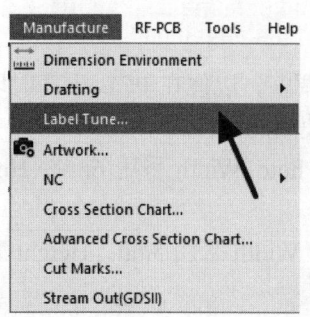

图 11-35　打开"Label Tune"窗口操作

（2）选择"Manufacture"→"Label Tune"菜单命令，打开"Label Tune"窗口，如图 11-35 所示。

（3）在"Main"选项卡和"Advanced"选项卡中进行相应的设置，如图 11-36 和图 11-37 所示。

（4）完成"Label Tune"窗口的设置后，框选需要调整丝印位号的元器件（丝印位号自动归位到元器件中心上）。

图 11-36　"Main"选项卡

图 11-37　"Advanced"选项卡

11.5　PDF 文件的输出

在 PCB 生产调试期间，为了方便查看文件或者查询相关元器件信息，会把 PCB 设计文件转换成 PDF 文件。下面介绍常规 PDF 文件的输出方式。

（1）需要设置装配的光绘层叠，选择"Manufacture"→"Artwork"菜单命令，进入光绘层叠设置界面，添加顶、底两层的信息即可，如图 11-38 所示。

（2）添加光绘层叠设置以后，进行装配 PDF 文件的输出，选择"File"→"Export"菜单命令，在下拉菜单中选择"PDF"选项，如图 11-39 所示。

图 11-38　光绘层叠设置示意图

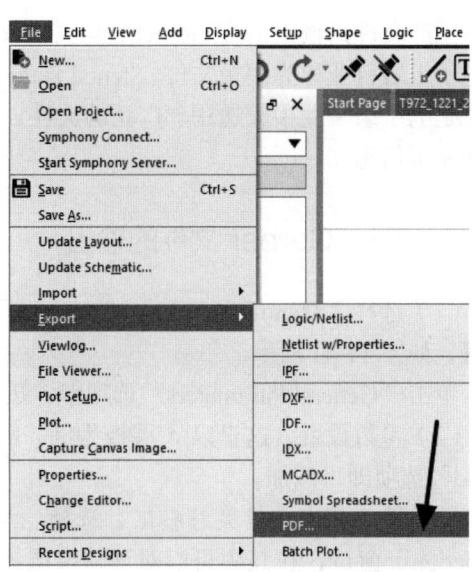

图 11-39　输出 PDF 文件操作示意图

（3）在弹出的窗口中，选择输出的层叠，勾选"ADT"与"ADB"复选框，下面的复选框都不用勾选；勾选"Output PDF in black and white mode"复选框即黑白输出，不勾选为彩色输出；单击"Export"按钮进行装配 PDF 文件的输出即可，如图 11-40 所示。

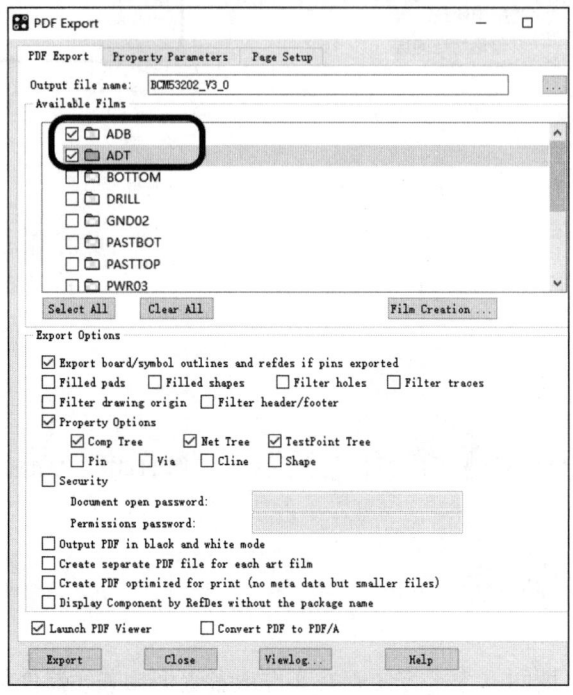

图 11-40　PDF 文件输出设置示意图

11.6　生产文件的输出

生产文件的输出俗称 Gerber Out。Gerber 文件是所有电路设计软件都可以产生的文件，在电子组装行业称为模板文件（Stencil Data），在 PCB 制造业称为光绘文件。可以说，Gerber 文件是电子组装业中较通用、广泛的文件，生产厂家拿到 Gerber 文件就可以方便而精确地读取制板信息。

11.6.1　Gerber 文件的输出

（1）选择"Manufacture"→"Artwork"菜单命令，在"Film Control"选项卡中进行设置，如图 11-41 所示。

单击"General Parameters"选项卡，按照图 11-42 所示进行设置。

（2）参数设置，这里以 4 层板为例，需要添加如图 11-43 所示的输出层，右击并选择"Add"选项即可添加。

（3）选中相应文件夹并右击，选择"Add"选项，如图 11-44 所示，弹出"Subclass Selection"窗口，在其中可以对该输出层添加相应的子类，如图 11-45 所示。

图 11-41　光绘输出设置示意图（1）

图 11-42　光绘输出设置示意图（2）

图 11-43　添加输出层示意图

图 11-44　"Add"选项

图 11-45　添加子类示意图

（4）每个层所需要添加的子类如图 11-46～图 11-52 所示。

图 11-46　子类图（1）

图 11-47　子类图（2）

图 11-48　子类图（3）

图 11-49　子类图（4）

图 11-50　子类图（5）　　　　图 11-51　子类图（6）　　　　图 11-52　子类图（7）

（5）单击"Select all"按钮全选，单击"Create Artwork"按钮进行输出，如图 11-53所示。

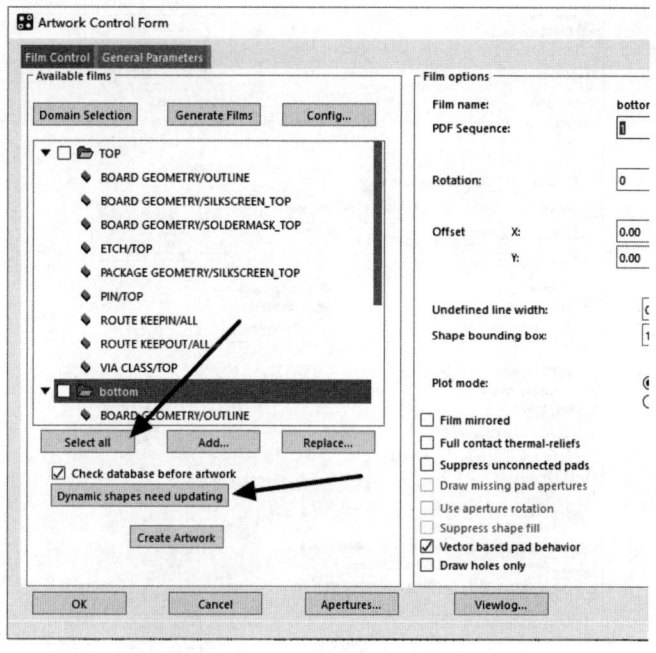

图 11-53　光绘输出操作示意图

11.6.2　钻孔文件的输出

设计文件上放置的安装孔和过孔需要通过钻孔文件输出设置进行输出，具体操作步骤如下。

（1）选择"Manufacture"→"NC"→"Drill Customization"菜单命令，在弹出的窗口中对相同的钻孔进行处理，单击"Auto generate symbols"按钮，如果有两个孔的参数相同，则单击"Merge"按钮进行合并，如图 11-54 所示。

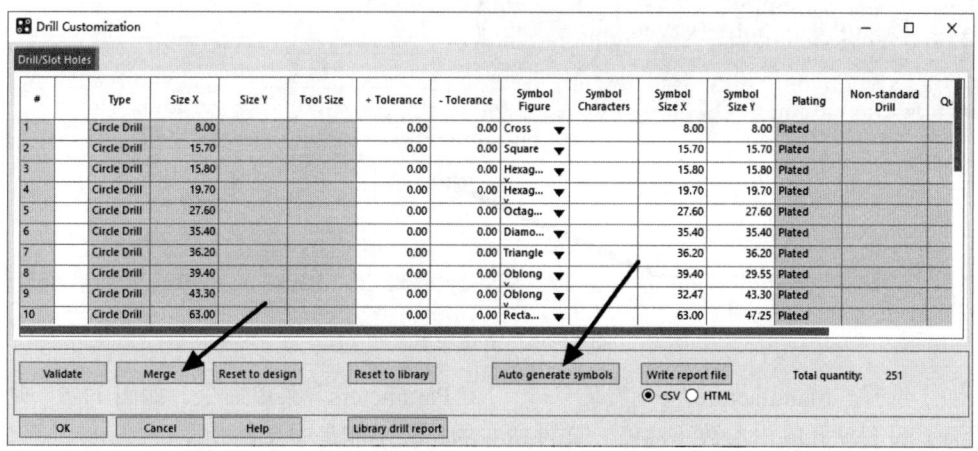

图 11-54　钻孔参数设置示意图

（2）选择"Manufacture"→"NC"→"Drill Legend"菜单命令，打开"Drill Legend"窗口，如图 11-55 所示；单击"OK"按钮，提取钻孔表，钻孔表示意图如图 11-56 所示。

图 11-55　"Drill Legend"窗口

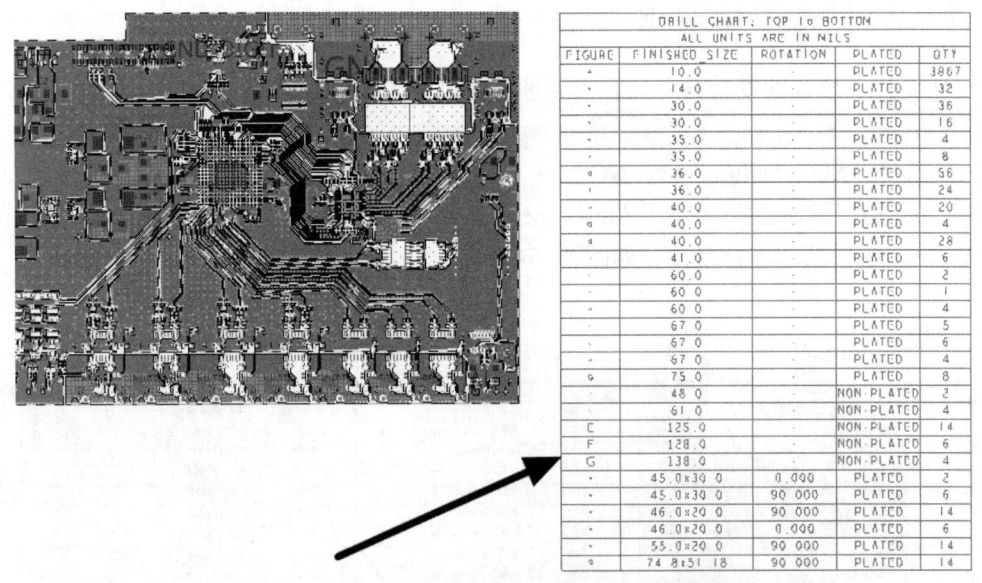

图 11-56　钻孔表示意图

（3）选择"Manufacture"→"NC"→"NC Parameters"菜单命令，如图 11-57 所示进行设置，设置钻孔输出参数（注意：文件所在的路径不能是中文路径）。

（4）选择"Manufacture"→"NC"→"NC Drill"菜单命令，如图 11-58 所示进行设置，输出钻孔文件。

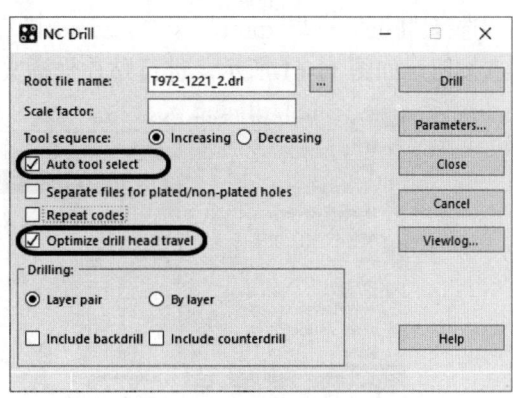

图 11-57　钻孔输出参数设置　　　　　　　　图 11-58　钻孔文件输出设置

11.6.3　IPC 网表的输出

如果在提交 Gerber 文件给生产厂家时，同时生成 IPC 网表给厂家核对，那么在制板时就可以检查出一些常规的开路、短路问题，可避免一些损失。

选择 "File" → "Export" → "IPC 356" 菜单命令，如图 11-59 所示，进行输出 IPC 网表设置，如图 11-60 所示。

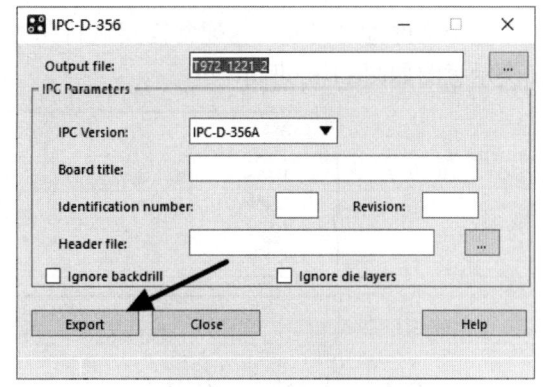

图 11-59　输出 IPC 网表操作　　　　　　　　图 11-60　IPC 网表输出设置示意图

11.6.4　贴片坐标文件的输出

制板生产完成之后，后期需要对各个元器件进行贴片，这需要引用元器件的坐标图。

选择"File"→"Export"→"Placement"菜单命令，在弹出的窗口中选中"Body center"单选按钮，如图 11-61 所示，进行贴片坐标文件的输出。

图 11-61　贴片坐标文件输出操作和设置示意图

11.7　生产文件归类

生产文件输出完成后，通常需要进行归类，然后提供给生产厂家进行生产，生产文件归类示意图如图 11-62 所示。

名称		修改日期	类型
📁 1_ASM		2025/2/7 17:10	文件夹
📁 1_CAM		2025/2/7 17:10	文件夹
📁 1_SCH		2025/2/7 17:10	文件夹
📁 1_PCB		2025/2/7 17:10	文件夹
📁 1_SMT		2025/2/7 17:10	文件夹

图 11-62　生产文件归类示意图

（1）ASM 装配文件：存放装配的 PDF 文件。

（2）SCH 原理图文件：存放设计的原理图文件。

（3）PCB 文件：存放设计完成的 PCB。

（4）SMT 文件：存放输出的贴片坐标文件及 IPC 网表。

（5）CAM 文件：存放输出的 Gerber 文件及钻孔文件。

11.8　本章小结

　　本章主要讲述了 PCB 设计的一些后期处理，包括功能性 DRC、丝印位号的调整、PDF 文件的输出及生产文件的输出。读者应该全面掌握本章内容，将其应用到自己的设计当中。

　　对于本章提到的一些检查项，请引起重视，着重检查，这样很多生产问题都可以在设计阶段规避。

第 12 章

Cadence Allegro 24.1 高级设计技巧及其应用

技巧可以缩短达到目的的路径，技巧是提高效率的强大手段。Cadence Allegro 汇集了很多的应用技巧，需要我们深挖。本章总结一些 Cadence Allegro PCB 设计中常用的高级设计技巧，读者通过对本章的学习可以有效地提高工作效率。

软件之间相互转换的操作难题是目前很多工程师都有的困扰，本章的讲解为使用不同软件平台的工程师提供了便利。

 学习目标

➤ 熟悉多根布线的调整技巧。
➤ 熟悉相同模块快速布局、布线的方法。

12.1 多根布线及间距设置

在 PCB 布线中，当遇到一把一把的总线时，一根一根地布线很费时，这时可以利用 Cadence Allegro 软件中的多根布线功能，具体操作步骤如下。

（1）进行多根布线时，先要将一组线从不同的区域扇出。比如 BGA 区域，先一根一根地扇出，拉到一个位置，为多根布线做准备，多根布线前所有布线扇出示意图如图 12-1 所示。

（2）选择"Route"→"Connect"菜单命令，框选需要多根布线的线头位置，全部选中，然后布线，这样就可以实现多根布线，多根布线示意图如图 12-2 所示。

图 12-1   多根布线前所有布线扇出示意图

图 12-2   多根布线示意图

（3）多根布线以后，如果需要调整这一组布线的间距，则可以在多根布线过程中右击，在弹出的下拉菜单中选择"Route Spacing"选项，如图 12-3 所示。

执行上述菜单命令之后，在弹出的对话框中设置间距，如图 12-4 所示，具体的含义如下。

图 12-3　多根布线间距调整操作示意图　　图 12-4　多根布线间距设置示意图

Current Space：按照当前扇出的间距布线。

Minimum DRC：在满足 DRC 要求的情况下，按最小间距布线。

User-defined：按照用户自定义的间距布线，在"Space"数值框中输入间距值，布线就会按照设置的间距进行。

12.2　评估 PCB 版图中的载流能力

在 PCB 中设计电源的重点之一就是考量 PCB 的载流大小，尤其在当前的 PCB 设计中，因为电压越来越低，功耗越来越高，PCB 上需要承载的电流也越来越大，有些 IC 的核心电源可以达到几十安甚至几百安，所以为了达到设计要求，需要考虑的因素会更多。几个比较关键的因素如下。

铜厚：电源所在层的铜皮厚度。一般情况下，基铜的厚度越大，载流能力越强。

线宽：电源的布线宽度。电源无论是布线，还是铺铜，都是一致的，铺铜需要测量实际铜皮存在区域的宽度。一般情况下，电源布线或者铺铜走得越长，越需要做 50% 的裕量设计。

层面：同层条件下，顶层、底层要比内层的载流能力强。

12.3　更新同类型的 PCB 封装

在 PCB 设计前，会将所有的封装都处理好，但是中间难免会有封装更迭或者物料更改的情况，这就需要在 PCB 中对相同的 PCB 封装进行更新，具体操作步骤如下。

选择"Place"→"Update Symbols"菜单命令，如图 12-5 所示，进入更新元器件封装的列表，如图 12-6 所示，"Package symbols"文件夹中是目前整个 PCB 中的所有封装，勾选这一复选框，就可以将整个 PCB 中的封装全部更新，也可以选择其中的任意一种进行更新。这些选项的具体含义如下。

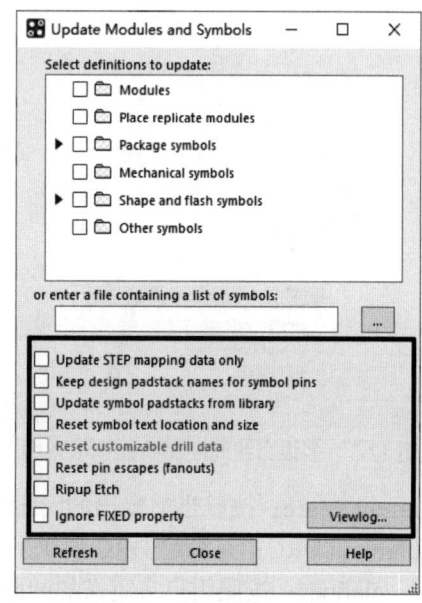

图 12-5　进入更新元器件封装列表操作　　　图 12-6　更新封装设置示意图

Keep design padstack names for symbol pins：更新元器件时，保留元器件焊盘的名称。

Update symbol padstacks from library：更新元器件时，从指定的封装库更新元器件焊盘参数。

Reset symbol text location and size：更新元器件时，同步更新元器件的文字位置及尺寸大小。

Reset customizable drill data：更新元器件时，如果元器件是插件，则同步更新元器件的钻孔数据。

Reset pin escapes（fanouts）：更新元器件时，同步更新元器件的扇出属性。

Ripup Etch：更新元器件时，去除更新元器件所连接的所有布线。

Ignore FIXED property：更新锁定的元器件。

12.4　相同模块布局、布线的方法

在 PCB 中对相同模块进行复用的具体操作步骤如下。

（1）对已经布局、布线的模块创建一个 Group，选择"Setup"→"Application Mode"菜单命令，进行模式的选择，在下拉菜单中选择"Placement Edit"选项，如图 12-7 所示。

（2）在"Find"选项卡中勾选"Symbols"复选框，其他都不勾选，进行模型的创建，如图 12-8 所示。

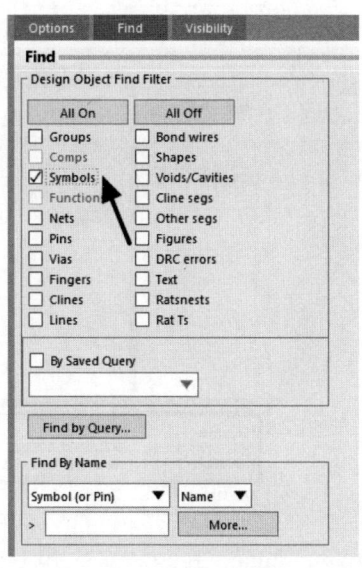

图 12-7　模式选择操作示意图　　　　　　图 12-8　"Find"选项卡参数设置示意图

（3）选择好元器件以后，在 PCB 中用鼠标左键框选已经做好模块的元器件，这样元器件会呈现出临时被选中的颜色，如图 12-9 所示。

图 12-9　选择好元器件示意图

（4）右击，在下拉菜单中选择"Place replicate create"选项，如图 12-10 所示。

（5）单击创建的模型，整个模块本身的布线、铜皮、过孔等元素会被自动选中一些，而有些部分没有被选中，这时需要将整个模块的元素全部选中。在"Find"选项卡中勾选"Clines""Vias""Shapes"等复选框，在 PCB 中使用鼠标左键框选模块的所有元素，将其全部选中。

（6）选中所有元素后，在 PCB 空白的地方右击，在下拉菜单中选择"Done"选项，结束模块元素的选取。

（7）选取元素后，单击会弹出模型保存对话框，如图 12-11 所示，保存创建好的模型即可，名称可以自由定义，方便查询即可，存储路径为当前 PCB 文件存储的路径，方便后面进行调用。

图 12-10　模型创建操作示意图

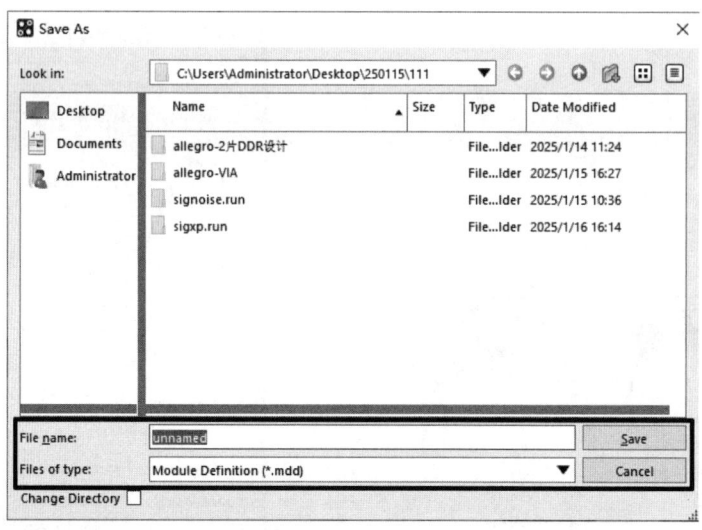

图 12-11　模型保存对话框

（8）创建模型后，就可以对相同的模块进行复用了；需要复用的模块不需要处理，将其所有的元器件放在一起即可。

（9）用鼠标左键框选需要模块复用的全部元器件，右击选择"Place replicate apply"选项，在下拉菜单中选择刚才制作好的 Power 模型，如图 12-12 所示。

（10）进行模块复用后，会弹出进行匹配的对话框，系统默认按照 Device name 与 Value 值进行匹配。

（11）匹配完成后，单击"OK"按钮，模块复用就完成了，模块复用完成示意图如图 12-13 所示。如果有部分元器件没有匹配，则手动调整即可。

图 12-12　选择模型示意图　　　　　　　图 12-13　模块复用完成示意图

12.5　在 PCB 中手动或自动添加差分对属性

在 PCB 设计中，若有差分对信号，则需要将差分的两个信号设置为差分对。设置差分对有两种方法：手动添加和自动添加。

1. 手动添加差分对

（1）选择"Setup"→"Constraints"→"Constraint Manager"菜单命令，先调出规则模型管理器，如图 12-14 所示；然后在"Physical"选区中选择"Net"→"All Layers"选项，在右侧选中两根需要设置为差分对的信号线，按"Ctrl"快捷键全选后右击，选择"Create"→"Differential Pair"菜单命令，如图 12-15 所示。

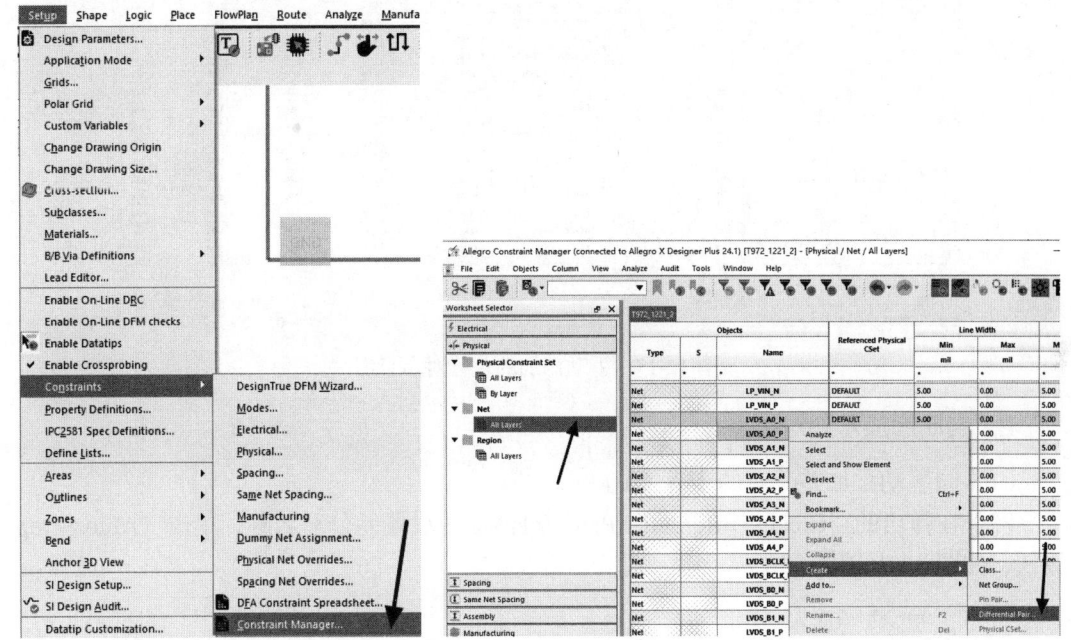

图 12-14　调出规则模型管理器操作　　　　图 12-15　添加差分对操作示意图

（2）在弹出的对话框中设置差分对的名称，单击"Create"按钮，即可创建差分对规则，如图 12-16 所示。

图 12-16　"Create Differential Pair"对话框（1）

（3）创建后即可在此管理器中生成差分对，如图 12-17 所示。

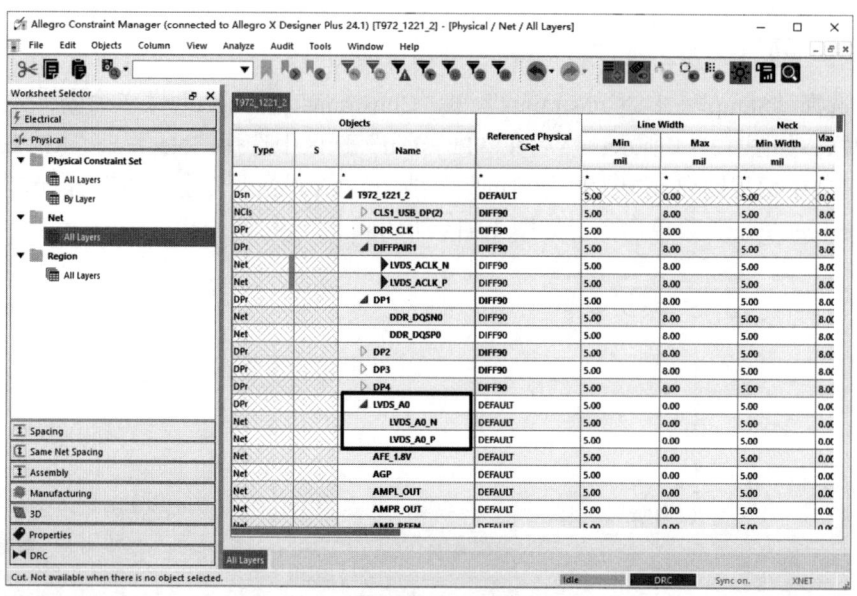

图 12-17　手动添加的差分对示意图

2. 自动添加差分对

（1）同手动添加差分对的步骤（1）。

（2）在弹出的"Create Differential Pair"对话框中设置差分对名称，单击"Auto Setup"按钮，如图 12-18 所示。

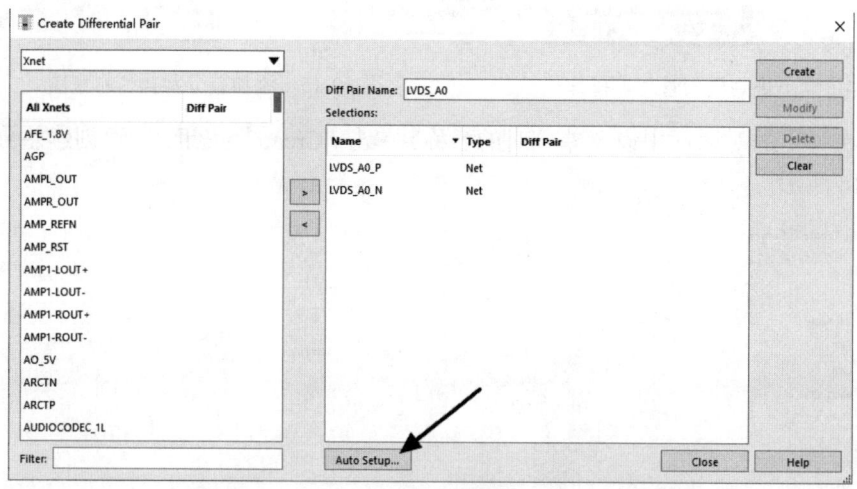

图 12-18　"Create Differential Pair"对话框（2）

（3）在"Filter"的两个文本框中输入差分对的后缀（一般是"+、-"或者"P、N"），如图 12-19 所示。

图 12-19　"Differential Pair Automatic Setup"对话框（1）

（4）输入后，在"Prefix"文本框中单击一下，软件会自动将识别出来的差分信号列在其下，如图 12-20 所示。

图 12-20 "Differential Pair Automatic Setup"对话框（2）

（5）单击"Create"按钮，即可自动添加设计中的差分对及 Log 列表，如图 12-21 所示。

图 12-21 自动添加的差分对示意图

12.6 对两份 PCB 文件进行差异对比

在 PCB 设计中，有时会需要对两份 PCB 文件进行对比，以便核对修改前后的差异。使用 Cadence Allegro 软件对两份 PCB 文件进行差异对比的具体操作步骤如下。

（1）从 A 板中导出需要对比的文件，选择"Tools"→"Design Compare"菜单命令，如图 12-22 所示。

（2）软件自动运行并弹出如图 12-23 所示的界面，在当前 PCB 文件的根目录下产生后缀为.xml 的文件。

（3）打开 B 板的 PCB 文件，同样选择"Tools"→"Design Compare"菜单命令，也会弹出如图 12-23 所示的界面，生成后缀为.xml 的文件。在这个界面中，选择"File"→"Load"菜单命令，导入之前生成的 A 板的后缀为.xml 的文件。导入后，软件会自动进行对比，并产生对比的结果，有差异的地方会用不同的颜色进行标注，如图 12-24 所示。

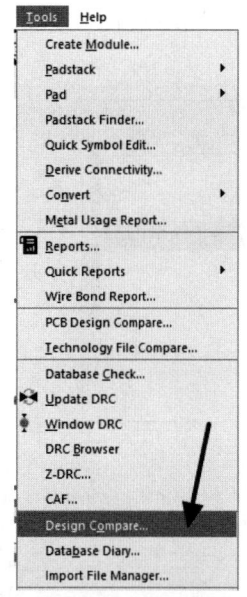

图 12-22　进行 PCB 文件
差异对比操作示意图

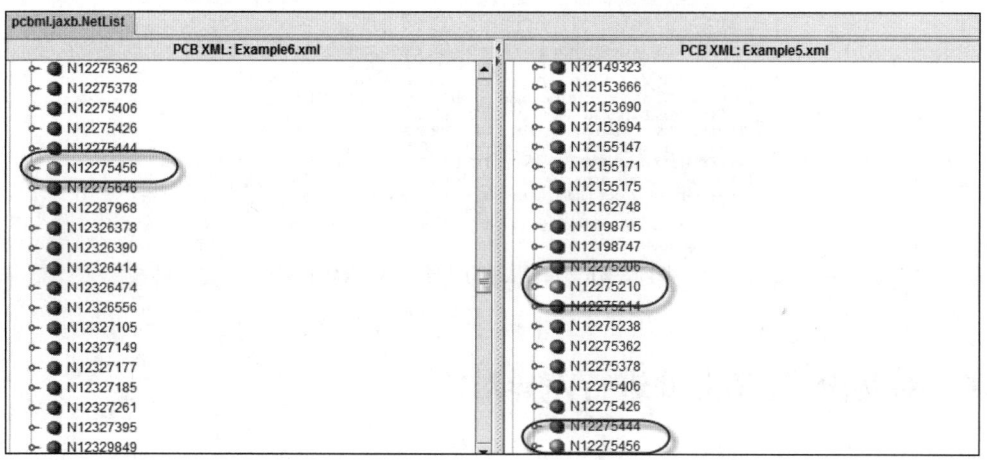

图 12-23　产生后缀为.xml 的文件示意图

图 12-24　不同 PCB 文件差异对比结果示意图

12.7　手动修改网络连接关系

（1）选择"Setup"→"User Preferences"菜单命令，如图 12-25 所示，进入逻辑设定窗口。选择"Logic"选项，勾选"logic_edit_enabled"复选框，如图 12-26 所示。

（2）选择"Logic"→"Net Logic"菜单命令，进行 PCB 中网络的指定，如图 12-27 所示。

（3）执行命令之后，在"Options"选项卡中选择一个网络，可以选择当前 PCB 中已存在的网络，也可以单击"Create"按钮，新建一个网络，如图 12-28 所示。

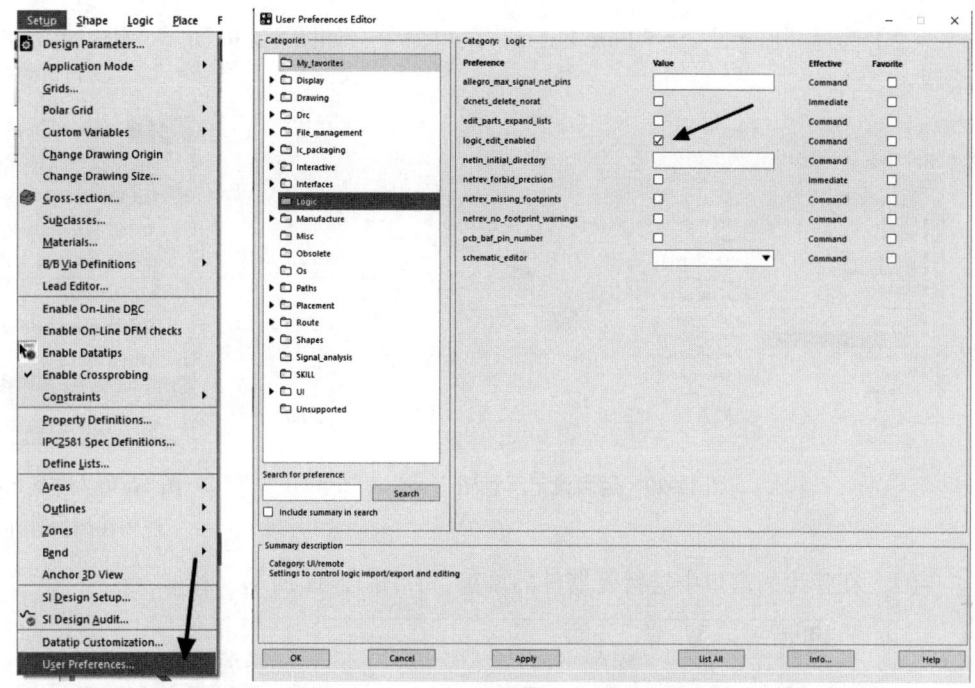

图 12-25　进入逻辑设定窗口操作　　　　　　　图 12-26　逻辑设定示意图

图 12-27　指定 PCB 中的网络操作示意图　　　　图 12-28　选择网络示意图

（4）选择网络后，继续选择需要赋予该网络的引脚，单击选中的引脚，该引脚就被赋予了之前选择的网络。

12.8　手动添加或删除元器件

一般情况下，PCB 中的元器件及连接关系都是从原理图导入的，PCB 中一般是不允许修改或者添加元器件的。PCB 中手动添加或删除元器件的操作步骤如下。

（1）进入用户参数设置窗口，选择"Logic"选项，勾选"logic_edit_enabled"复选框，如图 12-29 所示。

（2）选择"Logic"→"Part Logic"菜单命令，如图 12-30 所示，进行元器件的逻辑编辑。

图 12-29　逻辑设定示意图

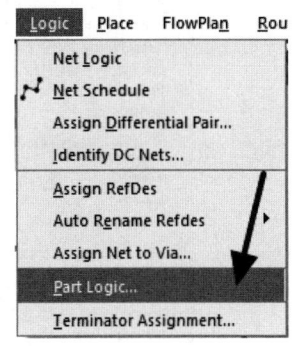

图 12-30　进行元器件的逻辑编辑操作示意图

（3）在弹出的窗口中进行元器件的添加，如图 12-31 所示。

图 12-31　添加元器件示意图

（4）首先在"Refdes"文本框中填入元器件编号，注意不要跟当前 PCB 文件中的元器件编号重复；然后通过单击"Physical Devices"按钮选择封装的一些参数，这是之前指定封装库中的封装，直接调用即可。选择之后，这个元器件的属性就自动添加好了。单击"Add"按钮进行增加，单击"OK"按钮，回到 PCB 界面。

（5）新增加的元器件是在后台显示的，需要手动放到 PCB 中。选择"Place"→"Manually"菜单命令，手动放置元器件，将元器件放置到 PCB 中。

删除元器件的方法更简单，在弹出的元器件列表中，选择需要删除的元器件，单击右侧的"Delete"按钮，进行删除即可。

12.9　标注时添加单位显示

PCB 设计完成后，需要对板框进行标注，但只有数值而无单位，如图 12-32 所示，这样对查看者来说就不是很清楚。

图 12-32　板框标注不显示单位示意图

标注时显示单位的操作步骤如下。

（1）单击进行测量的命令，选择线性标注，单击需要标注的线段，如图 12-33 所示，将标注的数据吸附在鼠标上，先不放置在 PCB 上。

图 12-33　标注的数据吸附在鼠标上

（2）在"Options"选项卡中，先将"Value"文本框中的标记数值复制并添加到"Text"文本框中，然后在数值后面添加上单位 mm，如图 12-34 所示（图中为 MM）。

图 12-34　"Options"选项卡设置示意图

（3）在"Options"选项卡设置完成之后，将标注参数放置在 PCB 上，如图 12-35 所示，标记的数值上面就包含单位了。

图 12-35　标注包含单位示意图

12.10　单独移动不需要的焊盘

使用 Cadence Allegro 软件进行 PCB 设计时，一般不能将一个封装中的焊盘引脚单独移动，通常只能整个封装一起移动。如若需要单独移动焊盘引脚，则可按以下步骤处理。

（1）选中一个元器件右击，选择"Property edit"选项，如图 12-36 所示。

（2）在弹出的窗口中，选择"Unfixed_Pins"选项，单击"Apply"按钮解锁封装引脚，单击"OK"按钮退出，如图 12-37 所示。

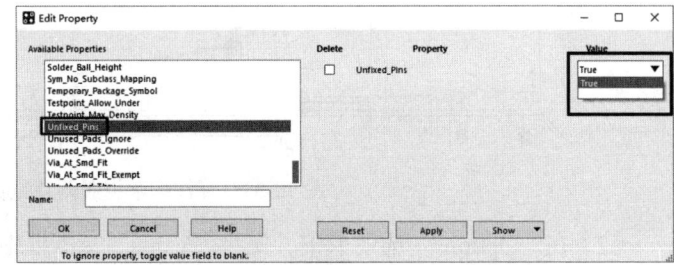

图 12-36　编辑元器件特性操作示意图　　　　　　图 12-37　解锁封装引脚示意图

（3）选择"Edit"→"Move"菜单命令，在"Find"选项卡中勾选"Pins"复选框，进行引脚移动，如图 12-38 所示。

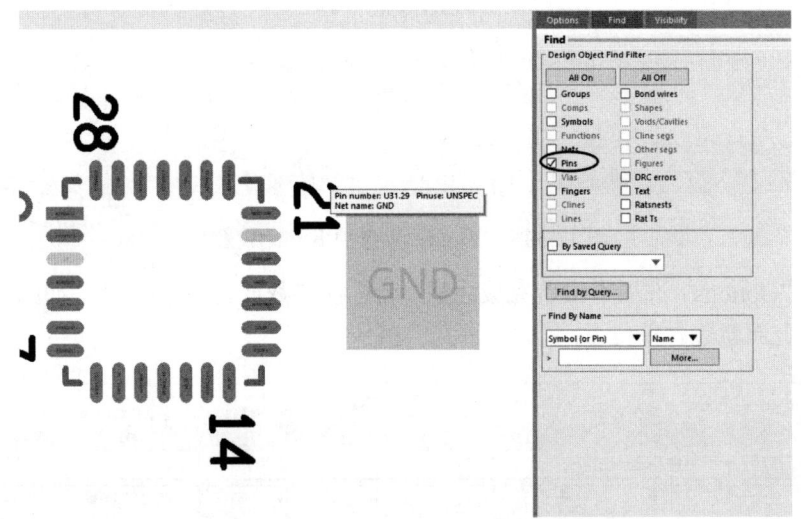

图 12-38　"Find"选项卡设置示意图

12.11　布线时显示布线长度

（1）选择"Setup"→"User Preferences"菜单命令，弹出"User Preferences Editor"窗口，选择"Route"→"Connect"选项，勾选"allegro_etch_length_on"复选框，如图 12-39 所示。

（2）选择"Route"→"Connect"菜单命令，进行布线设计，可在软件左上角显示动态布线长度信息，如图 12-40 所示。

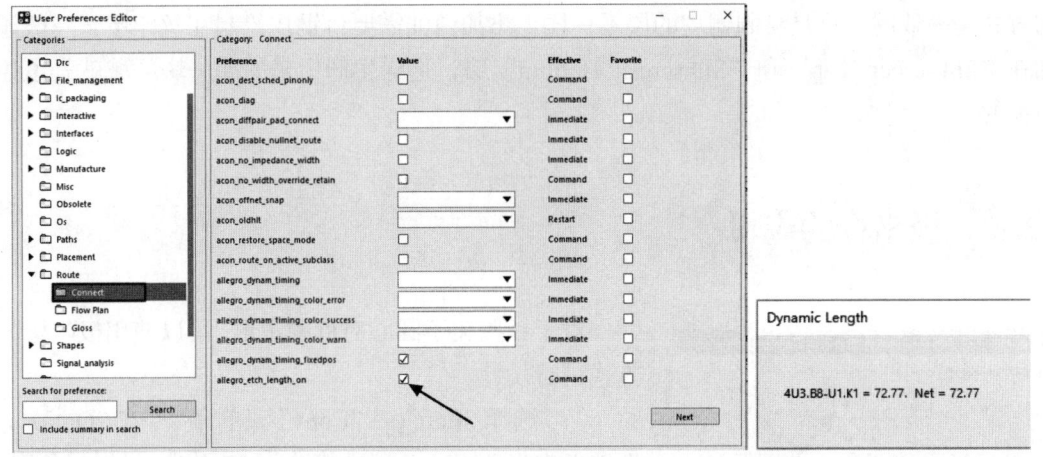

图 12-39　"User Preferences Editor"窗口　　　　图 12-40　动态布线长度信息框

12.12　在 PCB 设计中设置漏铜及白油

（1）选择"Shape"→"Polygon"菜单命令，将铜皮绘制在"Soldermask_Top"和"Soldermask_Bottom"层，如图 12-41 所示。

图 12-41　将铜皮绘制在阻焊层示意图

（2）在阻焊层绘制的铜皮是不需要赋予网络的，在绘制区域保证有铜皮覆盖即可，这样做出来就是漏铜的。如果那个区域没有铜皮，则漏出的就是基材。白油处理与漏铜处理的方式是一致的，只是绘制铜皮的层不一样。添加白油需要将铜皮绘制在丝印层，一般添加在"Silkscreen_Top"和"Silkscreen_Bottom"层，这样生产出来的那一块区域就是覆盖白油的。

12.13　极坐标的应用

图 12-42　"Options"选项卡

对于一些关于圆心对称的图形，可以使用极坐标的方式进行设计。

（1）选择"Edit"→"Copy"菜单命令，在"Options"选项卡中将"Paste mode"修改为"Polar"，设置好角度，如图 12-42 所示。

（2）先单击要复制的元素（如焊盘），再输入复制的极坐标（如 x 0 0），就可以对元素进行极坐标复制设计了。

12.14　飞线显示最短路径

使用 Cadence Allegro 软件进行 PCB 设计时，焊盘间飞线有两种显示方式：一种是焊盘到焊盘显示；一种是按最短距离显示。按最短距离显示可以在布线时让飞线显示到另一连接点最近的位置。

选择"Setup"→"Design Parameters"菜单命令，在"Display"选项卡中，"Ratsnest points"选为"Closest endpoint"，即可将飞线切换到按最短距离显示，如图 12-43 所示。

12.15　铜皮的优先级设置

（1）选择"Shape"→"Global Dynamic Params"菜单命令，如图 12-44 所示，进行全局动态铜皮的参数设置。

（2）进入全局动态铜皮参数设置窗口后，打开"Thermal relief connects"选项卡，如图 12-45 所示，进行铜皮连接参数的设置。需要设置三项："Thru pins"表示通孔焊盘；"Smd pins"表示贴片焊盘；"Vias"表示过孔。

在每一项的下拉菜单中可以选择不同的连接方式，如图 12-46 所示，具体含义如下。

图 12-43　将飞线切换到按最短距离显示

图 12-44　进入全局动态铜皮参数设置
窗口操作示意图

图 12-45　铜皮连接参数设置示意图

Orthogonal

Diagonal

Full contact

8 way contact

图 12-46　铜皮的不同连接方式示意图

Orthogonal：十字连接方式。

Diagonal：45°斜交连接方式。

Full contact：全连接方式。

8 way contact：八角连接方式。

Minimum connects：最小连接数目，在 PCB 设计中一般选择 1。

Maximum connects：最大连接数目，在 PCB 设计中一般选择 4。

Best contact：为了满足最小连接数目，连接线会选择任意角度与铜皮进行连接。

Use fixed thermal width of：选择十字连接时，使用固定的线宽进行连接。

Use thermal width oversize of：选择十字连接时，使用约束规则增量的宽度。

12.16　PCB 整体替换过孔

（1）在 PCB 界面选择设计模式，选择"General Edit"模式，如图 12-47 所示。

（2）选择好设计模式后，在"Find"选项卡中勾选"Vias"复选框，其他都不勾选。

（3）回到 PCB 界面，框选需要更换过孔类型的过孔，右击，在下拉菜单中选择"Replace padstack"选项，如图 12-48 所示，"Selected instance(s)"是替换选择的过孔，"All instances"是替换所有的过孔。

图 12-47　选择设计模式示意图

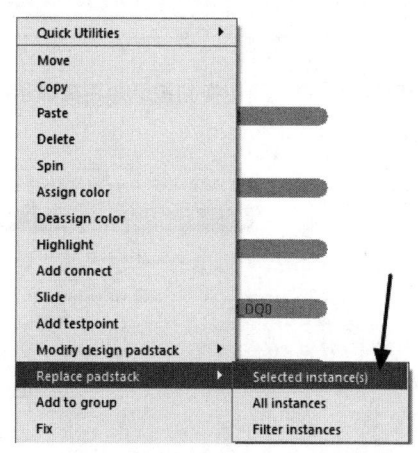

图 12-48　选择替换过孔操作示意图

（4）在弹出的对话框中选择需要替换的过孔类型，单击"OK"按钮，选中的过孔就会被新的类型所替换，如图 12-49 所示。

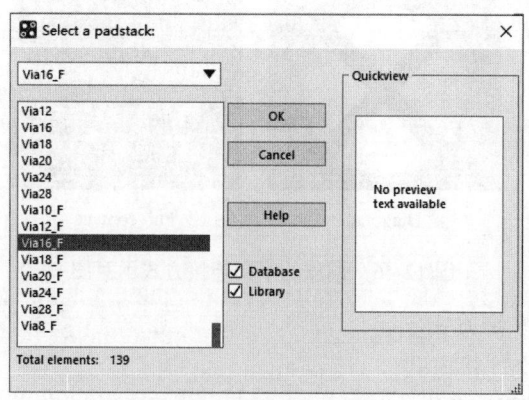

图 12-49　选择替换过孔类型示意图

12.17 反标功能的应用

（1）选择"File"→"Export"菜单命令，在下拉菜单中选择"Logic/Netlist"选项，如图 12-50 所示，导出网表逻辑关系。

（2）在弹出的窗口中选择第一方网表，打开"Cadence"选项卡，类型选择"Design entry CIS"，在"Export to directory"文本框中选择存储网表的路径，如图 12-51 所示，单击"Export"按钮，导出网表文件。

图 12-50　导出网表逻辑关系操作示意图

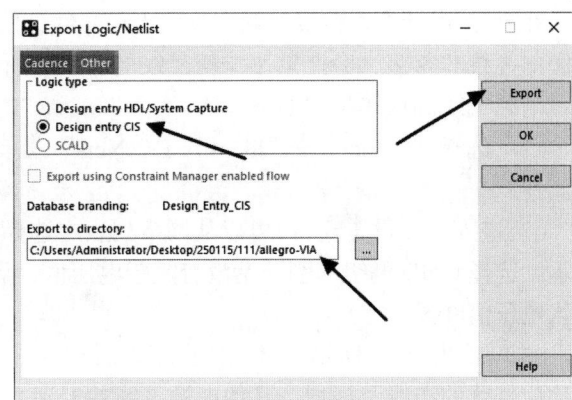

图 12-51　导出网表文件设置示意图

（3）在 OrCAD 软件中打开与 PCB 对应的原理图文件，选中原理图根目录，选择"Tools"→"Back Annotate"菜单命令，在弹出的对话框中打开"PCB Editor"选项卡，如图 12-52 所示，进行网表反标设置。

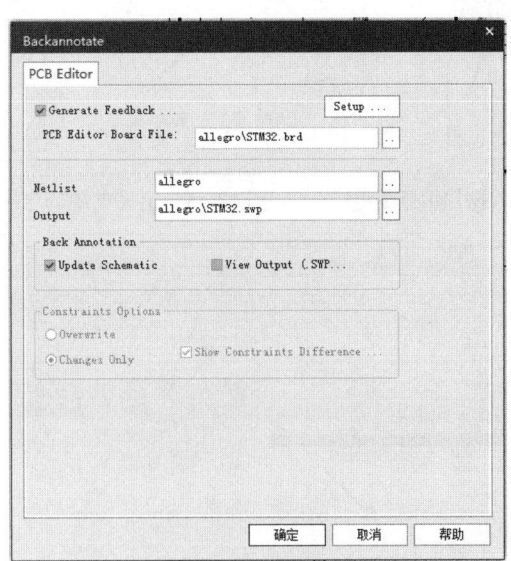

图 12-52　网表反标设置示意图

Netlist：选择从 PCB 文件导出的网表。

PCB Editor Board File：选择元器件位号重排后的 PCB 文件。

Output：指定输出 swp 文件。

Update Schematic：更新原理图文件。

设置好后，单击"确定"按钮，完成元器件编号的反标，这样原理图的元器件编号与 PCB 中的元器件编号就保持一致了。

12.18　隐藏电源飞线

在 PCB 设计中，布线的顺序是先走信号线，然后进行电源的处理、电源的分割。由于电源的飞线非常多，会严重影响信号线的布线，所以刚开始时会将电源的飞线进行隐藏。隐藏电源飞线的操作步骤如下。

（1）选择"Logic"→"Identify DC Nets"菜单命令，如图 12-53 所示，定义电源的电压属性。

（2）进入电压设置窗口，可以从网络列表中选择网络，也可以单击 PCB 界面，如图 12-54 所示，选择 GND 网络，刚开始没有赋予电压值，显示是"None"，在"Voltage"文本框中输入电压值 0V。

（3）如图 12-55 所示，电压值设定以后，单击"Apply"按钮，飞线就隐藏起来，方便其他信号线的布线及规划。其他电源飞线的处理方法相同。

图 12-53　定义电源的电压属性操作示意图（1）　　　图 12-54　定义电源的电压属性示意图（2）

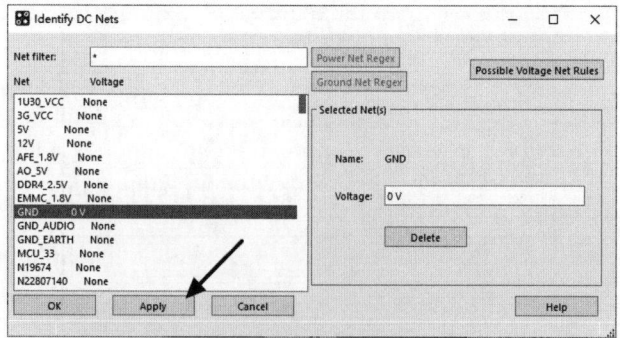

图 12-55　飞线隐藏操作示意图

当布线完成之后，如果需要显示电源飞线，则将之前赋予的电压值删除即可。

12.19 团队协作功能

当遇到比较复杂的 PCB 设计时，需要多人进行协同设计。设计中分主设计者和从设计者，采用的是 Cadence Allegro 软件自带的 Team Design 功能。Team Design 功能是一种用于团队设计的功能，它可将一块复杂的 PCB 分成多个部分，通过分区合作设计，在需要时可以全自动导入，能大大提高设计的效率，缩短设计周期。团队协作功能的操作步骤如下。

（1）在产品组件中选择 Team Design 功能，选择"File"→"Change Editor"菜单命令，如图 12-56 所示，进入产品组件界面，选择 GXL 组件，勾选"Team Design"复选框。

（2）选择"Place"→"Design Partition"→"Create Partitions"菜单命令，如图 12-57 所示，创建分割区域。

图 12-56　进入产品组件界面操作示意图

图 12-57　创建分割区域操作示意图

（3）创建好分割区域后，系统默认以矩形的方式进行分割，可以从"Options"选项卡中看到，如图 12-58 所示；为了更方便地分割区域，可以右击并选择"Add Shape"选项，如图 12-59 所示，在"Line Lock"中选择 45° 进行分割。

图 12-58　"Options"选项卡示意图

图 12-59　多边形设置命令示意图

（4）这个分割区域可以是多个，多少人共同操作就可以分割为多少个区域；绘制好分割区域以后，选择"Place"→"Design Partition"→"Workflow Manager"菜单命令，如图12-60所示，进行工作环境的编辑。

图 12-60　进行工作环境编辑操作示意图

（5）在"Workflow Manager"窗口中，可以看到分割出去的区域"PARTITION_2"，勾选该复选框选中该区域，单击"Export"按钮进行导出，如图12-61所示。导出完成后，会在当前 PCB 文件下生成一个后缀为.dpf 的文件，这就是分板。从设计者可以对后缀为.dpf的文件进行处理，而主设计者可以对当前的 PCB 文件进行处理，相互不影响。

图 12-61　将分割区域的文件进行导出示意图

（6）各部分的设计完成后，需要合板。同样在主板上，进入文件管理窗口，将协助完成的 PARTITION_2 文件放入之前导出的文件夹替换原文件，选中 PARTITION_2 文件，单击"Import"按钮导入即可。

（7）导入完成后，回到主板，所有的区域都变成了亮色，表示可以操作，但分割PARTITION 文件的 Shape 框还存在。在文件管理窗口中选中"PARTITION_2"文件后，单击"Delete"按钮删除，这样分割 PARTITION 文件的 Shape 框就没有了。

12.20　阵列过孔功能

　　阵列过孔就是在某一个区域或者布线上，按照某种特定的规律，均匀整齐地放置过孔。选择"Place"→"Via Array"菜单命令，如图 12-62 所示，进行阵列过孔的放置。

　　在"Options"选项卡中进行参数的设置，如图 12-63 所示。

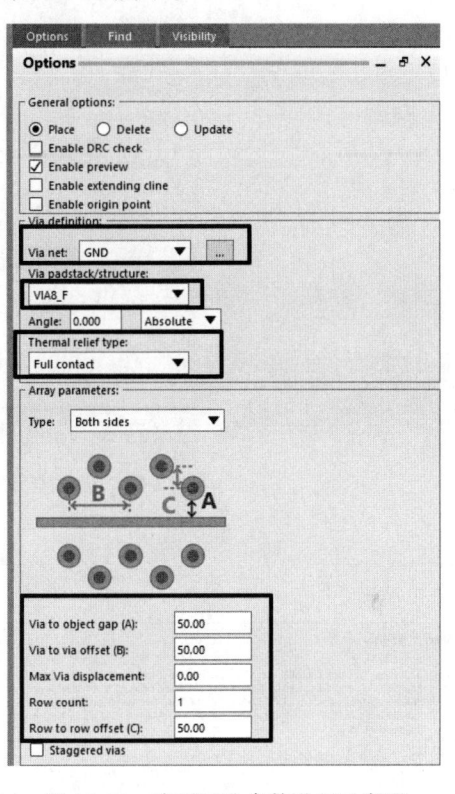

图 12-62　放置阵列过孔操作示意图　　　　　图 12-63　阵列过孔参数设置示意图

　　Via net：选择阵列过孔网络。

　　Thermal relief type：阵列过孔连接方式。

　　Via to object gap (A)：阵列过孔间距设置。

12.21　修改差分线宽、线距

　　（1）选择"Route"→"Unsupported Prototypes"→"Resize/Respace Diff Pairs"菜单命令，如图 12-64 所示，进行差分线宽、线距的修改。

　　（2）执行命令之后，弹出警告对话框，如图 12-65 所示，单击"OK"按钮；在"Find"选项卡中勾选"Nets"复选框，如图 12-66 所示。在 PCB 文件中框选需要修改的差分线，弹出如图 12-67 所示的对话框，显示当前的差分线宽、线距。

图 12-64　进行差分线宽、线距修改操作示意图

图 12-65　警告对话框

图 12-66　"Find"选项卡

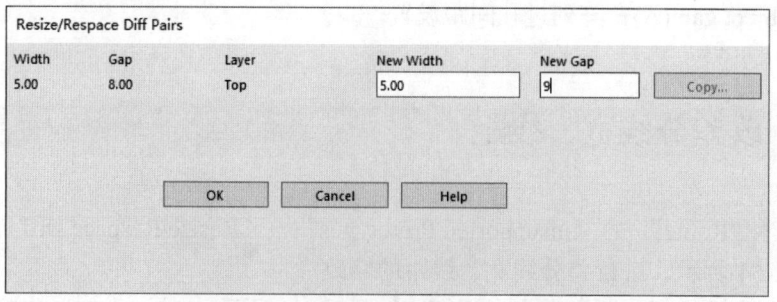

图 12-67　当前的差分线宽、线距示意图

（3）"Width"和"Gap"是指当前的差分线宽、线距，差分线宽/线距为 5/8，后面的"New Width"和"New Gap"为新的差分线宽、线距。如需要调整的新的差分线宽/线距为 5/9，

则在"New Width"文本框中输入5，在"New Gap"文本框中输入9即可，单击"OK"按钮，软件就会自动对所选择差分线宽、线距进行调整。

目前，这个功能还不是很完善，水平或者垂直的布线部分可以被调整，但是斜方向部分还无法被自动调整，仍需要手动调整，即在约束管理器中，添加差分布线的新的约束规则，使用Slide命令推挤一下就可以了。

12.22 布线跨分割检查

在PCB中进行布线时，高速信号都需要先做阻抗设计。做阻抗设计时必须要有完整的参考平面，为了保证阻抗的连续性，高速信号尽量不要跨分割，所以在设计过程中都需要进行检查。布线跨分割检查的操作步骤如下。

（1）选择"Display"→"Segments Over Voids"→"Highlight"菜单命令，如图12-68所示，对无参考/跨分割的信号进行高亮显示并报告出来。

（2）执行命令之后，系统会自动对无参考/跨分割的信号进行高亮显示，并弹出报告，如图12-69所示。报告上有详细的信号网络及无参考/跨分割部分的坐标标识，一目了然。

图12-68 进行高亮显示操作示意图

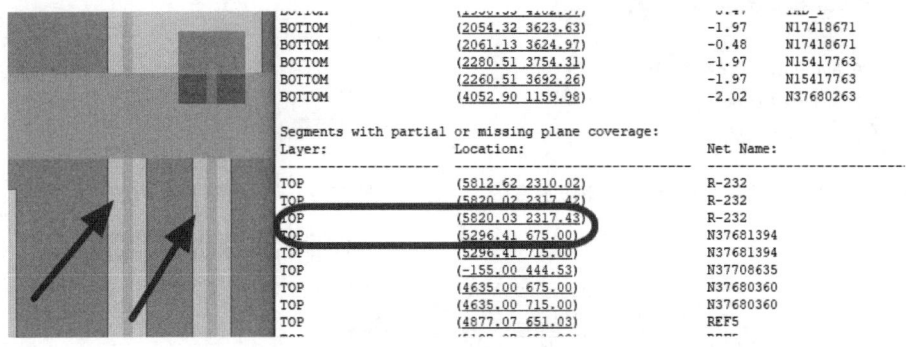

图12-69 无参考/跨分割布线高亮显示及报告示意图

12.23 自动等长设计

（1）为需要做等长的信号添加好等长的规则，手动调整布线，预留出需要做等长的空间，如图12-70所示。

（2）选择"Route"→"Auto-interactive Delay Tune"菜单命令，如图12-71所示；在"Options"选项卡中设置自动等长参数，一般按照默认即可，如图12-72所示。

（3）在"Find"选项卡中选择Cline布线，在PCB界面中框选需要做等长的信号线。这时软件会自动运行，根据设定的规则，在预留的空间内进行等长设计。运行几分钟后，在空间足够的情况下，等长会全部自动绕好，自动等长效果示意图如图 12-73 所示。

图 12-70　需要设置等长布线的空间调整示意图

图 12-71　进行自动等长参数设置操作示意图

图 12-72　自动等长参数设置示意图

图 12-73　自动等长效果示意图

12.24　泪滴设计

在 PCB 布线完成之后，一般会对布线添加泪滴，目的是增加线与过孔和焊盘的连接强度，提高可制造性。在 Cadence Allegro 软件中对布线添加泪滴的操作步骤如下。

（1）选择"Route"→"Gloss"→"Parameters"菜单命令，如图12-74所示，进行参数设置。

（2）在弹出的窗口中勾选"Fillet and tapered trace"复选框并单击前面的按钮（见图12-75），弹出参数设置窗口（见图12-76），进行参数设置，一般按照默认的设置即可，在"Min line width"文本框中根据PCB中实际的布线线宽进行设置。

（3）设置好参数之后，单击"OK"按钮，再单击"Gloss"按钮进行泪滴添加。这样就对整个PCB文件的线路进行了泪滴添加。

（4）如果需要单独对网络、焊盘、布线等对象添加泪滴，则可选择"Route"→"Gloss"→"Add Fillet"菜单命令，在"Find"选项卡中选择需要添加泪滴的对象，添加泪滴即可。

图12-74　进行参数设置操作示意图

图12-75　"Glossing Controller"窗口

图12-76　泪滴参数设置示意图

12.25　渐变线设计

渐变线一般添加在布线线宽突变的地方，用来降低线宽变化引起的阻抗突变所带来的信号反射影响，其功能与泪滴差不多。渐变线设计操作步骤如下。

（1）选择"Route"→"Gloss"→"Parameters"菜单命令，如图 12-77 所示，进行参数设置。

（2）在弹出的窗口中勾选"Fillet and tapered trace"复选框，单击前面的按钮，弹出参数设置窗口，如图 12-78 所示，进行参数设置。上面选区按照默认设置即可；在"Tapered Trace Options"选区中可以进行渐变线设计的参数设置，需要设置渐变线的角度及长度等信息，一般根据实际布线的线宽进行设置。

图 12-77　进行参数设置操作示意图　　　　　图 12-78　参数设置示意图

（3）参数设置完以后，选择"Route"→"Gloss"→"Add Tapered Trace"菜单命令，单击需要增加渐变线的信号线即可。如果增加的效果不理想，则重新设置参数即可。

12.26　无盘设计

做无盘设计是因为通孔的焊盘在内电层具有寄生电容的效应，容易造成阻抗的不连续，导致信号发射，从而影响信号的完整性。所以在处理高速信号时，在 PCB 设计端会将布线连接层的焊盘去掉，最大限度地保持地过孔与通孔连接处的布线阻抗一致。无盘设计操作步骤如下。

（1）选择"Setup"→"Cross-section"菜单命令，如图 12-79 所示，对需要做无盘设计的过孔及焊盘进行设置，或者单击工具栏中的按钮（见图 12-80）打开窗口。

（2）在弹出的窗口中，单击"Physical"列的右侧按钮，如图 12-81 所示，可以选择焊盘或者过孔进行无盘设计，如图 12-82 所示。内层可以做无盘设计，正片也可以做无盘设计。如果平面层需要做无盘设计，则需要采用正片设计。

图 12-79　进入设置窗口操作

图 12-80　工具栏中的按钮示意图

#	Objects		Types		Thickness		Physical				Embedded		Signal Integrity		
	Name	Layer	Layer Function		Value mil		Layer ID	Material	Fill-in Material	Embedded Status		Conductivity mho/cm	Dielectric Constant	SI Ignor
*	*	*	*		*		*	*	*	*		*	*	1
		Surface												
1	TOP	Conductor	Conductor		1.2		1	Copper		Not embedded		595900	4.5	☐
		Dielectric	Dielectric		8			Fr-4				0	4.5	☐
2	GND02	Conductor	Conductor		1.2		2	Copper		Not embedded		596000	1	☐
		Dielectric	Dielectric		8			Fr-4				0	4.5	☐
3	SIN03	Conductor	Conductor		1.2		3	Copper		Not embedded		596000	1	☐
		Dielectric	Dielectric		8			Fr-4				0	4.5	☐

图 12-81　"Physical"列右侧按钮

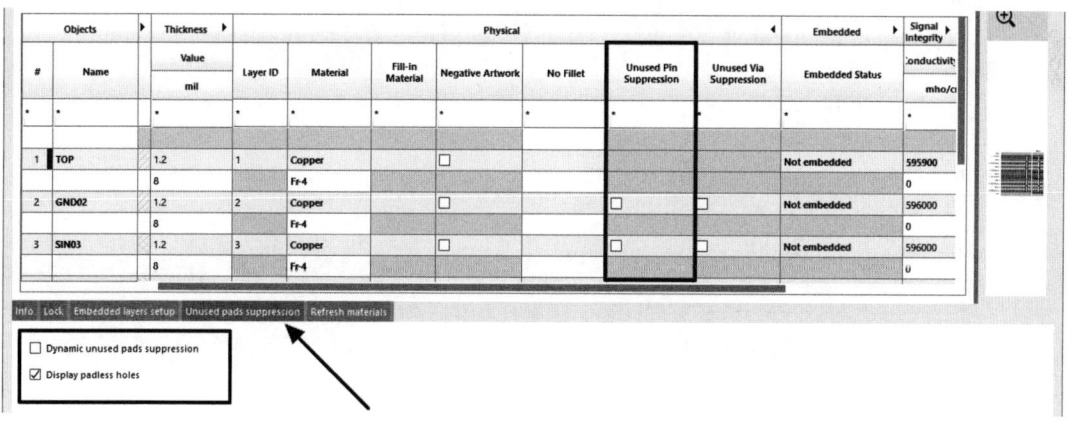

☐ Dynamic unused pads suppression
☑ Display padless holes

图 12-82　无盘设计界面

Dynamic unused pads suppression：用于自动根据布线的情况选择是否做无盘设计，一般建议勾选此复选框。

Display padless holes：显示无盘的钻孔，一般建议勾选此复选框，目的是防止不显示钻孔，布线后造成短路。

（3）参数选择后，单击"Close"按钮，Cadence Allegro 软件会自动将无布线连接层的焊盘去除，做成无盘设计。

12.27 本章小结

    Cadence Allegro 软件中除常用的基本功能外，还存在各种各样的高级设计技巧等待挖掘，需要的时候可以关注它，并且学会它。平时在工作中也要善于总结归纳，加深对软件的熟悉程度，使电子设计的效率得到提高。

第 13 章

入门实例：4 层 DM642 达芬奇开发板设计

很多读者只会绘制 2 层板，没有接触过 4 层板或者更多层数板的 PCB 设计，这对读者从事电子设计工作是一个很大的门槛。为了满足实际需要，本章介绍 4 层 DM642 达芬奇开发板的设计实例，以此为引子，让读者对多层板设计有一个概念。

本章对 4 层 DM642 达芬奇开发板设计流程的讲解，突出 2 层板和 4 层板的区别和相同之处。因为不管是 2 层板还是多层板，原理图的设计都是一样的，所以不再进行详细讲解，本章主要讲解 PCB 设计。

 学习目标

➢ 了解开发板的设计要求。
➢ 掌握 PCB 设计常用的设计技巧。
➢ 熟悉 PCB 设计的整体流程。
➢ 掌握交互式布局和模块化布局。
➢ 掌握 BGA 扇孔出线方法、BGA 快速拉线方法。
➢ 了解菊花链拓扑结构及其设置。
➢ 掌握蛇形等长布线，掌握 3W 原则的应用。
➢ 了解常见 EMC 的 PCB 处理方法。

13.1 实例简介

开发板一般由嵌入式系统开发者根据开发需求自己定制，也可由用户自行研究设计。开发板的作用是让初学者了解和学习系统的硬件和软件，同时部分开发板提供了基础集成开发环境、软件源代码及硬件原理图等。常见的开发板有 51、ARM、FPGA、DSP 等。

本实例以 Cadence Allegro 24.1 软件为平台，基于 TI 的主控 DM642，全程讲解设计一个 4 层 DM642 达芬奇开发板的 PCB 设计实战过程，使读者重点掌握运用 Cadence Allegro 24.1 软件设计 PCB 的全部流程，以及 4 层板中电源、地平面的处理方法和 BGA 芯片的处理方法。

（1）尺寸为 111mm×106mm，板厚为 1.6mm。
（2）满足绝大多数制板厂工艺要求。

（3）布线考虑串扰问题，满足 3*W* 原则。

（4）接口布线可以自定义。

（5）布局、布线考虑信号稳定及 EMC。

13.2　原理图文件和 PCB 文件的创建

（1）打开 OrCAD 软件，选择"File"→"New"→"Design"菜单命令，创建一个新的文件，将新的文件"DEMO.dsn"保存到硬盘目录下。

（2）选择"Place"→"Part"菜单命令，添加客户提供的.olb 原理图库，如图 13-1 所示，进行原理图的绘制（若提供了原理图，则只需要将.DSN 文件拖至软件中打开即可）。

（3）打开 PCB Editor 软件，选择"File"→"New"菜单命令，新建一个 Board，并命名为"DEMO"。

13.3　原理图的检查、网表的导出/导入及 PCB 库路径的指定

13.3.1　原理图的检查

在原理图中选择工程根目录.dsn，选择"PCB"→"Design Rules Check"菜单命令，如图 13-2 所示，进行原理图的检查。

图 13-1　原理图库添加示意图　　　　图 13-2　进行原理图的检查操作示意图

在"Session Log"窗口中会出现相应的报错及警告，如图 13-3 所示，若没有报错则可以忽略。

图 13-3 中的报错指出 U12 的 VSS 有两个或者更多的网络标签。在原理图中找到该元器件，检查其 VSS 引脚，如图 13-4 所示。由于该项报错在设计允许的范围内且不会影响网表的导出，因此可以忽略。

图 13-3 原理图检查报错

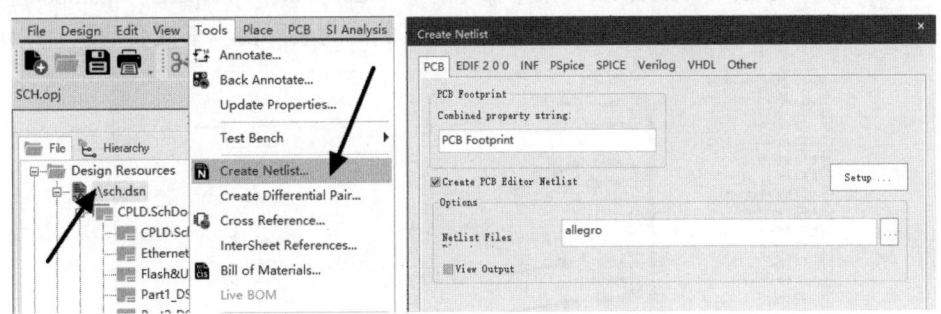

图 13-4 错误的定位检查

13.3.2 原理图网表的导出

（1）在原理图中选择工程根目录，选择"Tools"→"Create Netlist"菜单命令，采用默认设置，单击"确定"按钮，导出第一方网表，如图 13-5 所示。

图 13-5 导出第一方网表

（2）当出现如图 13-6 所示的提示时，意味着原理图有错误，导出网表不成功。此时，需要在路径中找到 netlist.log 文件，使用写字板打开，查看错误信息。

![Error dialog and file listing]

图 13-6 导出网表报错示意图

（3）图 13-7 所示为网表报错信息，该报错为在 C145、C147、C146、ZR2、ZR1 的封装名中含有非法字符（dot）。

（4）返回原理图，对报错的元器件右击并选择"Edit properties"选项，报错原因为 0.2 中的这个"."为非法字符，可以将"."改为"_"，如图 13-8 所示。其他元器件报错的解决方法同此，这里不再赘述。

图 13-7　网表报错信息

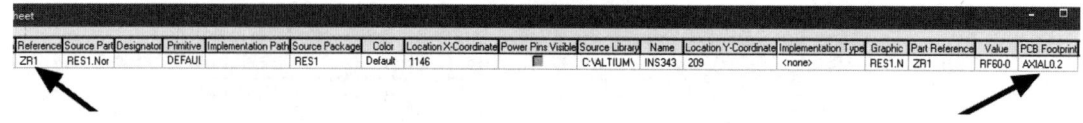

图 13-8　修改封装信息非法字符示意图

（5）更改错误之后，再重新导出网表，若没有弹出报错提示，则导出成功。

13.3.3　PCB 库路径的指定

打开 Cadence Allegro 软件，选择"File"→"New"菜单命令，新建一个 PCB 文件。选择"Setup"→"User Preferences"菜单命令，将"devpath""padpath""psmpath"指定为客户所提供的库文件路径，如图 13-9 所示。本实例的封装库由本书配套的素材提供。

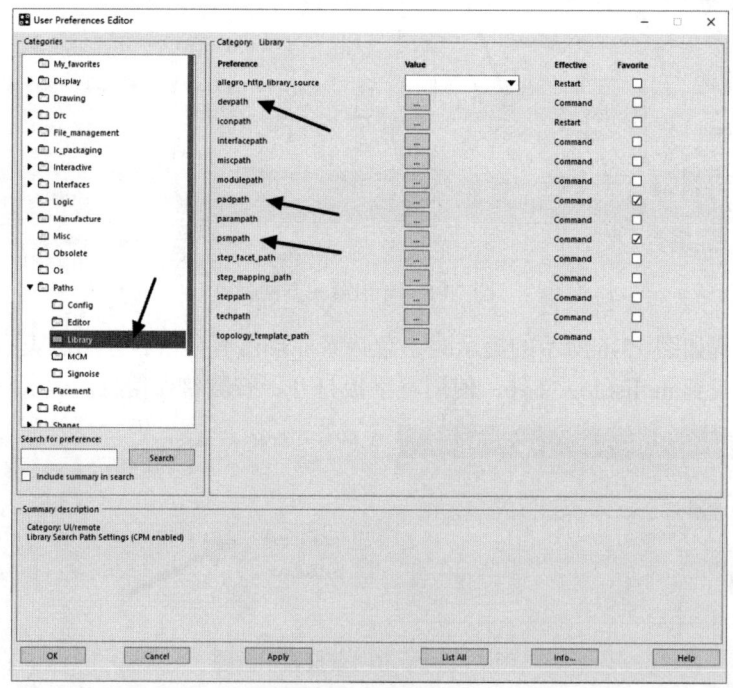

图 13-9　库文件路径指定示意图

13.3.4　网表的导入

（1）选择"File"→"Import"→"Logic"菜单命令，按图 13-10 所示进行设置，将原

理图的第一方网表导入 PCB。

（2）选择"Display"→"Status"菜单命令，查看元器件导入状态，如图 14-11 所示，若显示元器件数目，则导入成功。

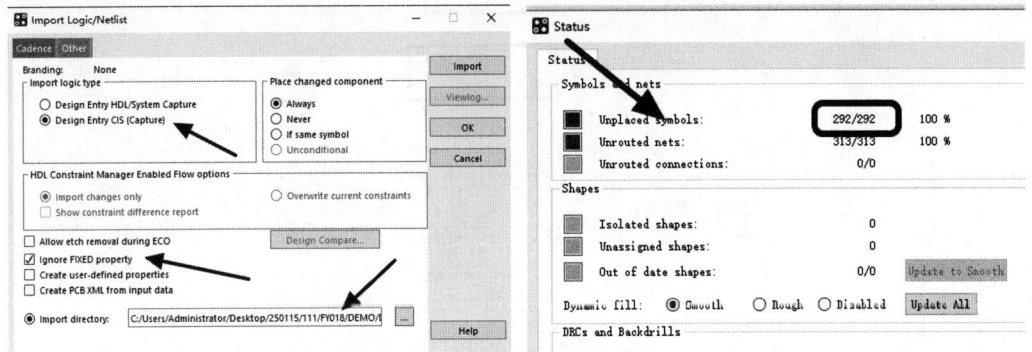

图 13-10　网表导入设置示意图　　　　图 13-11　元器件导入状态示意图

13.4　PCB 推荐参数设置、板框的导入、元器件的放置及 PCB 叠层设置

13.4.1　PCB 推荐参数设置

（1）选择"Setup"→"Design Parameters"菜单命令，设置画布面积，方便绘制 PCB。画布面积设置示意图如图 13-12 所示。

图 13-12　画布面积设置示意图

（2）选择"Setup"→"Grids"菜单命令，进行格点设置，通常设置为 25mil，方便布局、布线，如图 13-13 所示。

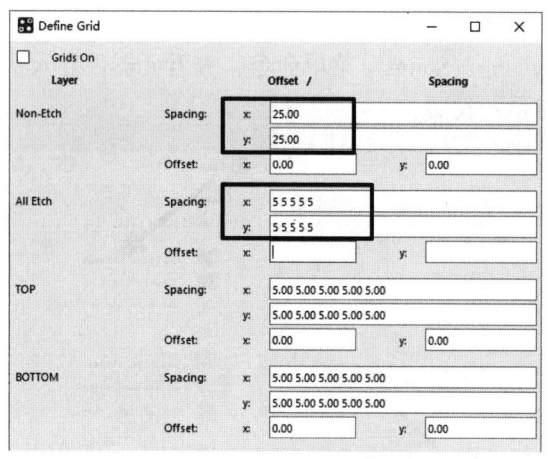

图 13-13　格点设置示意图

13.4.2　板框的导入

选择"File"→"Import"→"DXF"菜单命令，添加本书配套的 4 层素材中所提供的 dxf 路径，单击"Edit/View layers"按钮，进行板框导入参数的设置；设置好相关参数后单击"Map"按钮，返回"DXF In"窗口，单击"Import"按钮，完成板框的导入（详细步骤可以参考 8.4.1 节），如图 13-14 所示。板框导入完成示意图如图 13-15 所示。

图 13-14　板框导入参数设置示意图

图 13-15　板框导入完成示意图

13.4.3 元器件的放置

选择"Place"→"Quickplace"菜单命令，如图 13-16 所示进行设置，单击"Place"按钮，将元器件从后台放置在 PCB 上。

图 13-16 元器件放置设置和效果示意图

13.4.4 PCB 叠层设置

（1）根据设计要求、BGA 出线"深度"（见图 13-17）、飞线的密度，可以评估得出需要两个布线层，同时考虑到信号质量，添加单独的 GND（地线）层和 PWR（电源）层进行设计，所以按照常规叠层"TOP GND02 PWR03 BOTTOM"方式进行叠层。

 小 助 手 提 示

单独的 GND 层和 PWR 层的添加有别于常规的两层板设计，单独的 GND 层可以有效地保证平面的完整性，不会因为元器件的摆放把 GND 平面割裂，造成 GND 回流混乱。

（2）选择"Setup"→"Cross Section"菜单命令，进入叠层管理器，通过右键命令完成叠层操作。

（3）为了方便对层进行命名，可右击选中层名称，通过"Rename Layer"选项，更改为比较容易识别的名称，如"TOP""GND02""PWR03""BOTTOM"，如图 13-18 所示。

（4）单击"OK"按钮，完成4层板的叠层设置。

图 13-17　BGA 出线"深度"　　　　　　　　图 13-18　叠层设置

13.5　交互式布局、模块化布局及布局原则

13.5.1　交互式布局

为了达到原理图和 PCB 两两交互的目的，需要先在 OrCAD 软件中勾选交互模式复选框，如图 13-19 所示，然后再次导入第一方网表，便可以实现原理图与 PCB 交互设计。

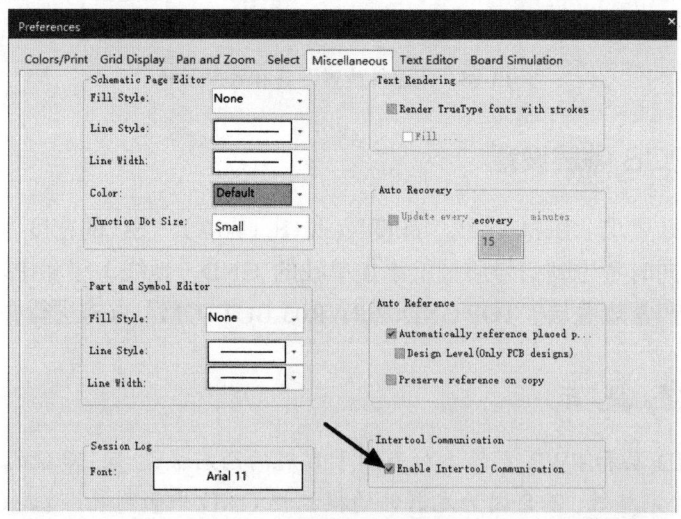

图 13-19　交互模式设置示意图

13.5.2　模块化布局

（1）在交互模式下，选择"Edit"→"Move"菜单命令，切换至原理图，将同一模块

的元器件进行框选便可在 PCB 中进行整体移动，将属于同一个模块的元器件放置在板边；将板子所规定的固定结构元器件、VGA 接口、网口及固定孔放置好，如图 13-20 所示（为方便读者学习进行的规范操作，读者操作时只需将同一模块的元器件放置在一起即可）。

图 13-20　模块化摆放示意图

（2）放置两个插座及按键（客户要求的结构固定元器件）后，根据元器件的信号飞线和先大后小的原则，把 BGA、DDR、FLASH 芯片等大元器件在板框范围内放置好，完成元器件的预布局，如图 13-21 所示。

图 13-21　元器件的预布局示意图

（3）通过交互式布局和"选择元器件移动"功能，把元器件按照原理图页分块放置，并把其放置到对应大元器件或对应功能模块的附近，如图 13-22 所示。

图 13-22　PCB 预布局示意图

13.5.3　布局原则

通过局部的交互式布局和模块化布局完成整体 PCB 布局，如图 13-23 所示。布局应遵循以下原则。

图 13-23　整体 PCB 布局

（1）滤波电容靠近 IC 引脚放置，BGA 滤波电容放置在 BGA 背面引脚处。

（2）元器件布局呈均匀化特点，疏密得当。

（3）电源模块和其他模块的布局有一定的距离，防止干扰。

（4）布局考虑布线就近原则，不能使布线太长。

（5）布局要整齐、美观。

13.6　类的创建及 PCB 规则设置

13.6.1　类的创建

为了更快地对信号进行区分和归类，可以打开规则模型管理器，选择相应的网络并通过右击创建类，对 PCB 上功能模块的网络进行类的划分，创建多个网络类（此开发板包括 SDRAM_ADD、SDRAM_D0-D15、GPIO、PWR），并为每个网络类添加网络，如图 13-24 所示。

图 13-24　网络类的创建

当然，为了便于区分，可以对上述网络类设置颜色。选择"Display"→"Assign Color"菜单命令，在"Options"选项卡中选择颜色，在"Find"选项卡中勾选"Nets"复选框，单击网络，设置网络颜色，如图 13-25 所示。

图 13-25　网络颜色设置

13.6.2　PCB 规则设置

1. 间距规则设置

打开规则模型管理器，在 Spacing 规则中对各元素之间的间距进行设置。如果没有特殊要求，则可按照常规板进行设置。本实例所设置的各元素间距规则为 6mil，而单独对铜皮间距设置为 10mil，如图 13-26 所示

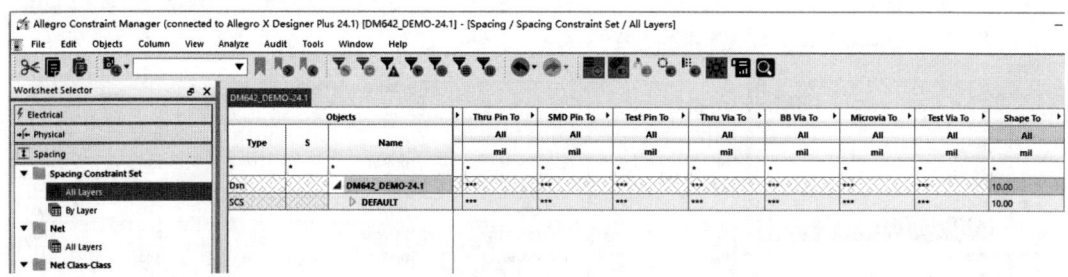

图 13-26　间距规则设置

2. 线宽规则设置

根据开发板的工艺要求及设计的阻抗要求，利用 Polar SI9000 软件计算一个符合阻抗的线宽值，根据该值填写线宽规则，如图 13-27 所示。本实例采用单端为 50Ω 阻抗、差分为 100Ω 阻抗，因此单端线宽设置为 5mil，差分设置为 4.1mil/8mil，电源线宽则需要根据电流大小进行设置，这里设置为 15～100mil。

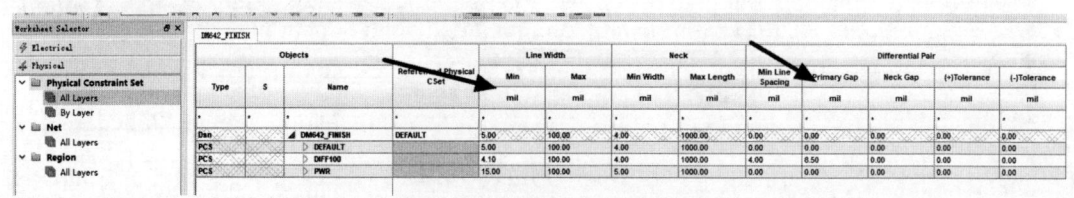

图 13-27　线宽规则设置

3. 过孔规则设置

通过了解 BGA Pitch 间距来设定过孔的大小。核心板的 BGA Pitch 间距为 0.8mm，可

以采用 8mil/16mil 大小的过孔，如图 13-28 所示。

4. 正片铺铜连接规则设置

正片铺铜连接规则设置和负片连接规则设置是类似的。对于通孔和表贴焊盘，采用花焊盘连接方式；对于过孔，采用全连接方式，如图 13-29 所示。

图 13-28　过孔规则设置　　　　　　　图 13-29　正片铺铜连接规则设置

13.7　PCB 扇孔

扇孔的目的是打孔占位和缩短信号的回流路径。

（1）选择"Route"→"Create Fanout"菜单命令，在"Find"选项卡中勾选"Symbol"复选框，然后单击"BGA"按钮进行扇出。

（2）针对 IC 类、阻容类元器件，实行手工元器件扇出。元器件扇出时有以下要求。

① 过孔不要扇出在焊盘上面。

② 扇出线应尽量短，以便减小引线电感。

③ 扇孔注意平面分割问题，过孔间距不要过小，以免造成平面割裂。

BGA、IC 类及阻容类元器件扇出效果如图 13-30 所示。

图 13-30　BGA、IC 类及阻容类元器件扇出效果

13.8　PCB 的布线操作

布线是 PCB 设计中较重要和耗时的环节，考虑到开发板的复杂性，自动布线无法满足 EMC 等要求，本实例中全部采用手动布线。布线应遵循以下基本原则。

（1）按照阻抗要求布线，单端为 50Ω 阻抗，差分为 100Ω 阻抗，USB 差分为 90Ω 阻抗（本实例为差分布线）。

（2）满足布线拓扑结构。

（3）满足 3W 原则，有效防止串扰。

（4）电源线和地线进行加粗处理，满足载流要求。

（5）晶振表层布线不能打孔，高速线打孔换层处应尽量增加回流地过孔。

（6）电源线和其他信号线间留有一定的间距，防止纹波干扰。

13.9　模块化设计

13.9.1　VGA 模块

VGA（Video Graphic Array）即视频图形阵列，具有分辨率高、显示速率快、颜色丰富等优点。VGA 接口不但是 CRT 显示设备的标准接口，同样也是 LCD 液晶显示设备的标准接口，具有广泛的应用范围。VGA 接口种类繁多，如 DV、HDMI、VDS、DP、VGA 等，可以划分为两类：一类是数字接口；另一类是模拟接口。VGA 接口属于模拟接口，其原理图如图 13-31 所示。从原理图上可以看到，VGA 接口上有 RED、GREEN、BLUE、VSYNC、HSYNC、DATA、CLK 7 条信号线。

图 13-31　VGA 接口原理图.

VGA 接口的布局、布线要求如下。

（1）布局时依照线路所示零件顺序进行摆放，采用一字形或 L 形布局。

（2）R、G、B 信号线远离其他信号线，尤其是高速信号线。

（3）R、G、B 信号线之间的安全距离一般设为 20mil，信号线都需要加粗，并进行包地处理。

（4）如果 R、G、B 信号线需要换层处理，则需要在过孔的旁边增加回流过孔。

VGA 模块设计如图 14-32 所示。

图 13-32　VGA 模块设计

13.9.2　网口模块

以太网是当前应用较普遍的局域网。Ethernet 接口实质上是 MAC 通过 M 总线控制物理层（Physical Layer，PHY）的接口。以太网接口电路由 MAC 控制器和 PHY 接口两大部分构成。网口主要由网口变压器、PHY 芯片、主芯片等组成。

常见网口有百兆网口、千兆网口，它们的区别在于百兆网口有两对差分，一对收，一对发，另外四根备用，而千兆网口往往有四对差分，两对收，两对发。本实例为百兆网口，网口模块原理图如图 13-33 所示。

图 13-33　网口模块原理图

网口布局、布线要求如下。

（1）复位电路信号应当尽可能地靠近以太网转换芯片，可能的话，应当远离 TX、RX 和时钟信号。

（2）时钟电路应当尽可能地靠近以太网转换芯片，远离电路板边缘、其他高频信号、V/O 端口、布线或磁性元器件周围。

（3）RJ45 接口和变压器之间的距离应尽可能地小（在满足工艺要求情况下）。

（4）以太网转换芯片和变压器之间的距离也应尽可能地小，距离一般不超过 5in[①]。

（5）交流端接电阻放置先按照芯片资料的布局要求进行，如果没有要求，则通常按照靠近以太网转换芯片的要求放置。

（6）TX+、TX-和 RX+、RX-尽量走表层，两组差分对之间的间距至少为 4W，对内的等长约束为 5m，两组差分对之间不用等长。

（7）LED 信号线要加粗到 10mil 以上。

（8）以太网芯片到 CPU 的 GM 接口线的发送部分和接收部分要分开布线，不要将接收和发送网络混合布线，线与线的间距满足 3W 要求。

（9）变压器下面所有层挖空（挖到变压器封装的丝印框就可以了，没必要挖到引脚）。整体布线效果如图 13-34 所示。

图 13-34　整体布线效果

13.9.3　SDRAM、Flash 的布线

本实例采用两片 SDRAM 及一片 Flash，采用菊花链拓扑结构，信号从 BGA 先经过第一片 SDRAM，然后由第一片 SDRAM 到第二片 SDRAM，最后由第二片 SDRAM 到 Flash。SDRAM 布局、布线如图 13-35 所示。

电阻、电容应该靠近引脚放置，考虑其滤波效果。滤波电容的放置如图 13-36 所示。

---

① 1in=25.4mm。

图 13-35　SDRAM 布局、布线

布线要求如下。

（1）特性阻抗：50Ω。

（2）数据线每 9 条尽量走在同一层（D0 ~ D7，LDQM；D8 ~ D15，HDQM）。

（3）信号线的间距满足 $3W$ 原则。

（4）数据线、地址（控制）线、时钟线之间的距离保持 20mil 以上或至少 $3W$，在空间允许的情况下，应该在它们的布线之间加一条地线进行隔离。

（5）地线宽度推荐为 15 ~ 30mil。

（6）有完整的参考平面。

（7）考虑时序匹配，请进行蛇形等长，所有的布线一起等长，等长误差为±50mil。

图 13-36　滤波电容的放置

13.9.4　电源处理

处理电源之前需要先认清哪些是核心电源，哪些是小电源，根据布线情况和核心电源的分布规划好电源的布线。

（1）根据布线情况，能在信号层处理的电源可以优先处理，同时考虑到布线的空间有限，有些核心电源需要通过电源平面层进行分割，通过前面提到的平面分割技巧进行分割。核心电源 VCC 3.3 及 VCC 1.4 可以通过 PWR03 层进行平面分割，一般按照 20mil 的宽度过载 1A 电流、0.5mm 过孔过载 1A 电流设计（考虑余量）。例如，3A 的电流，考虑布线宽度为 60mil，过孔如果为 0.5mm，则放置 3 个，如果为 0.25mm，则放置 6 个，这是根据经验值得出来的。电流的具体计算方法可以参考专业计算工具。核心电源的处理如图 13-37 所示。

（2）平面分割需要充分考虑布线是否存在跨分割的现象，如果跨分割现象严重，则会引起布线的阻抗突变，产生不必要的串扰。尽量使重要的布线包含在当前的电源平面中。如图 13-38 所示，椭圆标记的地方都存在跨分割的布线，考虑到实际情况和成本需求，在通常的设计中，一些不是很重要的跨分割布线是可以被接受的。

图 13-37　核心电源的处理　　　　　　　　　图 13-38　电源平面分割

13.10　PCB 设计后期处理

处理完连通性和电源之后，需要对整板的情况进行布线优化调整，以充分满足各类 EMC 等要求。

13.10.1　3W 原则

为了减少线间串扰，应保证线间距足够大。当线间中心距不小于 3 倍线宽时，可保证 70% 的线间电磁场不互相干扰，这称为 3W 原则。3W 原则优化如图 13-39 所示，后期修线 需要对此进行优化修整。

13.10.2　修减环路面积

电流的大小与磁通量成正比，较小的环路中通过的磁通量较小，感应出的电流也较小。 修减环路面积如图 13-40 所示，尽量在出现环路的地方让其面积做到最小。

图 13-39　3W 原则优化

图 13-40　修减环路面积

13.10.3　孤铜及尖岬铜皮的修整

为了满足生产的要求，PCB 设计中不应出现孤铜。在 Cadence Allegro 软件中通常是手动进行铺铜的，因此一般不会出现孤铜，若采用整板铺铜，则需要移除孤铜。选择"Shape"→"Delete Islands"菜单命令，如图 13-41 所示，移除孤铜。

为了满足信号要求（不出现天线效应）及生产要求等，PCB 设计中应尽量避免出现狭长的尖岬铜皮，可以通过放置禁布区删除尖岬铜皮，如图 13-42 所示。

图 13-41　移除孤铜操作　　　　　　　　图 13-42　删除尖岬铜皮

13.10.4　回流地过孔的放置

信号最终回流的目的地是地平面。为了缩短回流路径，在一些空白的地方或打孔换层的布线附近放置地过孔，特别是在高速线旁边，可以有效地吸收一些干扰，同时也有利于缩短信号的回流路径。

13.11　本章小结

本章讲述的仍是一个入门级的实例，不过不再是 2 层板，而是 4 层板。这是一个高速 PCB 设计的入门实例，同样以实际流程进行讲解，可以进一步加深读者对设计流程的把握，同时使读者接触高速 PCB 设计的知识，为读者 PCB 设计技术的提高打下良好的基础。

第 14 章

进阶实例：RK3288 平板电脑的设计

理论是实践的基础，实践是检验理论的标准。本章通过一个 RK3288 平板电脑设计实例回顾前面的内容，让读者更加充分地了解并吸收设计中具体的设计流程要点、重点、难点及相关注意事项。

考虑到实际练习的需要，本章所讲述的实例文件可以联系作者免费索取。因为篇幅的限制及内容的安排，这部分内容采取增值视频教程的方式，供广大读者学习。视频中将对整个 PCB 设计过程进行全程实战演练，使读者充分掌握设计的规则设置、布局/布线、电源设计、DDR 设计、EMC/EMI 等要点和难点。

 学习目标

➢ 了解平板电脑的总体设计要求。
➢ 通过实践与理论结合，熟练掌握电子设计的各个流程环节。
➢ 掌握模塑互连器件（Molded Interconnect Device，MID）各个模块的设计要点。
➢ 掌握模块化布局思路及要点。
➢ 掌握电源设计及平面分割要点。
➢ 掌握 DDR 的设计思路及方法。
➢ 掌握 MID 的 QA 检查。

14.1 实例简介

RK3288 是一种适用于高端平板电脑、笔记本电脑、智能监控器的高性能应用处理器，集成了包括 Neon 和 FPU 协处理器在内的四核 Cortex-A17 处理器，共享 1MB 二级缓存。双通道 64 位 DDR3/LPDDR（Low Power Double Data Rate）2/LPDDR3 控制器，提供高性能和高分辨率的应用程序所需要的内存带宽。超过 32 位的地址位，可以支持高达 8GB 的存取空间。同时，芯片内嵌的新一代强大的 GPU（Mali-T764）能顺利支持高分辨率（3840 像素×2160 像素）显示和主流游戏。RK3288 支持 OpenVG1.1、OpenGL 的 ES1.1/2.0/3.0、OpenCL1.1、RenderScript 及 DirectX11 等，在 3D 效果方面相对同类产品有较大的提升。

RK3288 还支持全部主流视频格式解码，支持 H.265 和 4K×2K 分辨率视频解码。它具有多种高性能的接口，使显示输出方案变得非常灵活，如双通道 LVDS、双通道 MIPI-DSI、 eDP1.1、HDMI2.0 等，并支持具有 1300 万像素、ISP 处理能力的双通道 MIPI-CSI2 接口。

14.1.1　MID 功能框图

MID 功能框图如图 14-1 所示。

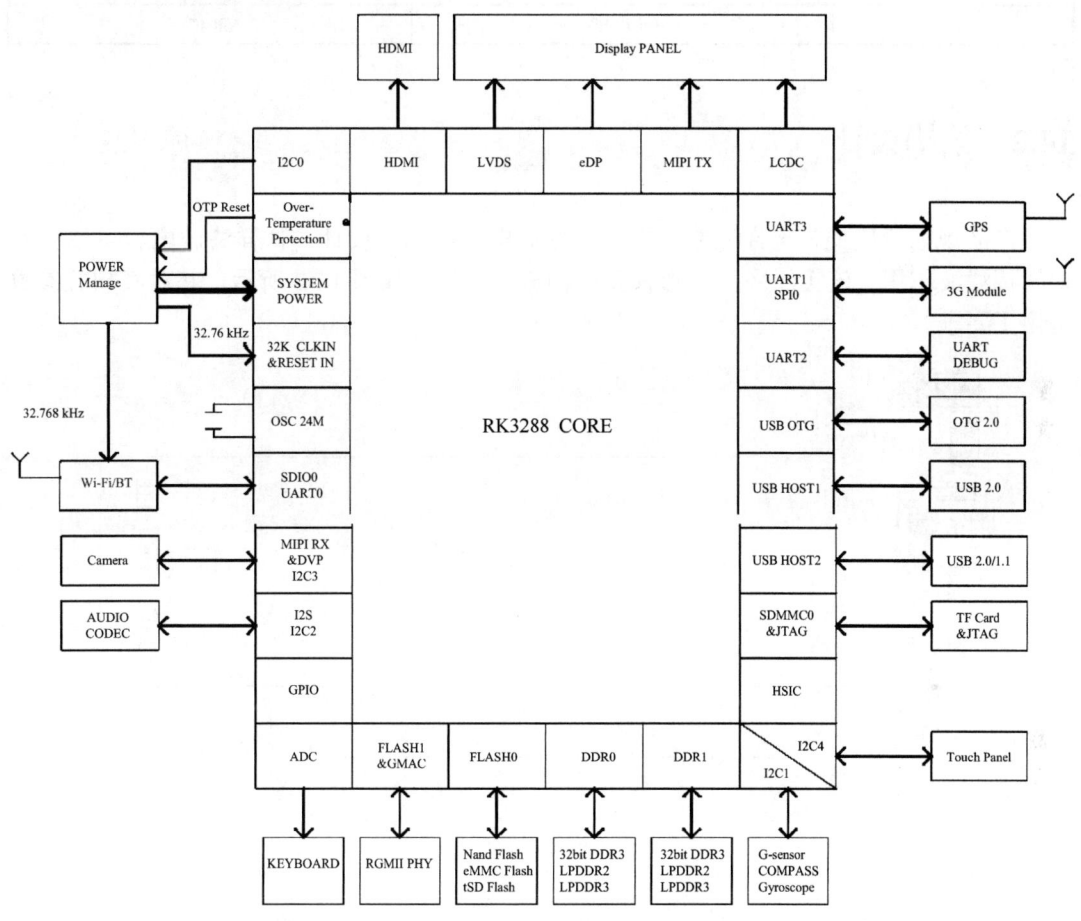

图 14-1　MID 功能框图

14.1.2　MID 功能规格

MID 功能规格如表 14-1 所示。

表 14-1　MID 功能规格

序　　号	功　能　规　格	备　　注
1	CPU	RK3288
2	PMU	RC5T619
3	USB	USB OTG
4	Memory	LPDDR2/NAND Flash/EMMC
5	G-sensor/Gyroscope	—

续表

序　号	功能规格	备　注
6	TF/SD Card	—
7	Audio/Earphone/MIC/Speaker	ALC5616
8	CIF Camera/MIPI Camera	—
9	LCD	EDP
10	Wi-Fi/BT	AP6476

14.2　结构设计

产品规划阶段推荐选择能在主控下方摆放电容的结构设计，这样滤波电容可以很好地发挥滤波作用。该实例采用 L 形板型结构进行设计，如图 14-2 所示，并对其相关参数提出了要求。

图 14-2　L 形板型结构

（1）板厚为 1.2mm。
（2）顶层限高为 8mm，底层限高为 0.6mm，USB 及二级接口采用沉板式接口。
（3）接插件大部分放置在顶层，底层可放置 0402 元器件等。
（4）为阻止螺纹干涉，螺纹孔位 2mm 内禁止布局元器件。

14.3　叠层结构的选择及阻抗控制

为了保证产品的性能和稳定性，PCB 设计部分相当关键。

为了保证 RK3288 有更高的表现性能，推荐使用 6 层及以上的 PCB 叠层结构设计。铜皮厚度建议采用 1OZ（盎司），以改善 PCB 的散热性能。

14.3.1 叠层结构的选择

常用 6 层叠层结构如图 14-3 所示，此处列出了 1.2mm 的常用叠层结构。一般来说，考虑信号屏蔽等因素，优先选择方案一，同时考虑到布线难度问题，也可以选择方案二。

Finished Thickness(mm):1.2±0.12　方案一			
AccountThickness(mm):1.08			
LAYER STACKING			
TOP	SIN	0.7	0.5 OZ +Plating
	PP	3.80	
GND02	GND	1.5	1OZ
	Core	8.00	
ART03	SIN	1.5	1OZ
	PP	—	
PWR04	PWR	1.5	1OZ
	Core	8.00	
GND05	GND	1.5	1OZ
	PP	3.80	
BOTTOM	SIN	0.7	0.5OZ +Plating

Finished Thickness(mm):1.2±0.12　方案二			
AccountThickness(mm):1.14			
LAYER STACKING			
TOP	SIN	0.7	0.5OZ +Plating
	PP	3.80	
GND02	GND	1.5	1OZ
	Core	8.00	
ART03	SIN	1.5	1OZ
	PP	—	
ART04	SIN	1.5	1OZ
	Core	8.00	
PWR05	SIN	1.5	1OZ
	PP	3.80	
BOTTOM	SIN	0.7	0.5OZ +Plating

图 14-3　常用 6 层叠层结构

小助手提示

方案一为了避免破坏平衡造成板子压合翘曲，尽量铺铜，或减小 PWR04 铺铜面积，使其对称平衡。

14.3.2 阻抗控制

一般来说，MID 设计当中存在以下几种阻抗控制要求。

（1）单端信号布线控制 50Ω 阻抗。

（2）Wi-Fi 天线、隔层参考 50Ω 阻抗。

（3）HDMI、LVDS 等差分布线控制 100Ω 阻抗。

（4）USB、USB HUB 等差分布线控制 90Ω 阻抗。

综合阻抗计算方法及叠层要求，进行如下阻抗设计。

（1）方案一，采用 TOP、GND02、ART03、PWR04、GND05、BOTTOM 等叠层结构，

方案一叠层阻抗设计要求如表 14-2 所示。

表 14-2　方案一叠层阻抗设计要求

单端阻抗				
层	线宽/mil	阻抗/Ω	精度	参考层
L1/L6	4.5	50	±10%	L2/5
L3	4.0	50	±10%	L2/4
L1	15.75	50	±10%	L3
差分阻抗				
层	线宽/mil	阻抗/Ω	精度	参考层
L1/L6	5.0/7.0	90	±10%	L2/5
L3	5.0/5.0	90	±10%	L2/4
L1/L6	4.5/5.5	100	±10%	L2/5
L3	4.0/15.0	100	±10%	L2/4

（2）方案二，采用 TOP、GND02、ART03、ART04、PWR05、BOTTOM 等叠层结构，方案二叠层阻抗设计要求如表 15-3 所示。

表 14-3　方案二叠层阻抗设计要求

单端阻抗				
层	线宽/mil	阻抗/Ω	精度	参考层
L1/L6	4.5	50	±10%	L2/5
L3/L4	4.0	50	±10%	L2/4
L1	15.75	50	±10%	L3
差分阻抗				
层	线宽/mil	阻抗/Ω	精度	参考层
L1/L6	5.0/7.0	90	±10%	L2/5
L3/L4	5.0/5.0	90	±10%	L2/4
L1/L6	4.5/5.5	100	±10%	L2/5
L3/L4	4.0/15.0	100	±10%	L2/4

14.4　设计要求

14.4.1　布线线宽及过孔

根据生产及设计难度，推荐过孔全局为 8mil/16mil，BGA 区域最小为 8mil/14mil，布线线宽为 4mil 及以上。

14.4.2　3W原则

为了抑制电磁辐射，布线间尽量遵循 3W 原则，即线与线之间保持 3 倍线宽的距离，差分线两线边距（GAP）满足 4W。布线间距要求如图 14-4 所示。

GAP≥4W

走线中心距≥3W

图 14-4　布线间距要求

14.4.3　20H原则

为了抑制电源辐射，PWR 层尽量遵循 20H 原则。20H 原则及屏蔽地过孔的放置如图 14-5 所示。不过一般按照经验值，GND 层相对板框内缩 20mil，PWR 层相对板框内缩 60mil，也就是说，PWR 层相对 GND 层内缩 40mil。在内缩的距离中每隔 150mil 左右放置一圈地过孔。

走线层

射频（信号）

电源层

电源层

地层

地层

10H

20H

100H

图 14-5　20H 原则及屏蔽地过孔的放置

小助手提示

3W 原则：为了减少线间串扰，应保证线间距足够大。当线间中心距不小于 3 倍线宽时，可保证 70%的线间电磁场不互相干扰。

20H 原则：即将 PWR 层内缩，使得电磁场只能在 GND 层的范围内传导，以一个 H（PWR 层与 GND 层之间的介质层厚度）为单位，内缩 20H 可以将 70%的电磁场限制在接地边沿内，内缩 100H 可以将 98%的电磁场限制在接地边沿内。

14.4.4　元器件布局的规划

顶层或底层主要用来摆放元器件及信号布线，如 CPU、LPDDR2、PMU、Wi-Fi 等；底层或顶层主要用来摆放滤波电容等小元器件，如果结构允许，则也可摆放大元器件。考虑到该实例限高 0.6mm，只考虑放置 0402 的电阻、电容，其他元器件都放在正面。

14.4.5　屏蔽罩的规划

顶层加屏蔽罩，可降低 EMI 及提高产品的可靠性；同时，利用屏蔽罩作为主控的散热器，可以提高整机的散热效果。此板计划添加 3 个屏蔽罩，屏蔽罩的规划如图 14-6 所示。

（1）主控+DDR+Flash 模块。

（2）电源及 PMU 模块。

（3）Wi-Fi/BT 模块。

图 14-6　屏蔽罩的规划

14.4.6　铺铜完整性

铺铜完整性的要求如图 14-7 所示。设计上保证主控下方铺铜的完整性及连续性，能够提供良好的信号回流路径，改善信号传输质量，提高产品的稳定性，同时也可以改善铜皮的散热性能。

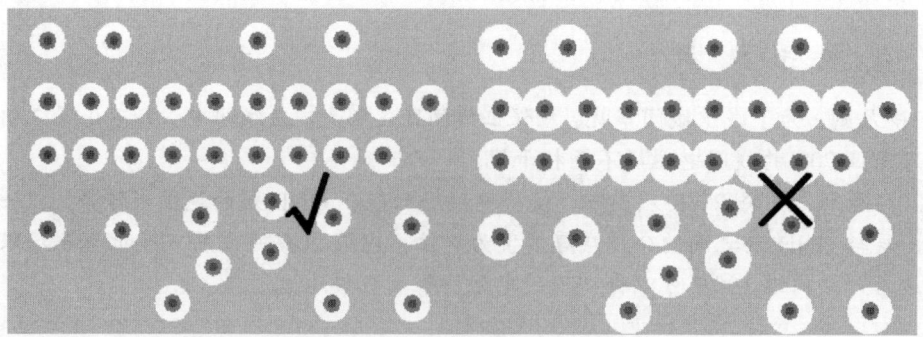

图 14-7　铺铜完整性的要求

14.4.7 散热处理

1. 热源

在 RK3288 的机器中，CPU 为发热量最大的元器件，所有的散热处理都以 RK3288 为主要对象。除 RK3288 外，其他主要发热元器件有 PMU、充电 IC 及所用电感、背光 IC 等。另外，大电流的电源布线（如 DC 5V 到充电 IC 布线、电池到 PMU 的 VCC_SYS 布线）也对整机发热有影响。

2. 散热处理方法

（1）布线时，需注意不要将热源堆积在一起，应适当分散；大电流的电源布线尽量短、宽。

（2）根据热量的辐射扩散特性，CPU 使用散热片时，最好以热源为中心，使用正方形或者圆形散热片，一定要避免使用长条形的散热片。散热片的散热效果并不与其面积大小成正比关系。

（3）MID PCB 可以考虑采用如下方法增强散热。

① 单板发热元器件焊盘底部打过孔，开窗散热。

② 在单板表面铺连续的铜皮。

③ 增加单板含铜量（使用 1OZ 表面铜厚）。

④ 在 CPU 顶面及 CPU 对应区域的 PCB 正下方贴导热片，将 CPU 的热量扩散到后盖或 LCD 屏上。不过，不建议采用把 CPU 的热量扩散到 LCD 屏上的方法，需要折中考量。这种处理方法可以大幅度降低 CPU 本身的温度。对于有金属后盖的机器，最好将 CPU 的热量通过导热硅胶传导至后盖。

可供选择的散热处理方法比较多，建议对不同方法进行比较验证，找到适合自己机器的散热处理方法。

14.4.8 后期处理要求

（1）关键信号需要增加丝印说明，如电池焊盘引脚、接插件的脚序等。

（2）芯片 1 引脚需要有明显的标注，且标注不能重叠或者隐藏在元器件本体下。

（3）确认方向元器件 1 引脚位置是否正确。

（4）为接插件焊接脚位添加文字标注，方便后期调试。

14.5 模块化设计

14.5.1 CPU 的设计

1. 电容的放置

CPU 电源布线时都需要一些电容。滤波电容（也作旁路电容）放置在距离电源较近的位置，用于旁路电源位置引入的高频信号，如果不加旁路电容，则高频干扰可能从电源部分引入芯片的内部。退耦电容在数字电路高速切换时起到缓冲电压变化的作用。一般来说，大电容放置在主控芯片背面（或就近），以保证电源纹波在 100mV 以内，避免在大负载情况下引起电源纹波偏大。

该实例由于结构限制，小电容靠近 CPU 背面放置，大电容就近放置在 CPU 周围及路径上，滤波电容的放置如图 14-8 所示。

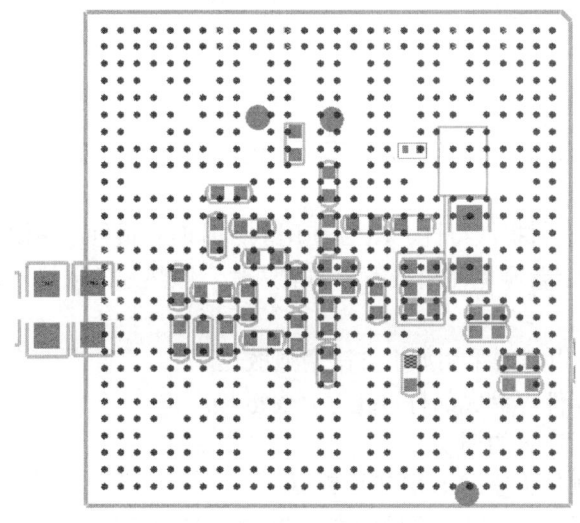

图 14-8　滤波电容的放置

2. 电源供电的设计

电源供电的设计至关重要，它直接影响产品的性能及稳定性，应严格按照 RK3288 电流参数要求进行设计。VDD_CPU、VDD_GPU 及 VDD_LOG 主要为主控供电，峰值电流可达 3.6A。从 PMU 的电源输出到主控相应电源引脚之间应保证有大面积的电源铺铜，一般过载通道为 3～5mm，承载过孔设置为 0.3mm（孔）/0.5mm（盘），数量为 8～14 个，可提高过电流能力，并降低线路阻抗，供电面积及承载过孔如图 14-9 所示。

图 14-9　供电面积及承载过孔

 小助手提示

（1）布线宽度的计算

PCB 布线允许的最大电流的经验计算公式为

$$I = KT^{0.44} A^{0.75}$$

式中，K 为修正系数，一般铺铜在外层取 0.048，铺铜在内层取 0.024；T 为允许的最大温升，单位为℃；A 为铺铜的截面积，单位为 mil^2；I 为允许的最大电流，单位为 A。

以 RK3288 的 VDD_CPU 电源为例，峰值电流达到 5A，假设电源走内层，铜厚为 0.8mil（0.5OZ），允许的最大温升为 10℃，那么 PCB 布线需要 315.5mil。如果要进一步降低 PCB 电源布线的温升，就必须加大铺铜宽度。所以，如果 PCB 空间足够，则建议尽量采用更宽的铺铜，以降低温升。

（2）电源换层过孔数量的计算

计算一个过孔能通过多大电流，也可以利用上述公式。过孔的铜皮宽度计算公式为 $L=\pi R$。这里的 R 指过孔的半径。

以 0.2mm 孔径的过孔为例，铜皮厚度为 0.8mil（0.5OZ），允许的最大温升为 10℃，那么一个过孔约可通过 420mA 电流，想通过 5A 的电流至少需要 13 个 0.2mm 孔径的过孔。在面积有限的情况下，增大电源过孔的孔径可减少过孔数量。

3. FB 反馈设计

CPU_VDD_COM 与 GPU_VDD_COM 反馈补偿设计，可弥补线路的电压损耗及提高电源动态调整及时性。CPU 电源的反馈布线如图 14-10 所示，图中点亮的布线为 VDD_GPU 反馈补偿线，此补偿线另一端连接到电源输出 DC/DC 的 FB 端。布线需与 PWR 层并行布线，且不能被数据线干扰，否则有可能受其他信号串扰导致电压不稳定及振荡。布线宽度一般没有严格的要求，设置为 10～15mil 即可，不用太宽。

4. 晶振的设计

晶振是一个干扰源，本体表层及第二层禁止其他网络布线，并注意在晶振引脚及负载电容处多打地过孔。

晶振布线应尽量短，尽量不要打孔换层，布线和元器件同面，并且采用 π 形滤波方式，如图 14-11 所示。

图 14-10　CPU 电源的反馈布线　　　　　图 14-11　晶振布线

5. 其他设计

CPU 地及电源的连接方式如图 14-12 所示，在主控下方的地过孔要足够多，均匀放置并交叉连接，以改善电源质量，提高散热性，提高系统的稳定性。电源信号也可以采用这种方式加大载流及提高散热效果。

图 14-12 CPU 地及电源的连接方式

14.5.2 PMU 模块的设计

1. RC5T619 电源模块的划分

电源管理单元（PMU）是由传统分立的若干 DC/DC 及低压差线性稳压器（Low Dropout Regulator，LDO）组合而成的，这样可实现更高的电源转换效率、更低的功耗及更少的组件数，以适应缩小的板级空间。

设计时，可以按照分立的思维把 PMU 模块化，参考 PMU 的电源二叉树（见图 14-13），明确输入及输出，对应 PCB 封装的引脚，这样可以很清楚地知道哪些是主干道，从而进行加粗铺铜处理；同时，可以根据二叉树的电流参数并结合前面提到的铺铜宽度计算很好地完成 PCB 的铺铜操作。

2. RC5T619 的设计

与所有的 DC/DC 设计一样，一般在设计前，需要找到它的数据手册，这样可以更方便、更好地设计电源。

（1）保证输入、输出电容地尽量靠近芯片地，如图 14-14 所示。输入、输出电容的接地端到主地之间需要根据供电电流的大小打相应数量的过孔。

图 14-13　PMU 的电源二叉树

图 14-14　PMU 的处理

（2）RC5T619 中有两个采样电阻。一个采样电阻是充电电流采样电阻 R11，如图 14-15 所示。在 PCB 布线时需要从采样电阻 R11 的两端差分布线到 C4 与 C5 两个焊盘上，如图 14-16 中标记线所示，特别注意 C5 不能直接跟 A5 接在一起，否则会出现充电电流偏小的现象。另一个采样电阻是电池端的电流采样电阻 R17，如图 14-17 所示。布线时请务必将 R18 靠近 R17，R18 不直接与地连接，用禁止区域隔开铺铜后单独拉线到 R17 焊盘上，ICP、ICM 再差分布线到 E3、D3 两个焊盘上，如图 14-18 所示。

（3）进行 32.768kHz 晶振包地处理，第二层参考地平面、本体下尽量不要走其他数据线，以免对时钟造成干扰，并且布线越短越好，如图 14-19 所示。

图 14-15　充电电流采样电阻

图 14-16　采样电阻 R11 差分布线

图 14-17　电池端的电流采样电阻

图 14-18　电流采样电阻 R17 差分布线

图 14-19　32.768kHz 晶振包地处理

14.5.3　存储器 LPDDR2 的设计

LPDDR2 的含义为低电压的 DDR 二代内存。在工作电压仅为 1.2V 的环境下，LPDDR2（1066）与 DDR3（1066）具有同等的带宽，而 DDR3 的工作电压为 1.5V，所以 LPDDR2 可以在更低的电压下达到 DDR3 的性能，相比 DDR3 可以降低 50% 以上的功耗，提高待机能力。

1. 信号分类

LPDDR2 的信号分类如表 14-4 所示。

表 14-4　LPDDR2 的信号分类

类　别	状　态	数　量	备　注
数据线	GA：D0～D7、DQM0、DQS0P、DQS0M	11	DQS 为差分线
	GB：D8～D15、DQM1、DQS1P、DQS1M	11	
	GC：D16～D23、DQM2、DQS2P、DQS2M	11	
	GD：D24～D31、DQM3、DQS3P、DQS3M	11	
地址线	GE：ADDR0～ADDR14	15	
控制线	GF：WE/CAS/RAS/CS0/CS1/CKE0/CKE1/ODT0/ODT1/BA0/BA1/BA2		
时钟线	GH：CLK、CLKN		时钟线为差分线
电源/地	GI：VCC_DDR、VREF/GND		

 小助手提示

（1）地址线、控制线与时钟线归为一组，是因为地址线和控制线在 CLK 的下降沿由 DDR 控制器输出，DDR 颗粒在 CLK 的上升沿锁存地址线、控制线总线上的状态，所以需要严格控制 CLK 与地址线、控制线之间的时序关系，确保 DDR 颗粒能够获得足够的、最佳的建立/保持时间。

（2）地址线、控制线不允许相互调换。

（3）LPDDR2 通道 0 的 GA 不能进行组内调换及组间调换，要求一一对应连接到颗粒的 A 或 B 通道的 D0～D7，其余数据线（GB、GC、GD）可以进行组内调换（如 DDR0_D8～D15 可随意调换顺序），或者进行组间调换（如 GB 与 GC 可整组进行调换）；通道 1 的所有组可以根据实际需要进行组内调换或组间调换，LPDDR2 的信号调换情况说明如图 14-20 所示。

图 14-20　LPDDR2 的信号调换情况说明

2. 阻抗控制要求

数据线、地址线及控制线，单端布线控制 50Ω 阻抗，DQS 差分线和时钟差分线需要控制 100Ω 差分阻抗。具体的布线线宽与间距可以参考讲述阻抗叠层章节的内容。

3. LPDDR2 的布局

本实例中 DDR 为双通道 LPDDR2，不存在 T 点或 Fly-by 拓扑结构，直接采用点对点的布局方式，并预留等长的空间，不宜过近或过远，关于 CPU 中心对齐。LPDDR2 滤波电容要靠近 IC 引脚摆放，可以考虑放到 IC 背面。RK3288 和 DDR 颗粒的每个 VCC_DDR 引脚尽量在芯片背面放置一个退耦电容，而且过孔应该紧靠引脚放置，以免增大导线的电感。LPDDR2 的布局如图 14-21 所示。

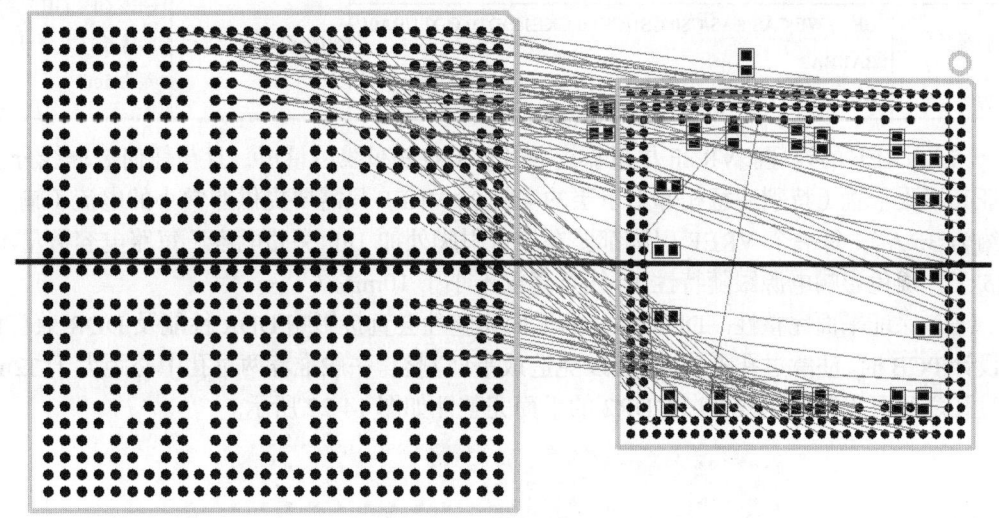

图 14-21　LPDDR2 的布局

4. LPDDR2 的布线

（1）同组同层。为了尽量保证信号的一致性，数据线尽量做到同组同层，如 GA 组 11 条信号线走在同一层，GB 组 11 条信号线走在同一层；地址线、控制线没有这个要求。

（2）3W 原则。为了尽量减少串扰的产生，信号线之间满足 3W 原则，特别是数据线之间；组与组之间满足 3W 及以上间距；差分线与信号线之间满足 3W 及以上间距；差分 Gap 之间满足 3W 及以上间距，同时振幅不要超过 180mil。

（3）平面分割。为了不使阻抗突变，所有属于 DDR 的信号线不允许有跨分割的现象，即不允许信号线穿越不同的电源平面。

（4）等长要求。

① GA ～ GD 组中的数据线及 DQSP、DQSM 之间的线长误差控制在 5 ～ 50mil（速率越高，要求越严格）；每组内的 DQSP、DQSM 差分对内误差控制在 5mil 以内；组与组的数据线不一定要求严格等长，但应尽量靠近，控制在 120mil 以内。

② GE、GF、GH 组的信号线的线长误差控制在 100mil 以内，时钟差分需要控制对内误差为 5mil。

LPDDR2 的等长要求如表 14-5 所示。

表 14-5　LPDDR2 的等长要求

类　别	状　态		误 差 要 求
数据线	GA：D0～D7、DQM0、DQS0P、DQS0M	5～50mil	GA～GD 两两组间误差为 120mil；差分对内误差为 5mil
	GB：D8～D15、DQM1、DQS1P、DQS1M		
	GC：D16～D23、DQM2、DQS2P、DQS2M		
	GD：D24～D31、DQM3、DQS3P、DQS3M		
地址线	GE：ADDR0～ADDR14	100mil 以内	GE、GF、GH 三组一起等长；差分对内误差为 5mil
控制线	GF：WE/CAS/RAS/CS0/CS1/CKE0/CKE1/ODT0/ODT1/BA0/BA1/BA2		
时钟线	GH：CLK、CLKN		

（5）VREF 的处理。VREF 尽量靠近芯片；VREF 布线尽量短，且与任何数据线分开，保证其不受干扰（特别注意相邻上下层的串扰）；VREF 只需要提供非常小的电流（输入电流约为 3mA）；每一个 VREF 引脚都要在靠近引脚处加 1nF 旁路电容（每路电容数量不超过 5 个，以免影响电源跟随特性）；线宽建议不小于 10mil。

（6）保证平面完整性。DDR 部分的平面完整性会直接影响 DDR 性能及 DDR 兼容性，在设计 PCB 时，注意过孔不能太近，以免造成平面割裂。一般推荐两过孔中心距大于 32mil，两过孔之间可以穿插铜线。LPDDR2 的平面完整性如图 14-22 所示。

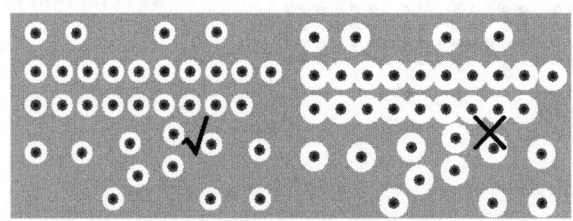

图 14-22　LPDDR2 的平面完整性

14.5.4　存储器 NAND Flash/EMMC 的设计

1. 原理图

RK3288 支持 NAND Flash、EMMC 等 Flash 存储设备。使用 NAND Flash 时，控制器及颗粒供电 VCC_FLASH 为 3.3V。而不同版本的 EMMC，控制器及颗粒供电 VCC_FLASH 可能为 1.8V（EMMC4.1 以上）或者 3.3V，设计时根据数据手册调整并修改。FLASH0_VOLTAGE_SEL 默认 3.3V 时下拉到 GND，1.8V 时上拉到 VCC_FLASH。FLASH0_VOLTAGE_SEL 上拉状态如图 14-23 所示。

图 14-23　FLASH0_VOLTAGE_SEL 上拉状态

小助手提示

（1）在使用 EMMC 时，建议 VCC_FLASH 使用 1.8V 供电，这样才能稳定跑高速。

（2）FLASH1 通道不支持 EMMC Flash。

（3）Boot 默认由 FLASH0 通道引导，不可修改。

EMMC 默认为 1.8V LDO 供电，如图 14-24 所示，可兼容 EMMC4.1 以下颗粒，可以使产品备料范围更广。

图 14-24　EMMC 供电兼容

为了在开发阶段方便地进入 Mask Rom 固件烧写模式（需要更新 Loader），在使用 NAND Flash 时，FLASH_CLE 需预留测试点，而在使用 EMMC 时，EMMC_CLKO 要预留测试点。测试点的添加如图 14-25 所示。

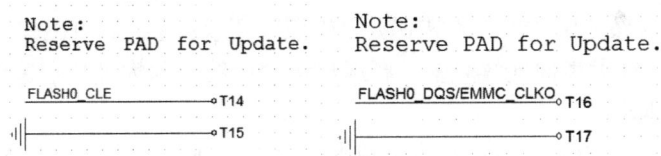

图 14-25　测试点的添加

2. PCB 部分

（1）NAND Flash 与 EMMC 一般通过双布线兼容设计，EMMC 的出线方式如图 14-26 所示。EMMC 芯片下方在铺铜时，焊盘部分需要增加铺铜禁布框，避免铜皮分布不均匀影响散热，导致贴片时出现虚焊现象。

图 14-26　EMMC 的出线方式

（2）布线尽量走在一起，并进行包地处理，在空间允许的情况下可以进行等长处理，误差不要超过±100mil，以提高 EMMC 的稳定性和兼容性。

（3）EMMC 处是 BGA 为 0.5mm 的 Pitch 间距，为了避免局部使用较小的线宽和间距增加整体生产难度及成本，无用的焊盘可以通过改小的办法出线，如图 14-26 所示。

14.5.5 CIF Camera/MIPI Camera 的设计

DVP 接口电源域为 DVPIO_VDD 供电，在实际产品设计中，需要根据产品 Camera 的实际 IO 供电要求，选择对应的供电电路（1.8V 或 2.8V），同时 I2C 上拉电平必须与其保持一致，否则会造成 Camera 工作异常或无法工作。DVPIO_VDD 供电如图 14-27 所示。

为了避免在实际产品中因 Camera 布线过长而造成时序问题，引起数据采集异常，需要增加如图 14-28 所示的 RC 延迟电路，同时布线应尽量短。注意时钟信号的流向，对应的元器件靠近信号输出端放置，PCLK 上的电容靠近主控，电阻靠近 Camera，MCLK 上的电容靠近 Camera，电阻靠近主控。

图 14-27　DVPIO_VDD 供电　　　　图 14-28　RC 延迟电路

Camera 信号布线 CIF_D2～D9 需满足 $3W$ 原则要求；为抑制电磁辐射，建议于 PCB 内层布线，并保证布线参考面连续完整；布线尽量少换层，因为过孔会造成线路阻抗的不连续；做好整组包地处理。

CIF_CLKI、CIF_CLKO 时钟布线单独进行包地处理，包地线每隔 50～100mil 放置地过孔，并远离其他高速信号线。Camera 的包地处理如图 14-29 所示。

图 14-29　Camera 的包地处理

数据线和 MCLK、PCLK、HSYNC、VSYNC 的布线须等长，误差越小越好。

14.5.6 TF/SD Card 的设计

TF Card 电路兼容 SD 2.0/3.0，模块供电为输出可调的 VCCIO_SD，默认为 3.3V 供电。

TF 为经常插拔的接口，建议增加 ESD 元器件，TF 的 ESD 元器件如图 14-30 所示。

图 14-30　TF 的 ESD 元器件

　　TF 卡座 VCC_SD 电容 C193、C194 布局时靠近卡座引脚放置。布线尽量与高频信号隔开，尽量整组进行包地处理。如果有空间，则建议 CLK 单独进行包地处理。TF Card 布线要求信号组内任意两条信号线的长度误差控制在 400mil 以内，否则会导致 SD 3.0 在高速模式下频率跑不高。

　　在 RK3288 平台上，TF Card 的 PCB 布线长度尽量控制在 15.4in 以内，在结构设计及布局上要考虑这一点，以提高 SDIO 的稳定性和兼容性。

　　布局、布线时，注意信号线要先经过 ESD 元器件之后再引出，TF ESD 元器件的处理如图 14-31 所示。

图 14-31　TF ESD 元器件的处理

14.5.7　USB OTG 的设计

　　RK3288 共有 3 组 USB 接口，其中一个为 USB OTG，另两个为 USB HOST。USB OTG 可以通过检测 USB_VBUS、USB_ID 信号，配置为 Host 或者 Device 功能，支持 USB 2.0/1.1 规范。本实例支持一个 USB OTG。

USB 控制器电阻 R60、R61 应选用 1% 精度的电阻，参考电阻关系到 USB 眼图的好坏。USB 具有高达 480Mbit/s 的传输速率，差分信号对线路上的寄生电容非常敏感，因此要选择低结电容的 ESD 元器件，结电容要小于 1pF。同时，为抑制电磁辐射，可以考虑在信号线上预留共模电感。在调试过程中根据实际情况选择使用电阻或者共模电感。USB OTG 的设计如图 14-32 所示。

图 14-32　USB OTG 的设计

布线注意事项如下。

（1）USB 差分布线越短越好，综合布局及结构进行调整。

（2）DP/DM 90Ω 差分布线，严格遵循差分布线规则，对内误差满足 5mil。

（3）为抑制电磁辐射，USB 建议在内层布线，并保证布线参考面是一个连续完整的参考面，否则会造成差分线阻抗的不连续，并增加外部噪声对差分线的影响。在空间充足的情况下进行包地处理。同时，尽量减少换层过孔，因为过孔会造成线路阻抗的不连续，实在需要时，建议在打孔换层处放置地过孔。

（4）ESD 元器件、共模电感和大电容在布局时，应尽可能靠近 USB 接口摆放，布线先经过 ESD 元器件及共模电感再进入接口，USB OTG ESD 元器件的处理如图 14-33 所示。

图 14-33　USB OTG ESD 元器件的处理

（5）USB 2.0 规范定义的电流为 500mA，但是 USB_VBUS 布线最好能承受 1A 的电流，以防过电流。如果是在使用 USB 充电的情况下，那么 USB_VBUS 布线要能承受 2.5A 的电流。

14.5.8　G-sensor/Gyroscope 的设计

G-sensor/Gyroscope 的 VCC Supply 和 VCCIO Supply 的电源域可能不一样，请确保 I2C1 总线上拉电源与 G-sensor/Gyroscope 的 VCCIO Supply 一致，否则需要进行电平匹配处理。G-sensor/Gyroscope 电平如图 14-34 所示。

图 14-34　G-sensor/Gyroscope 电平

G-sensor/Gyroscope 一般放置在板子的偏中心位置，不要太靠边，不然会影响其灵敏性。

G-sensor/Gyroscope 在布局的时候，一般对 1 引脚方向有一定的要求，如都朝左上角放置，建议与 RK 提供的 SDK 保持一致，方便软件调试。

14.5.9　Audio/MIC/Earphone/Speaker 的设计

1. Audio 的设计

Codec I2S 接口电源域为 APIO4_VDD 供电，在实际产品设计中，需要根据 Codec 的实际 IO 供电要求，选择对应的供电电路（1.8V 或 3.3V），同时 I2S 上拉电平必须与其保持一致，否则会造成 Codec 工作异常或无法工作，本实例选择 3.3V（VCC_IO）。APIO4_VDD 供电如图 14-35 所示。

PCB 设计注意事项如下。

（1）Codec 布局时应靠近连接座放置，布线应尽可能短。

（2）为了保证供电充足，Codec 各路电源布线线宽要求大于 15mil，VCC_SPK 布线线宽要求大于 30mil。

（3）Codec 各输入、输出信号包括 HP OUT、LINE IN、LINE OUT、MIC IN、SPDIF、

SPEAKER OUT 等信号，为避免信号间串扰引起的输出失真及噪声，均需要进行包地处理（包地处理应包括同层包地与邻层包地），并与其他数字信号隔离。

（4）音频布线为模拟线，HP OUT 信号线宽建议大于 15mil，LINE IN/OUT 信号线宽建议大于 10mil。

（5）MIC IN 信号比较敏感，为避免引入噪声，MIC 的耦合电容要靠近 Codec 端放置，MIC 耦合电容的放置如图 14-36 所示。

图 14-35　APIO4_VDD 供电　　　　　图 14-36　MIC 耦合电容的放置

2. MIC 的设计

MIC（咪头）根据所选择的驻极体麦克风规格，选择合适的分压电阻 R93、R94，如图 14-37 所示。

图 14-37　MIC 分压电阻的选择

布线时，MIC1P 与 MIC1N 差分布线加粗到 10～12mil，并且尽量做立体包地处理，尽量远离高速线，减少对高速线的干扰。

3. Earphone 的设计

Earphone（耳机）的设计如图 14-38 所示。

Earphone 信号布线同样属于音频信号，LOUT、ROUT 的左、右声道布线需要加粗处理，类似于差分布线，并且立体包地，应尽可能地避免其他布线对它的干扰。Earphone 信号布线如图 14-39 所示。

图 14-38　Earphone 的设计

4. Speaker 的设计

为抑制功放电磁辐射，需把功放到 Speaker（喇叭）的布线缩短并加粗，尽量少走弯角。为避免噪声干扰，建议差分布线，线宽大于 20mil，线距小于 10mil，并在靠近 Speaker 输出端预留 LC 滤波电路。Speaker 的设计如图 14-40 所示。

图 14-39　Earphone 信号布线

图 14-40　Speaker 的设计

14.5.10　Wi-Fi/BT 的设计

（1）RK3288 支持 SDIO3.0 接口的 Wi-Fi/BT 模块，采用 SDIO、UART 接口的 Wi-Fi/BT 模块时，需要注意 RK3288 SDIO、UART 控制器的供电 APIO3_VDD 要与模块 VCCIO Supply 一致，APIO3_VDD 供电如图 14-41 所示。

图 14-41　APIO3_VDD 供电

 小助手提示

在 SDIO3.0 情况下，APIO3_VDD 供电必须为 1.8V。

（2）请注意 Wi-Fi 需选择 ESR 小于 60Ω、频偏误差小于 20ppm 的晶振。对于晶振的匹配电容，请根据晶振规格选择合适的电容值，避免频偏太大而出现的工作异常（如热点数较少等）。晶振的选择如图 14-42 所示。

（3）预留 SDIO 上拉电阻，当 Wi-Fi 使用 SDIO3.0 时，上拉电阻（见图 14-43）贴片可提高信号质量。

图 14-42　晶振的选择　　　　　　　　图 14-43　SDIO3.0 上拉电阻

（4）AP6×××的 VBAT 供电电压范围为 3.0～4.8V，供电电流最小为 400mA，布线时要注意。

（5）Wi-Fi/BT 模块属于易受干扰的模块，PCB 布线时注意远离电源、DDR 等模块，在空间充足的情况下，建议添加屏蔽罩，如图 14-44 所示。

图 14-44　Wi-Fi/BT 模块的屏蔽罩

（6）模块的 VBAT 和 VDDIO 的电源引脚 4.7μF 去耦电容 C272、C283 须靠近模块放置，并应尽可能与模块摆放于同一平面。模块内部电源的电感 L12 和电容 C286 须靠近模块放置，布线线宽大于 15mil。电感与电容的放置如图 14-45 所示。

（7）SDIO 布线作为数据传输布线，要尽可能平行，并进行整组包地处理。如果有空间，则建议 CLK 单独包地。SDIO 布线需避免靠近电源或高速信号布线。同时，信号组内任意两条信号线的长度误差控制在 400mil 以内，尽量等长，否则会导致 SDIO3.0 在高速模式下频率跑不高。SDIO 布线处理如图 14-46 所示。

图 14-45 电感与电容的放置

图 14-46 SDIO 布线处理

（8）Wi-Fi/BT 模块的地平面处理如图 14-47 所示，同样是为了避免干扰，模块下方第一层保持完整地，不要有其他信号布线，其他信号布线尽量走在内层。

（9）晶振本体下方保持完整地，不要有其他信号布线，晶振引脚要有足够的地过孔进行回流。晶振的处理如图 14-48 所示。

图 14-47 Wi-Fi/BT 模块的地平面处理

图 14-48 晶振的处理

（10）天线及微带线宽度设计需考虑阻抗，阻抗严格为（50±10）Ω。布线下方需有完整的参考平面作为射频信号的参考地，天线布线越长，能量损耗越大，因此在设计时，天线路径越短越好，不能有分支出现，不能打过孔。图 14-49 所示为 Wi-Fi/BT 天线错误的布线方法。天线布线需转向时，不能用直角的方法，需用弧形布线。图 14-50 所示为 Wi-Fi/BT 天线正确的布线方法。

图 14-49　Wi-Fi/BT 天线错误的布线方法

图 14-50　Wi-Fi/BT 天线正确的布线方法

14.6　MID 的 QA 检查

一个好的产品设计需要各方面的验证。原理、PCB、可生产性等在设计过程中难免会出现纰漏，处理完前述步骤之后，需要对所设计的文件进行一次 QA 检查。下面列举 RK系列 MID 产品常见的问题，方便读者对自身所设计的文件进行检查，减少问题的产生，提高设计及生产效率。

14.6.1　结构设计部分的 QA 检查

结构设计部分的 QA 检查如表 14-6 所示。

表 14-6　结构设计部分的 QA 检查

类　别	检 查 内 容	Y/N
结构设计要求	PCB 板框是否和 DXF 文件相符？定位孔数量、大小、位置是否正确	
	按键、SD 卡座、拨动开关、耳机座、USB 座、HDMI 座、MIC 等能否和 DXF 结构图核对上？是否有偏位？正反是否正确？电池、电动机焊点分布距离是否合理	
	摄像头、TP、屏等排座的脚位是否和客户的要求一致	
	结构、布局上的限高要求是否都满足	
	所有的 IC 1 引脚是否在 PCB 上标示明确	
	易受干扰区域，若需屏蔽罩，则屏蔽罩的位置是否有预留	

14.6.2 硬件设计部分的 QA 检查

硬件设计部分的 QA 检查如表 14-7 所示。

表 14-7 硬件设计部分的 QA 检查

类　别	检查内容	Y/N
硬 件 设 计 要 求	原理图是否检查悬浮网络、单端网络、器件位号及引脚号重复？存在的是否可接受	
	所有三极管和 MOS 引脚位封装是否正确	
	叠层设计是否考虑 PI、SI	
	电源、RF、差分及差分等长、阻抗线、DDR 布线及等长、T 点等电气约束规则是否已经规范	
	PCB 能否添加 Mark 点规范？是否添加测试架测试点	
	整体布局是否按照信号流向进行？是否合理	
	BGA 及大的 IC 布局是否考虑返修？间距是否大于或等于 1mm（最好为 2mm）？需后焊的元器件、背面元器件不要靠得太近，是否有大于或等于 1.5mm 的间距（留有烙铁头的位置）	
	摄像头、TP、屏、USB 座、G-sensor、MIC 等有方向排座的脚位和方向是否正确？插座是否有放反的情况	
	对于散热要求比较高的芯片（PMU、蓝牙芯片等），散热焊盘上是否添加散热大过孔？过孔是否开窗处理	
	MIC、红外头、接插件等穿板后焊的引脚焊盘是否采用散热良好的花焊盘连接方式	
	设计是否满足工艺能力要求（最小线宽为 4mil，最小过孔为 0.2mm/0.4mm）	
	重要电源载流考虑是否合理？[VDD_LOG、VDD_ARM、VCC_DDR、ACIN、VSYS 及 USB 供电等大于或等于 2mm，过孔至少为 4 个（0.3mm/0.5mm）。其他电源按照通用原则：表层 20mil 过载 1A 电流,内层 40mil 过载 1A 电流,0.5mm 过孔过载 1A 电流	
	耳机左、右声道是否包地、是否处理好屏蔽？摄像头的 MCLK 和 PCLK 中间是否用地隔离？HDMI、LVDS 差分及 MIC 等敏感布线是否尽量采用包地处理？复位信号是否添加静电元器件	
	Wi-Fi/BT 天线 50Ω 阻抗线是否遵循布线最短、圆弧处理原则？信号焊盘和地焊盘间距是否保持 3mm？离板边是否有 1mm	
	摄像头排线是否远离数据干扰区和电源功率电感	
	是否进行 DRC？存在的 DRC 报错是否可以接受？容易短路的位置是否添加丝印白油	

14.6.3 EMC 设计部分的 QA 检查

EMC 设计部分的 QA 检查如表 14-8 所示。

表 14-8　EMC 设计部分的 QA 检查

类　　别	检 查 内 容	Y/N
EMC 设计要求	相邻信号层信号布线是否正交布线？若平行布线，则是否错位	
	打孔换层的地方 50mil 范围之内是否添加回流地过孔	
	对敏感信号是否进行地屏蔽处理？射频线周边屏蔽地过孔、割铜是否平滑无尖角？时钟线、DDR 高速线、差分线对、复位线及其他敏感线路是否满足 $3W$ 设计原则	
	是否已确保没有由于过孔过密或较大造成较长的地平面裂缝？电源层是否相对地层内缩、是否考虑 $20H$	

14.7　本章小结

　　本章选取了一个进阶实例，是为进一步学习 PCB 设计技术的读者准备的。一样的设计流程，一样的设计方法和分析方法，让读者明白，其实 PCB 设计并不难，只要分析弄懂每一个电路模块的设计，就可以像庖丁解牛一样，不管是什么产品、什么类型的 PCB 都可以按照模板设计好。